알기 쉽게 간추린

실용 확률과 통계

신 중 린 지음

KU SMART PRESS
건국대학교 출판부

신 중 린

서울대학교 / 공과대학 전기공학과 (공학사, 공학석사, 공학박사)
한국전력 / 전원계획처, 기술연구원 (1977-1990)
건국대학교 / 전기공학과 교수 (1990–2012 현재)

전공분야 – 전력시스템 공학, 전력경제

알기 쉽게 간추린 **실용 확률과 통계**

찍 은 날 1판1쇄 2012년 3월 30일
펴 낸 날 1판1쇄 2012년 3월 30일

저 자 신 중 린
펴 낸 이 김 진 규
펴 낸 곳 건국대학교 출판부
등 록 제4-3호 (1971. 6. 21)
주 소 143-701 서울 광진구 능동로 120
전 화 (02) 450-3891~3
팩 스 (02) 450-457-7202
홈페이지 http://press.konkuk.ac.kr
이 메 일 press@konkuk.ac.kr

찍 은 곳 (주)정문출판

정 가 20,000원

ISBN 978-89-7107-552-4 93410

머 리 말

이학이나 과학 같은 기초학문의 목표는 원리나 이론을 밝히는 것이지만, 공학이나 경영학 등 실용학문의 목표는 밝혀진 원리나 이론을 바탕으로 '실용(utility)'을 크게 하거나 새롭게 만들어 내는 것이다. 실용의 핵심은 비용(cost)과 편익(facility)과 효용(effectivity)이다. 쉽게 말하면 '누구나 쉽게 알맞은 비용으로 바라는 바를 이룩할 수 있도록 하는 것'이 실용학문이 추구해야 할 목표다. 다른 말로 하면 옛 실학의 정신인 실사구시(實事求是)야 말로 지금 우리시대에 실용학문이 추구해야 할 목표다.

실용을 이루려면, 다른 어떤 것보다 먼저 '현상에 대한 면밀한 분석'과 '미래의 가능성에 대한 합리적인 예견'이 필요하다. '확률과 통계'에 대한 지식은 이런 면에서 실용학문에서 반드시 갖추어야 할 것 중의 하나다. 수학이 아닌 공학을 전공한 사람이 확률과 통계에 관한 내용을 집필하는 것이 걸맞지 않게 여겨질 수 있지만, 시중에 여러 가지 모양의 '확률과 통계'에 관한 도서가 있음에도 불구하고, 저자가 집필을 마음먹게 된 것은 저자 나름의 '실용'에 대한 마음가짐에서 비롯된 것이다. '확률과 통계'에 대한 학술적인 지평을 넓히는 역할은 이미 나와 있는 여러 저서들에 맡기고, 전력시스템과 전력경제 분야에서 십여 년의 실무와 이십여 년의 대학 강단을 통하여 얻은 경험을 바탕으로, 실제의 문제 해결에 필요한 응용력을 쉽게 습득하고, 현장에서 문제에 마주칠 때마다 필요한 내용을 쉽게 참고할 수 있는, '실용'을 이루는데 보탬이 되는 새로운 틀을 전하고 싶었다.

이러한 생각에서, 학부 저학년 수준에서 수학분야 교재에 대한 막연한 부담감 없이 익히기 쉽도록, 그리고 학부 고학년이나 대학원 또는 현장이나 연구기관의 실무자들이 통계적 처리가 필요한 과제를 만났을 때 그때그때 필요한 내용을 쉽게 찾아 볼 수 있도록, 서술형의 상세한 원론적 설명을 가급적 피하고, 실제 문제 해결에 필요한 내용을 요약형으로 정리함으로써 가독성을 높일 수 있는 새로운 편집을 시도하였다. 더불어 매 쪽마다 '알아두기'란을 두어 저자가 강조하고 싶은 내용을 보충하였고, 독자가 중요하게 생각하는 내용을 각자 정리할 수 있도록 하였다. 또한, 연습문제를 통하여 실무적 이해를 키울 수 있도록 모든 연습문제에 대한 예제 수준의 상세한 모범풀이를 제시하였다. 이는 독자로 하여금 스스로 연습문제를 풀어 보고 저자가 제시한 풀이와 비교해 보는 과정을 통하여, 엄선된 여러 가지 유형의 문제에 대한 실질적인 감각을 키울 수 있도록 한 것이다. 저자가 의도하는 바, 이 책을 이용하는 독자들에게 실질적인 도움이 되기를 바랄 뿐이다.

어려운 여건에서도 이 교재의 출간을 위하여 많은 성원과 협조를 아끼지 않으신 건국대학교 출판부 관계자 여러분께 진심으로 감사를 드린다.

2012년 3월

신 중 린
건국대학교 전기공학과 교수

목 차

제 2 장 통계 73

제 3 장 표본조사와 추정 139

제 1 장

확률과 확률분포 (Probability & Probability Distribution)

1.1 확률(Probability) 이론

1.2 확률변수(Random Variable)와 확률분포(Probability Distribution)

1.3 이항분포(Binomial Distribution, Bernoulli Distribution)

1.4 프와송 분포(Poisson Distribution)

1.5 정규 분포(Normal Distribution)

1.6 기타 실용 확률 분포

1.1 확률(Probability) 이론

1.1.1 용어 설명

(a) 시행(trial) 및 사상(event 또는 case) : 같은 조건에서 반복되는 '실험(experiment)', 실험의 결과는 몇 가지 가능한 '출현(outcome)' 중의 하나. 실험의 결과를 '사상(event)' 또는 '사건'이라고 함.

(예) 주사위를 던지기 - 시행, 한번 던지는 행위- 실험, 실험의 결과로 나온 '3'- 사상

(b) 전체사상(exhaustive event) : 어떤 시행에서 출현할 수 있는 모든 사상의 집합

(예) 주사위 1 개를 던지는 시행 - $\{1,2,3,4,5,6\}$, 6 가지

주사위 2 개를 던지는 시행 - $\{(i,j)\ ,\ i=1,2,\cdots,6\ ,\ j=1,2,\cdots,6\}$, 36 가지

(c) 경우의 수 : 전체사상 중에서, 어떤 사상이 출현할 수 있는 경우의 모든 가지 수

(예) 주사위 2 개를 던지는 시행에서, 두 눈의 합이 4 인 경우의 수 ; $(1,3)$, $(2,2)$, $(3,1)$ - 3 가지

(d) 상호 배타적 사상(mutually exclusive event) : 동시에 같이 출현할 수 없는 사상

(예) 주사위 1 개를 던지는 시행에서, 각각 1, 2, 3, 4, 5, 6 이 나오는 사상

(e) 동등출현사상(equally likely event) : 출현 가능성이나 조건이 동등한 사상

(예) 주사위 1 개를 던지는 시행에서, 각각 1, 2, 3, 4, 5, 6 이 나오는 가능성과 조건은 같음.

(f) 독립(independent) 및 종속(dependent) 사상 :

독립 - 한 사상이 다른 사상에 영향을 주지 않는 경우, 종속 - 한 사상이 다른 사상에 영향을 주는 경우

(예) 여러 가지의 구슬이 담긴 주머니 속에서 한 번에 구슬 한개 씩 2 번 뽑는 시행에서,

한번 뽑은 구슬을 다시 넣고 다음 구슬을 뽑으면 1 번째, 2 번째 실험에 의한 사상은 서로 독립

한번 뽑은 구슬을 다시 넣지 않고 다음 구슬을 뽑으면, 2 번째 실험은 1 번째 실험에 종속

알아두기

1.1.2 확률의 정의 (Definition of Probability)

가. 수학적 (고전적) 정의

어떤 시행에서 출현 가능한 모든 경우가 상호 배타적이고, 출현조건이 동등할 때,

전체 경우의 수 : n , 사상 E가 출현할 경우의 수 : m

→ E가 발생할 확률 $P(E) = p = \dfrac{m}{n}$, E가 발생하지 않을 확률 $P(\bar{E}) = q = \dfrac{n-m}{n} = 1-p$

☞ $P(E)=1$: 확실한 사상, $P(E)=0$: 불가능한 사상 , $0 \le P(E) \le 1$

→ $p+q=1$, $0 \le p \le 1$, $0 \le q \le 1$

나. 통계적 (실험적) 정의

같은 실험을 충분히 여러 번 반복 시행했을 때, 시행회수 n번 중 사상 E가 m번 발생했다면,

$$P(E) = p = \lim_{n \to \infty} \frac{m}{n} \ , \ P(\bar{E}) = q = 1-p$$

알아두기

예제 1.1.1 확률계산

A 에서 Z 까지 26 장의 카드 중에서, 임의로 5 장을 뽑아 알파벳 순으로 놓을 때 3 번째가 L 일 확률 ?

풀이 ; 전체 경우의 수 ; ${}_{26}C_5$

'L' 앞의 카드가 'K' 이전일 경우의 수 ; ${}_{11}C_2$, 'L' 뒤의 카드가 'M' 이후일 경우의 수 ; ${}_{14}C_2$

→ 3 번째가 'L' 일 확률 $p = \dfrac{{}_{11}C_2 \times {}_{14}C_2}{{}_{26}C_5} = \dfrac{5{,}005}{65{,}780} \approx 0.0761$

예제 1.1.2 확률계산

조커가 없는 카드 한 벌에서 임의로 4 장을 뽑는 시행에서, 다음과 같은 사상의 확률 ?

(1) 각 패에서 1 장씩 **(2)** 4 장 모두 같은 패 **(3)** 클로버 3 장, 하트 1 장

풀이 ; 카드 한 벌 52 장 중에서 4 장을 뽑는 총 경우의 수 ; ${}_{52}C_4 = \dfrac{52 \times 51 \times 50 \times 49}{4 \times 3 \times 2 \times 1} = 270{,}725$

(1) 각 패에서 1 장씩 일 경우의 수 ; 카드 한 벌은 4 개의 패가 있고, 각 패는 13 장 씩이므로,

$${}_{13}C_1 \times {}_{13}C_1 \times {}_{13}C_1 \times {}_{13}C_1 = 13 \times 13 \times 13 \times 13 = 28{,}561 \quad \rightarrow \quad p_2 = \frac{28{,}561}{270{,}725} = \frac{2{,}197}{20{,}825} \approx 0.10550$$

(2) 4 장 모두 같은 패 일 경우의 수 ; ${}_{4}C_1 \times {}_{13}C_4 = 4 \times \dfrac{13 \times 12 \times 11 \times 10}{4 \times 3 \times 2 \times 1} = 4 \times 715 \quad \rightarrow \quad p_1 = \dfrac{4 \times 715}{270{,}725} = \dfrac{4 \times 11}{4{,}165} \approx 0.01056$

(3) 클로버 3 장, 하트 1 장 나올 경우의 수 ; 클로버, 하트가 나올 경우는 서로 독립적이므로

$${}_{13}C_3 \times {}_{13}C_1 = \frac{13 \times 12 \times 11}{3 \times 2 \times 1} \times 13 = 3{,}718 \quad \rightarrow \quad p_3 = \frac{3{,}718}{270{,}725} \approx 0.01373$$

알아두기

1.1.3 무작위 실험(확률실험, Random Experiment)

같은 조건에서 여러 번 반복 시행될 때, 시행 전에는 출현결과를 예측할 수 없는 실험
(예) 주사위 던지기 , 동전 던지기

가. 표본공간(Sample Space) S :

무작위 실험에서 출현 가능한 모든 경우의 집합, 출현 가능한 모든 경우는 상호 배타적

(예) 동전 던지기 ; $S=\{H,T\}$, H ; $Head$ (앞) , T ; $Tail$ (뒤)

주사위 던지기 : $S=\{1,2,3,4,5,6\}$

나. 표본점(Sample Point) : 표본공간 S 의 요소

(예) 동전 던지기 의 표본점 ; 2 가지 - H , T

주사위 던지기 의 표본점 ; 6 가지 - : 1, 2, 3, 4, 5, 6

다. 유한 표본 공간(Finite Sample Space) : 표본점(요소)의 수가 유한 개인 표본 공간

라. 사상(Event) : 표본공간 S 의 부분집합

확실한 사상(certain event) : $S \subseteq S$ ($p=1$), 불가능한 사상(impossible event) : $\phi \subset S$ ($p=0$) ,

기본사상(elementary event) = 단일사상(simple event) : 표본점 1 개로 된 사상 (더 단순한 경우로 분해 불가)
복합사상(compound event) : 여러 개의 표본점(또는 기본사상)으로 이루어진 사상

알아두기

☞ 표본공간(sample space) – 앞에서 설명한 전체사상(exhaustive event)에 해당됨.

☞ 어떤 사상 A 에 속하는 표본점(sample point)의 수를 $n(A)$ 로 표시함. 사상 A 의 확률 $P(A)=n(A)/n(S)$

(예) 주사위를 1 번 던지는 시행의 경우

표본공간 : $S=\{1,2,3,4,5,6\}$, $n(S)=6$, $P(S)=6/6=1.0$

눈이 짝수인 사상 : $E=\{2,4,6\}$, $n(E)=3$, $P(E)=n(E)/n(S)=3/6=0.5$

주사위를 2 번 던지는 시행의 경우

$$\text{표본공간} : S=\begin{Bmatrix} (1,1),(1,2),(1,3),(1,4),(1,5),(1,6),(2,1),(2,2),(2,3),(2,4),(2,5),(2,6), \\ (3,1),(3,2),(3,3),(3,4),(3,5),(3,6),(4,1),(4,2),(4,3),(4,4),(4,5),(4,6), \\ (5,1),(5,2),(5,3),(5,4),(5,5),(5,6),(6,1),(6,2),(6,3),(6,4),(6,5),(6,6) \end{Bmatrix}, \quad n(S)=36$$

눈의 합이 7 인 사상 : $A=\{(1,6),(2,5),(3,4),(4,3),(5,2),(6,1)\}$,

$n(A)=6$, $P(A)=n(A)/n(S)=6/36=1/6$

눈이 모두 홀수인 사상 : $B=\{(1,1),(1,3),(1,5),(3,1),(3,3),(3,5),(5,1),(5,3),(5,5)\}$,

$n(B)=9$, $P(B)=n(B)/n(S)=9/36=1/4$

1.1.4 확률의 공리(Axiom of Probability)

i) 어떤 사상 E 의 확률값은 0 과 1 사이의 실수 ; $0 \le P(E) \le 1$

ii) 표본공간을 이루는 모든 기본사상(**elementary event**)의 확률의 합은 1 ;

S 의 모든 표본점 n 개의 각 기본사상을 e_i 라 하면 $\sum_{i=1}^{n} P(e_i) = 1$ 즉, $P(S) = 1$

iii) 복합사상(**compound event**)의 확률은 구성요소인 각 기본사상의 확률의 합 ;

(예) $E = \{ e_i, e_j, e_k \}$ 이면, $P(E) = P(e_i) + P(e_j) + P(e_k)$

☞ S 의 표본점 n 개이며, 각 표본점의 출현확률이 동등(**equally likely**)할 때,
어떤 사상 E 가 m 개의 표본점으로 구성된 경우

→ 각 기본사상의 확률 : $\frac{1}{n}$, $P(E) = \underbrace{\frac{1}{n} + \frac{1}{n} + \cdots + \frac{1}{n}}_{m\text{ 개}} = \frac{m}{n} = \frac{E\text{의 표본점 수}}{S\text{의 표본점 수}}$

1.1.5 확률의 연산

1) 불가능 사상의 확률은 0 , 즉 $P(\phi) = 0$

불가능 사상 → 표본점 없음 , 표본공간 S 와 불가능 사상(공집합) ϕ 는 상호 배타적

$$S \cup \phi = S \quad \Rightarrow \quad P(S \cup \phi) = P(S) \quad \Rightarrow \quad P(S) + P(\phi) = P(S) \quad \Rightarrow \quad P(\phi) = 0$$

알아두기

2) 사상 A 의 여사상 $\overline{A}$ 의 확률은 $P(\overline{A})=1-P(A)$

A 와 $\overline{A}$ 는 서로 소(서로 만나지 않는)인 사상이며 $A\cup\overline{A}=S$

$\Rightarrow \quad P(A\cup\overline{A})=P(S)=1 \quad \Rightarrow \quad P(A)+P(\overline{A})=1 \quad \Rightarrow \quad P(\overline{A})=1-P(A)$

3) 임의의 **2** 사상 A, B 에 대하여 $P(\overline{A}\cap B)=P(B)-P(A\cap B)$

$A\cap B$ 와 $\overline{A}\cap B$ 는 서로 소인 집합 **(그림 참조),** $(A\cap B)\cup(\overline{A}\cap B)=B$

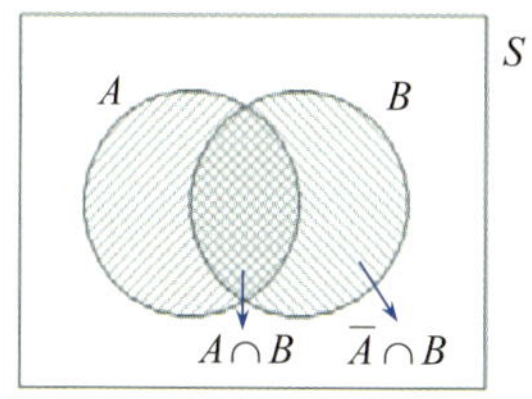

$\Rightarrow \quad P[(A\cap B)\cup(\overline{A}\cap B)]=P(B)$

$\Rightarrow \quad P(A\cap B)+P(\overline{A}\cap B)=P(B)$

$\Rightarrow \quad P(\overline{A}\cap B)=P(B)-P(A\cap B)$

4) $B\subset A$ 이면, $P(A\cap B)=P(A)-P(B)$ **,** $P(B)\le P(A)$

$B\subset A$ → B 와 $A\cap\overline{B}$ 는 서로 소인 집합 **(그림 참조),** $B\cup(A\cap\overline{B})=A$

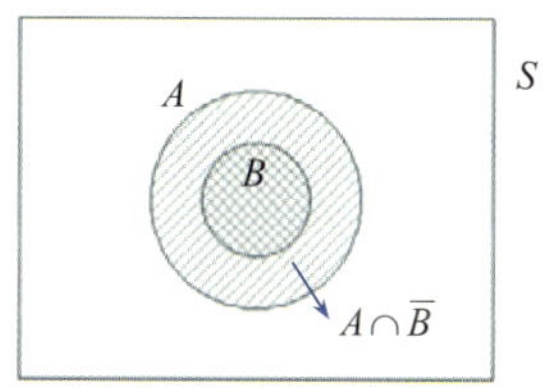

$\Rightarrow \quad P[B\cup(A\cap\overline{B})]=P(A)$

$\Rightarrow \quad P(B)+P(A\cap\overline{B})=P(A)$

$\Rightarrow \quad P(A\cap\overline{B})=P(A)-P(B)\ge 0$

$\rightarrow \quad P(A)\ge P(B)$

알아두기

5) $P(A\cap B)\le P(A)$, $P(A\cap B)\le P(B)$

앞에서 $B\subset A \;\rightarrow\; P(B)\le P(A)$

$(A\cap B)\subset A$, $(A\cap B)\subset B$ 이므로 $P(A\cap B)\le P(A)$, $P(A\cap B)\le P(B)$

6) 확률 덧셈법칙 :

임의의 **2** 사상 A, B 에 대하여, A 또는 B 를 모두 허용하는 사상(**합사상, Union of event**)의 확률 ;

$$P(A\cup B)=P(A)+P(A)-P(A\cap B)$$

A 와 $\overline{A}\cap B$ 는 서로 소인 집합, $A\cup(\overline{A}\cap B)=A\cup B$ **(그림 참조)**

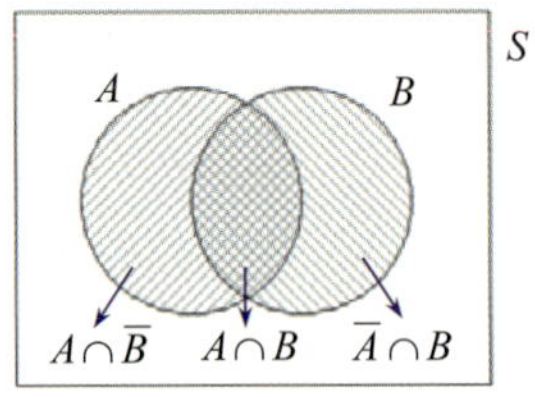

$$\begin{aligned}\Rightarrow\quad P(A\cap B)&=P\left[A\cup(\overline{A}\cap B)\right]=P(A)+P(\overline{A}\cap B)\\&=P(A)+\left(P(\overline{A}\cap B)+P(A\cap B)-P(A\cap B)\right)\\&=P(A)+P\left[(\overline{A}\cap B)\cup(A\cap B)\right]-P(A\cap B)\\&=P(A)+P(B)-P(A\cap B)\qquad(\ (\overline{A}\cap B)\cup(A\cap B)=B\ )\end{aligned}$$

☞ A, B 가 서로 소인 사상이면,

$A\cap B=\phi \;\rightarrow\; P(A\cap B)=P(\phi)=0 \;\rightarrow\; P(A\cup B)=P(A)+P(A)$

☞ 편의상 $A\cup B=A+B$, $A\cap B=AB$ 로 표기하기도 함

$P(A\cup B)=P(A)+P(A)-P(A\cap B) \;\rightarrow\; P(A+B)=P(A)+P(A)-P(AB)$

알아두기

7) 임의의 3가지 사상 A, B, C에 대하여,

$$P(A+B+C)=P(A)+P(B)+P(C)-P(AB)-P(BC)-P(CA)+P(ABC)$$

앞의 결과를 이용하면(그림 참조),

$$\begin{aligned}P(A+B+C)&=P[(A+B)+C)]\\&=P(A+B)+P(C)-P[(A+B)C]\\&=[P(A)+P(B)-P(AB)]+P(C)-[P(AC)+P(BC)]\\&=P(A)+P(B)+P(C)-P(AB)-[P(AC)+P(BC)-P(AC\cap BC)]\\&=P(A)+P(B)+P(C)-P(AB)-P(AC)-P(BC)+P(ABC)\end{aligned}$$

※ $(A\cap C)\cap(B\cap C)=A\cap B\cap C \quad \rightarrow \quad P(AC\cap BC)=P(ABC)$

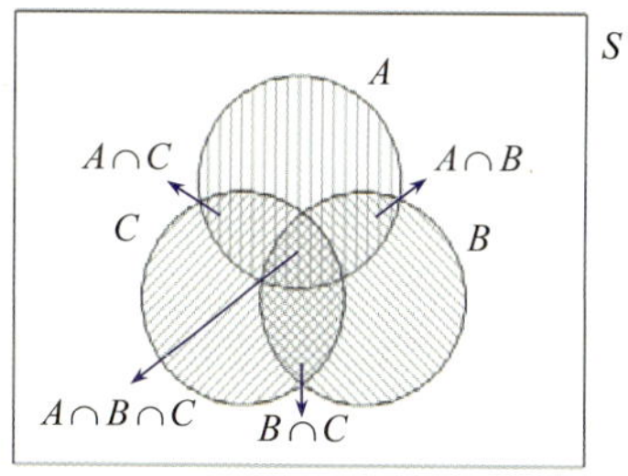

8) n개의 사상 $A_i,\ i=1,2,\cdots,n$이 상호 배타적이면, 이들 중 어느 하나가 발생할 확률 ;

$$P(A_1\cap A_2\cap\cdots\cap A_n)=P(A_1+A_2+\cdots+A_n)=\sum_{i=1}^{n}P(A_i)$$

표본공간의 경우의 수를 N, 사상 A_i 의 경우의 수를 각각 m_i라면,

n가지의 A_i중 어느 하나가 발생할 경우의 수 ; $\sum_{i=1}^{n}m_i$

$$\Rightarrow \quad P(A_1+A_2+\cdots+A_n)=\frac{1}{N}\sum_{i=1}^{n}m_i=\sum_{i=1}^{n}\frac{m_i}{N}=\sum_{i=1}^{n}P(A_i)$$

알아두기

1.1.6 조건부 확률(Conditional Probability) 과 복합사상의 확률

가. 조건부 확률

사상 A가 이미 발생했음을 알았을 때 사상 B가 발생할 확률 : $P(B|A)$

사상 A, B가 독립적이면 ; $P(B|A) = P(B)$ → B의 발생확률은 A의 발생확률과 무관

정리 **1. 1.1** 곱셈 법칙

사상 A, B가 동시에 발생하는 복합사상의 확률 : $P(A \cap B) = P(A) \times P(B|A) = P(B) \times P(A|B)$

(증명)

상호 배타적이며 출현조건이 동일한 경우,

표본공간의 경우의 수를 n, 사상A 의 경우의 수를 m이라면, $P(A) = \dfrac{m}{n}$

또한, A가 발생할 경우의 수 m중에서 사상B가 발생할 경우의 수를 l이라면, $P(B|A) = \dfrac{l}{m}$

따라서, n가지 경우의 수 중에서 A, B가 동시에 발생할 확률;

$$P(A \cap B) = P(AB) = \frac{l}{n} = \frac{m}{n} \times \frac{l}{m} = P(A) \times P(B|A)$$

☞ A, B의 위치를 서로 바꾸어 생각하면

$$P(B \cap A) = P(BA) = P(B) \times P(A|B) = P(AB) \qquad (\because B \cap A = B \cap A)$$

알아두기

따름정리 1. 사상 A, B가 서로 독립이면 ;

$$P(B|A)=P(B) \text{ 이므로, } P(AB)=P(A)\times P(B|A)=P(A)\times P(B)$$

일반화하면 ,

사상 $A_1, A_2, \cdots, A_n$이 서로 독립이면, $P(A_1A_2\cdots A_n)=P(A_1)\times P(A_2)\times\cdots\times P(A_n)$

따름정리 2. 한번 시행할 때 어떤 사상 A가 발생할 확률이 p인 경우,

r번 반복시행 할 때마다 매번, A가 발생할 확률 ; $\underbrace{p\times p\times\cdots\times p}_{r\text{번}}=p^r$

따름정리 3. 서로 독립적인 n개의 사상이 발생할 확률이 각각 $p_1, p_2, \cdots, p_n$ 인 경우,

n개의 사상 중 어느 것도 발생하지 않을 확률 ; $(1-p_1)\times(1-p_2)\times\cdots\times(1-p_n)=\prod_{i=1}^{n}(1-p_i)$

n개의 사상 중 적어도 1개 이상 발생을 확률 ; $1-(1-p_1)\times(1-p_2)\times\cdots\times(1-p_n)=1-\prod_{i=1}^{n}(1-p_i)$

알아두기

예제 1.1.3 여사상을 이용한 확률 계산

4 명의 기술자 A, B, C, D 가 어떤 과제를 해결할 확률이 각각 $\frac{2}{5}, \frac{1}{3}, \frac{1}{4}, \frac{3}{5}$ 이다.

4 명 상호 간 협력을 인정하지 않을 때, 이 문제가 풀릴 확률은 **?**

풀이 ; A, B, C, D 가 각자 과제를 해결하지 못할 확률은 각각 $1-\frac{2}{5}=\frac{3}{5},\ 1-\frac{1}{3}=\frac{2}{3},\ 1-\frac{1}{4}=\frac{3}{4},\ 1-\frac{3}{5}=\frac{2}{5}$

→ 4 명 모두 과제를 해결하지 못할 확률 : $\frac{3}{5}\times\frac{2}{3}\times\frac{3}{4}\times\frac{2}{5}=\frac{3}{25}$

→ 과제가 해결될 확률 (4 명 중 1 명 이상이 과제를 해결할 확률) : $1-\frac{3}{25}=\frac{22}{25}$

예제 1.1.4 조건부 확률을 이용한 복합사상의 확률

A, B가 A부터 번갈아 주사위를 던져 1 이 먼저 나오는 사람이 이기는 것으로 할 때, 각자 이길 확률 **?**

풀이 : '1' 이 나올 확률(성공 ○) : $\frac{1}{6}$, 다른 숫자가 나올 확률(실패 x) : $\frac{5}{6}$

A가 이길 수 있는 경우 의 수 ;

경우	A	B	A	B	A	B	A	B	…
1	○								
2	x	x	○						
3	x	x	x	x	○				
⋮									⋮

각각의 경우는 합(union) 사상 → $P(A)=\frac{1}{6}+\left(\frac{5}{6}\right)^2\frac{1}{6}+\left(\frac{5}{6}\right)^4\frac{1}{6}+\cdots=\frac{1/6}{1-(5/6)^2}=\frac{6}{11}$, $P(B)=1-P(A)=\frac{5}{11}$

알아두기

예제 **1.1.5** 조건부 확률

1 번 항아리에는 흰 공 5 개, 검은 공 10 개, **2** 번 항아리에는 흰 공 8 개, 검은 공 5 개가 들어 있다.
1 번 항아리에서 2 개를 꺼내어 **2** 번 항아리에 넣어 섞은 다음, 그 중 1 개를 꺼낼 때 흰 공 일 확률**?**

풀이

1 번 항아리에서 2 개의 공을 꺼낼 때 경우의 수

(i) 흰공 2 개 (사상 A) **(II)** 검은공 2 개 (사상 B) **(iii)** 흰공, 검은공 각 1 개 (사상 C)

1 번 항아리에서 2 개를 꺼낼 때 사상 A, B, C 가 발생할 확률 ;

$$P(A) = \frac{{}_5C_2}{{}_{15}C_2} = \frac{2}{21}, \quad P(B) = \frac{{}_{10}C_2}{{}_{15}C_2} = \frac{9}{21}, \quad P(C) = \frac{{}_5C_1 \times {}_{10}C_1}{{}_{15}C_2} = \frac{10}{21}$$

각각 사상 A, B, C 가 발생 했을 때 2 번 항아리 의 흰 공, 검은 공의 갯수

(i) 흰공 10 개, 검은공 5 개 **(ii)** 흰공 8 개, 검은 공 7 개 **(iii)** 흰공 9 개, 검은공 6 개

2 번 항아리에서 다시 1 개의 공을 꺼낼 때 흰 공이 나올 사상을 W 라 하면,

$$P(W|A) = \frac{{}_{10}C_1}{{}_{15}C_1} = \frac{10}{15}, \quad P(W|B) = \frac{{}_8C_1}{{}_{15}C_1} = \frac{8}{15}, \quad P(W|C) = \frac{{}_9C_1}{{}_{15}C_1} = \frac{9}{15}$$

$$\Rightarrow \quad P(W) = P(A)\cdot P(W|A) + P(A)\cdot P(W|A) + P(A)\cdot P(W|A) = \frac{2}{21}\cdot\frac{10}{15} + \frac{9}{21}\cdot\frac{8}{15} + \frac{10}{21}\cdot\frac{9}{15} = \frac{182}{315} \approx 0.5778$$

알아두기

나. 베이즈(Bayes) 정리

정리 1.1.2 베이즈(Bayes) 정리

E_i, $i=1,2,\cdots,n$: 어떤 확률실험의 각각 발생 확률 $P(E_i)\neq 0$이며 서로 배타적, 전체 사상

⇒ 표본공간 안의 $P(A)>0$인 임의 사상 A에 대하여 ; $P(E_k|A)=\dfrac{P(E_k)P(A|E_k)}{\sum_{i=1}^{n}P(E_i)P(A|E_i)}$

(증명) 표본공간을 S라 하면, $S=E_1\cup E_2\cup\cdots\cup E_n=\bigcup_{i=1}^{n}E_i$

$A\subset S$ 이므로, $A=A\cap S=A\cap(E_1\cup E_2\cup\cdots\cup E_n)=(A\cap E_1)\cup(A\cap E_2)\cup\cdots\cup(A\cap E_n)$

$$\Rightarrow\ P(A)=P(A\cap E_1)+P(A\cap E_2)+\cdots+P(A\cap E_n)$$
$$=P(E_1)P(A|E_1)+P(E_2)P(A|E_2)+\cdots+P(E_n)P(A|E_n)=\sum_{i=1}^{n}P(E_i)P(A|E_i)$$

따라서, $P(A\cap E_k)=P(A)P(E_k|A)=P(E_k)P(A|E_k)$ 이므로

$$P(E_k|A)=\frac{P(A\cap E_k)}{P(A)}=\frac{P(E_k)P(A|E_k)}{\sum_{i=1}^{n}P(E_i)P(A|E_i)}$$

알아두기

예제 1.1.6 베이즈 정리

1 번 주머니에 흰공 3 개와 검은 공 5 개, **2** 번 주머니에 흰공 2 개와 검은공 4 개가 들어있다. 우연히 흘러 나온 공 하나가 검은 색이었다면, 이 공이 **1** 번 주머니에서 나왔을 확률은 ?

풀이

E_1 : 공이 **1** 번에서 나올 사상, E_2 : 공이 **2** 번에서 나올 사상, A : 공이 검은색인 사상

이라고 두면, 흘러 나온 공이 검은 색인 것을 알고 **1** 번 주머니의 것일 확률은 $P(E_1|A)$

⇒ 베이즈 정리로 부터, $P(E_1|A) = \dfrac{P(E_1)P(A|E_1)}{P(E_1)P(A|E_1) + P(E_2)P(A|E_2)}$

주머니 2 개 중 어느 하나에서 공이 나왔을 확률조건은 동등한 것으로 보면 $P(E_1) = P(E_2) = \dfrac{1}{2}$

또한, **1** 번 주머니일 때, 검은 공이 나올 확률 $P(A|E_1) = \dfrac{{}_5C_1}{{}_8C_1} = \dfrac{5}{8}$

2 번 주머니일 때, 검은 공이 나올 확률 $P(A|E_2) = \dfrac{{}_4C_1}{{}_6C_1} = \dfrac{2}{3}$

$$\Rightarrow \quad P(E_1|A) = \frac{\frac{1}{2}\times\frac{5}{8}}{\frac{1}{2}\times\frac{5}{8}+\frac{1}{2}\times\frac{2}{3}} = \frac{15}{31}$$

알아두기

예제 **1.1.7** 베이즈 정리

같은 제품을 생산하는 설비 A, B, C 의 생산 분담률은 각각 30%, 20%, 50%이고, 각 설비의 불량률은 자체 생산량의 각각 3%, 4%, 2%이다. 불량 제품 하나가 설비 B 에서 생산되었을 확률 ?

풀이

E_1 : A 설비 제품, E_2 : B 설비 제품 , E_3 : C 설비 제품 , F : 불량 제품

사상이라고 두면, 불량 제품이 B 설비의 것일 확률은 $P(E_2|F)$

제품 하나가 생산하는 설비 A, B, C 의 것일 확률 ; $P(E_1)=0.3$, $P(E_2)=0.2$, $P(E_3)=0.5$

각 설비의 제품이 불량일 확률 ; $P(F|E_1)=0.03$, $P(F|E_2)=0.04$, $P(F|E_3)=0.02$

⇒ 베이즈 정리로 부터,

$$\begin{aligned} P(E_2|F) &= \frac{P(E_2)P(F|E_2)}{P(E_1)P(F|E_1)+P(E_2)P(F|E_2)+P(E_3)P(F|E_3)} \\ &= \frac{0.2\times 0.04}{0.3\times 0.03+0.2\times 0.04+0.5\times 0.02} \approx 0.296 \end{aligned}$$

알아두기

1.2 확률변수와 확률분포

1.2.1 용어의 의미

가. 확률변수 **(Random Variable)**

시행 전에는 예측할 수 없는 시행의 결과를 변수로 취급 : X, Y, Z 등으로 표시함

1) 이산 확률 변수 **(discreate random variable)** – 실험 또는 관찰의 결과가 이산적인 값

(예) 1 개의 주사위를 던질 때 나오는 숫자 ; $X \in \{1, 2, 3, 4, 5, 6\}$

동전을 4 번 던질 때 '앞'이 나올 횟수 ; $Y \in \{0, 1, 2, 3, 4\}$

2) 연속 확률 변수 **(continuous random variable)** – 실험 또는 관찰의 결과가 연속적인 값

(예) 어느 집단 개개인의 키, 활을 여러 번 쏘았을 때 화살 착점에서 표적 중심간 거리

☞ 확률변수를 **chance variable, stochastic variable** 라고도 함.

나. 확률분포**(Probability Distribution)**

확률변수와 확률변수가 일어날 확률을 함수 관계로 표시함.

1) 이산 확률 분포 – 이산 확률변수가 일어날 확률분포

(예) 1 개의 주사위를 던질 때, 각 눈금이 나올 확률 분포 – 이산 균등분포

2) 연속 확률 분포 – 연속 확률변수가 일어날 확률분포

(예) 균질의 100[cm] 고무줄을 천천히 잡아당길 때 끊어지는 위치의 확률분포 – 연속 균등분포

알아두기

1.2.2 이산 확률 분포 (Discreate Probability Distribution)

확률변수 X가 각각 발생확률 $p_1, p_2, p_3, \cdots, p_n$을 갖는 값 $x_1, x_2, x_3, \cdots, x_n$ 을 취할 때

즉, $P(X = x_i) = p_i \geq 0$, $p_1 + p_2 + p_3 + \cdots + p_n = \sum_{i=1}^{n} p_i = 1$ 일 때

$$\begin{array}{lcl} X & : & x_1, x_2, x_3, \cdots x_n \\ P(X) & : & p_1, p_2, p_3, \cdots p_n \end{array}$$

⇒ 확률변수 X의 이산 확률 분포 (☞ 알아두기 참조)

가. 이산 확률변수의 평균과 분산

1) 평균(mean) : $\mu = \dfrac{\sum p_i x_i}{\sum p_i} = \sum p_i x_i \quad (\because \ \sum p_i = 1)$

☞ 평균(mean) 을 기대치(expectation) $\mu = E(X) = \sum p_i x_i$ 라고도 함.

2) 분산(variance) : $\sigma^2 = \sum p_i (x_i - \mu)^2 = \sum p_i x_i^2 - 2\mu \sum p_i x_i + \mu^2 \sum p_i$

$$= \sum p_i x_i^2 - 2\mu^2 + \mu^2 = \sum p_i x_i^2 - \mu^2$$

3) 표준편차 (standard deviation) : $\sigma = \sqrt{\sum p_i x_i^2 - \mu^2}$

알아두기

☞ 분산(Variance)과 표준편차(Standard Deviation)의 의미

분산(variance) – 확률변량(x_i)과 평균값(μ)의 편차를 제곱한 값들의 평균값

표준편차(standard deviation) – 분산의 제곱근

⇒ 분산 즉, 표준편차가 크면 평균이 같더라도 '변량들이 모여있지 않고 많이 흩어져 있음을 의미한다.
→ 2.3 절 '산포도' 참조

☞ 이산 확률분포의 표현 – 확률변량(x_i)과 발생확률(p_i)를 함수 관계로 표현

확률질량함수(Probability Mass Function) : $f(x_i) = P(X = x_i) = p_i$, $f(x) = P(X = x \neq x_i) = 0$
확률밀도함수(Probability Distribution Function) : $F(x) = P(X \leq x)$

(예) 숫자 1, 2, 3 중 하나를 무작위로 추출하는 실험을 독립적으로 2 번 시행할 때 숫자의 합(X)이 나올 확률

$X = x_i$	경우의 수	p_i
2	(1,1)	1/9
3	(1,2) , (2,1)	2/9
4	(1,3) , (2,2) , (3,1)	3/9
5	(2,3) , (3,2)	2/9
6	(3,3)	1/9

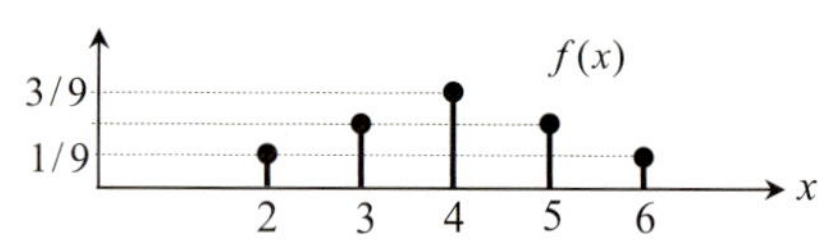

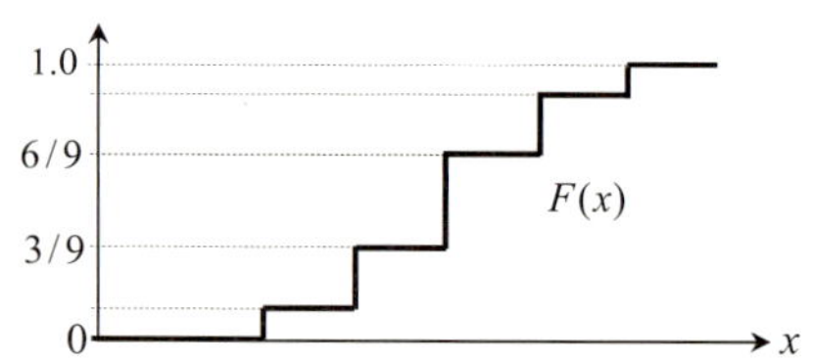

예제 1.2.1 이산확률분포

주사위 한번 던질 때 '3' 의 배수가 나오면 '성공', 다른 눈이 나오면 '실패'로 본다.
연속 5번을 던질 때, 성공 횟수의 확률분포, 평균 및 분산 ?

풀이 ; 성공횟수 $X \rightarrow X \in \{0,1,2,3,4,5\}$, 한번 시행 성공확률 : $p=\frac{2}{6}=\frac{1}{3}$, 실패확률 : $q=1-p=1-\frac{1}{3}=\frac{2}{3}$

$$\Rightarrow \quad P(X=0)=qqqqq=\left(\frac{2}{3}\right)^5=\frac{32}{243}, \quad P(X=1)={}_5\mathrm{C}_1 pqqqq={}_5\mathrm{C}_1\left(\frac{1}{3}\right)\left(\frac{2}{3}\right)^4=\frac{80}{243}$$

$$P(X=2)={}_5\mathrm{C}_2 ppqqq={}_5\mathrm{C}_2\left(\frac{1}{3}\right)^2\left(\frac{2}{3}\right)^3=\frac{80}{243}, \quad P(X=3)={}_5\mathrm{C}_3 pppqq={}_5\mathrm{C}_2\left(\frac{1}{3}\right)^3\left(\frac{2}{3}\right)^2=\frac{40}{243}$$

$$P(X=4)={}_5\mathrm{C}_4 ppppq={}_5\mathrm{C}_4\left(\frac{1}{3}\right)^4\left(\frac{2}{3}\right)=\frac{10}{243}, \quad P(X=5)=ppppp=\left(\frac{1}{3}\right)^5=\frac{1}{243}$$

확률분포 :

X	:	0,	1,	2,	3,	4,	5
$P(X)$	:	$\frac{32}{243}$,	$\frac{80}{243}$,	$\frac{80}{243}$,	$\frac{40}{243}$,	$\frac{10}{243}$,	$\frac{1}{243}$

평균 : $\mu=\sum p_i x_i=\frac{1}{243}(32\times0+80\times1+80\times2+40\times3+10\times4+1\times5)=\frac{5}{3}$

분산 : $\sigma^2=\sum p_i(x_i-\mu)^2$

$$=\left\{\frac{32}{243}\left(0-\frac{5}{3}\right)^2+\frac{80}{243}\left(1-\frac{5}{3}\right)^2+\frac{80}{243}\left(2-\frac{5}{3}\right)^2+\frac{40}{243}\left(3-\frac{5}{3}\right)^2+\frac{10}{243}\left(4-\frac{5}{3}\right)^2+\frac{1}{243}\left(5-\frac{5}{3}\right)^2\right\}=\frac{10}{9}$$

알아두기

예제 **1.2.2** 이산 확률분포

확률분포 :	$X=x$	:	0,	1,	2,	3,	4,	5,	6,	7,	8
	$P(X=x)$	:	0,	k,	k,	k,	$2k$,	k^2+k,	$2k^2$,	$6k^2+k$,	k

i) k 값 ? **ii)** $P(2 \le X \le 5)$? **iii)** $P(X \le x) > \frac{1}{2}$ 를 만족하는 최소값 x ?

풀이

i) $\sum p(x) = 1 \rightarrow 9k^2 + 8k = 1 \rightarrow (9k-1)(k+1) = 0 \rightarrow k = \frac{1}{9} \quad (\ P(x) \ge 0\ )$

ii) $P(2 \le X \le 5) = P(X=2) + P(X=3) + P(X=4) + P(X=5)$

$$= k + k + 2k + (k^2 + k) = k^2 + 5k = \left(\frac{1}{9}\right)^2 + 5 \times \frac{1}{9} = \frac{46}{81}$$

iii) $P(X \le 3) = k + k + k = 3k = \frac{3}{9} < \frac{1}{2}$, $P(X \le 4) = k + k + k + 2k = 5k = \frac{5}{9} > \frac{1}{2}$

$\Rightarrow \quad P(X \le x) > \frac{1}{2}$ 를 만족하는 최소 $x = 4$

알아두기

나. 실험적 확률분포와 이론적 확률분포

실험(관찰)에 의한 도수분포 ;

$$X \quad : x_1,\ x_2, \cdots, x_n$$
$$f_i \quad : f_1,\ f_2, \cdots, f_n \quad ,$$

$N = \sum f_i$, f_i : 확률변수 x_i가 일어날 빈도수(**frequency,** 도수)

→ $p_i = \dfrac{f}{N}$ 로 두면

→ 실험적 확률 분포 ;
$$x \quad : x_1,\ x_2, \cdots, x_n$$
$$p_i \quad : p_1,\ p_2, \cdots, p_n$$

☞ 적절한 '전제조건'을 가정하면 ,
'실험적 확률분포'를 수학적으로 모델링 하여 ' 이론적 확률분포' 를 유도할 수 있음.

□ 주요 이론적 이산 확률분포

- **2** 항 분포 (베르누이) 분포 (**Binomial, Bernoulli Distribution)**
- 프와송 분포(**Poisson Distribution)**

알아두기

1.2.3 연속 확률 분포(Continuous Probability Distribution)

연속변수를 변량으로 하는 확률분포

(예) 화살이 과녁 중심에서 $R \le r$ 일 확률, 고장 또는 사고 발생시간이 $T \le t$ 일 확률

☞ 연속확률 분포는 $P(X = x)$ 를 수학적으로 정의할 수 없음

→ $P(a \le X \le b)$, $P(X \le x)$ 등 어떤 구간에 놓일 확률을 정의 함

가. 확률 분포함수 (probability distribution function)

$$F(x) = P(X \le x)$$

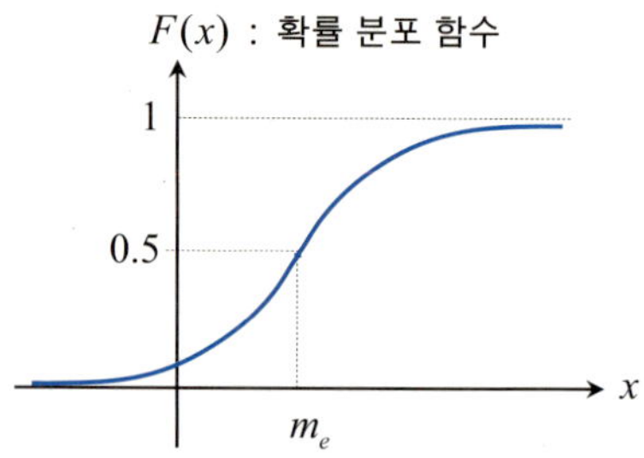

☞ 확률분포함수의 성질

i) $F(-\infty) = 0, \quad F(\infty) = 1$

ii) 단순 증가 함수 , 시그모이드(sigmoid) 형 곡선

나. 확률 밀도함수 (pdf ; probability density function)

$$f(x) = \frac{d}{dx}F(X) \quad \rightarrow \quad F(x) = \int_{-\infty}^{x} f(\tau)\,d\tau$$

☞ 확률밀도함수의 성질

i) $f(x)>0$, $\lim_{x\to\pm\infty} f(x) \rightarrow 0$,

ii) $P(x_1 \le X \le x_2) = \int_{x_1}^{x_2} f(x)\,dx = F(x_2) - F(x_1)$, $\int_{-\infty}^{\infty} f(x)\,dx = F(\infty) = 1$

iii) 위로 볼록한 형태의 곡선

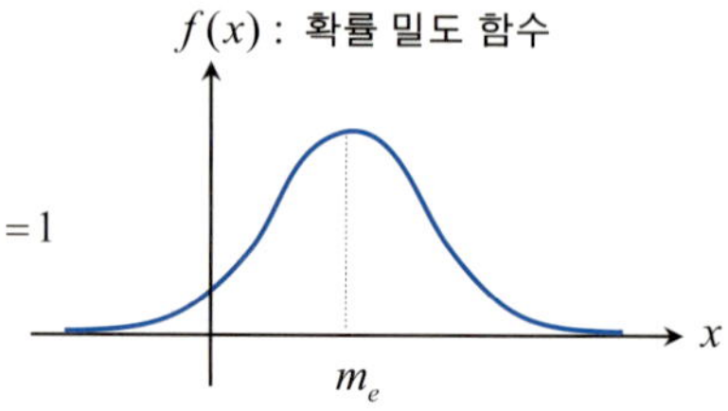

알아두기

다. 연속 확률 분포의 평균과 분산

$$P(x \le X \le x+dx) = \int_{x}^{x+dx} f(x)\,dx = F(x+dx) - F(x)$$

1) 평균

$$E(X) = \overline{X} = \mu = \int_{-\infty}^{\infty} x\,f(x)\,dx$$

2) 분산

$$\sigma^2 = \int_{-\infty}^{\infty} (x-\mu)^2 f(x)\,dx = \int_{-\infty}^{\infty} \left(x^2 - 2\mu x + \mu^2\right) f(x)\,dx$$

$$= \int_{-\infty}^{\infty} x^2 f(x)\,dx - 2\mu \int_{-\infty}^{\infty} x\,f(x)\,dx + \mu^2 \int_{-\infty}^{\infty} f(x)\,dx \quad = \int_{-\infty}^{\infty} x^2 f(x)\,dx - 2\mu^2 + \mu^2$$

$$= \int_{-\infty}^{\infty} x^2 f(x)\,dx - \mu^2 = E(X^2) - \left(E(X)\right)^2$$

3) 표분편차

$$\sigma = \sqrt{E(X^2) - \mu^2}$$

알아두기

라. 균등분포

$a \le X \le b$ 의 확률밀도가 일정한 연속확률 분포

$$f(x) = \begin{cases} \dfrac{1}{b-a}, & a \le x \le b \\ 0, & \text{그밖의 곳} \end{cases}$$

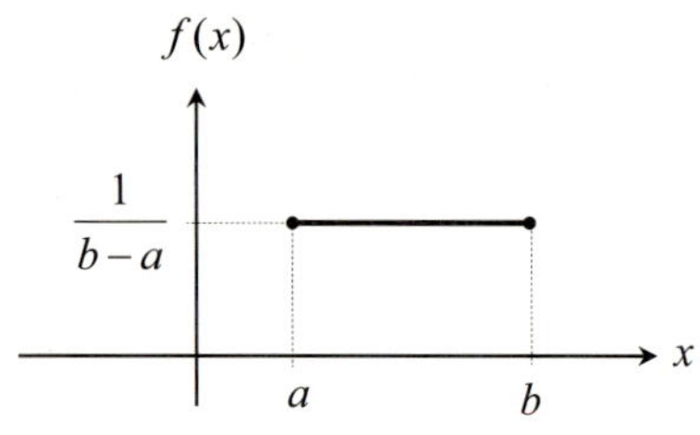

☞ 균등 분포 관련 주요 사항

i) 균등분포의 표현 - $\mathrm{U}(a,b)$

ii) 평균 $\mu = E(X) = \dfrac{a+b}{2}$

분산 $\sigma^2 = E(X^2) - (E(X))^2 = \dfrac{(b-a)^2}{12}$

☞ 주요 연속 확률 분포

- 균등분포 **(uniform distribution)**
- 정규분포 **(normal distribution)**
- 지수분포 **(exponential distribution)**
- 감마분포 **(gamma distribution)**
- 웨이블 분포 **(Weibull distribution)**
- 베타분포 **(betta distribution)**

알아두기

1.3 이항분포 (Binomial Distribution, Bernoulli Distribution)

1.3.1 이항분포의 형태

한번 시행할 때 성공확률 p, 실패확률 $q=1-p$ 인 시행을 독립적으로 n 번 시행하는 경우,

n 번 중 성공횟수를 확률변수 X 로 둔 확률분포

n 번 시행 중 r 번 성공 확률 ; n 번 시행 중 r 번 성공하는 경우의 수 → ${}_n\mathrm{C}_r$

1 가지 경우의 발생확률 → $\underbrace{pp\cdots p}_{r\text{번}}\underbrace{qq\cdots q}_{n-r\text{번}} = p^r q^{n-r}$

$$\Rightarrow \quad P(X=r)={}_n\mathrm{C}_r p^r q^{n-r}={}_n\mathrm{C}_r p^r (1-p)^{n-r}, \quad r=1,2,\cdots,n$$

$P_b(X=r)={}_n\mathrm{C}_r p^r q^{n-r}={}_n\mathrm{C}_r p^r (1-p)^{n-r}$: 이항 확률 분포 ,

X : 이항변수

(예) 주사위를 30번 던질 때 눈 '1' 이 r 번 나올 확률

$$\rightarrow \quad P_b(r)={}_{30}\mathrm{C}_r\left(\frac{1}{6}\right)^r\left(\frac{5}{6}\right)^{30-r}$$

알아두기

1.3.2 이항분포 관련 주요 사항

1) $P_b(X=r)$ 를 간단히 확률밀도함수 $P_b(r)$ 로 표시 함.

2) n 번 시행 중 r 번 성공 확률 $P_b(X=r)$ 은

이항전개 $(p+q)^n = \sum_{k=0}^{n} {}_nC_k\, p^k q^{n-k}$ 의 $r+1$ 번째항 ($k=r$)과 같다.

('이항분포' 명칭의 이유)

3) 이항분포의 표현 $\mathrm{B}(n,p)$

4) 이항분포의 요소변수**(parameter)** → 전체 시행횟수 (n), 1 회 시행시 성공확률 (p)

5) 이항분포 주요 특징

i) 전체 시행횟수 (n) – 유한**(finite)**

ii) 1 회 시행의 기본사상**(elementary event)**는 2 개 (성공, 실패), $p+q=1$

iii) 매 시행은 독립적

iv) 성공확률(p), 실패확률(q) 는 매번 시행에서 불변 상수

v) $p=0.5$ 면 n 에 관계없이 좌우대칭, $n\to\infty$ 면 p 에 관계없이 정규분포에 수렴.

알아두기

6) 이항분포 점화식**(Recurrence Formula)**

$$P_b(r) = {}_nC_r p^r q^{n-r} = \frac{n!}{(n-r)!\,r!} p^r q^{n-r}$$

$$P_b(r+1) = {}_nC_{r+1} p^{r+1} q^{n-r-1} = \frac{n!}{(n-r-1)!\,(r+1)!} p^{r+1} q^{n-r-1}$$

$$\frac{P_b(r+1)}{P_b(r)} = \frac{(n-r)!}{(n-r-1)!} \times \frac{r!}{(r+1)!} \times \frac{p}{q}$$

$$= \frac{(n-r)\cdot(n-r-1)!}{(n-r-1)!} \times \frac{r!}{(r+1)\cdot r!} \times \frac{p}{q}$$

$$= \left(\frac{n-r}{r+1}\right) \cdot \frac{p}{q}$$

$$\rightarrow \quad P_b(r+1) = \frac{(n-r)!}{(n-r-1)!} \times \frac{r!}{(r+1)!} \times \frac{p}{q} = \left(\frac{n-r}{r+1}\right) \cdot \frac{p}{q} P_b(r)$$

⇒ $P_b(0)$ 로부터 순차적으로 $P_b(r)$, $r = 1, 2, \cdots, n$ 을 계산할 수 있음.

예) $P_b(0) = {}_nC_0 p^0 q^n = q^n$, $P_b(1) = P_b(0+1) = \left(\frac{n-0}{0+1}\right)\left(\frac{p}{q}\right) P_b(0) = n\left(\frac{p}{q}\right) q^n = npq^{n-1}$

알아두기

1.3.3 이항분포의 평균과 분산

$P_b(r) = {}_nC_r p^r q^{n-r}$ 에 대하여,

가. 평균 ;

$$\mu_b = E(r) = \sum_{r=o}^{n} rP_b(r) = \sum_{r=o}^{n} r \cdot {}_nC_r p^r q^{n-r}$$

$$= 0 \cdot {}_nC_0 p^0 q^n + 1 \cdot {}_nC_1 p\ q^{n-1} + 2 \cdot {}_nC_2 p^2 q^{n-2} + 3 \cdot {}_nC_3 p^3 q^{n-3} + \cdots + k \cdot {}_nC_k p^k q^{n-k} + \cdots + r \cdot {}_nC_n p^n q^0$$

$$= 0 + 1 \cdot n\, pq^{n-1} + 2 \cdot \frac{n(n-1)}{2 \cdot 1} p^2 q^{n-2} + 3 \cdot \frac{n(n-1)(n-2)}{3 \cdot 2 \cdot 1} p^3 q^{n-3} + \cdots + k \cdot \frac{n(n-1)\cdots(n-k+1)}{k!} p^k q^{n-k} + \cdots + n \cdot p^n$$

$$= np\left(q^{n-1} + (n-1)pq^{n-2} + \frac{(n-1)(n-2)}{2 \cdot 1} p^2 q^{n-3} + \cdots + \frac{(n-1)(n-2)\cdots(n-k+1)}{(k-1)!} p^{k-1} q^{n-k} + \cdots + p^{n-1} \right)$$

$$= np\left({}_{n-1}C_0 p^0 q^{n-1} + {}_{n-1}C_1 p^1 q^{(n-1)-1} + {}_{n-1}C_2 p^2 q^{(n-1)-2} + \cdots + {}_{n-1}C_{k-1} p^{k-1} q^{(n-1)-(k-1)} + \cdots + {}_{n-1}C_{n-1} p^{n-1} q^0 \right)$$

$$= np(p+q)^{n-1} = np \qquad (\because\ p+q=1)$$

(예) 주사위를 30번 던질 때 눈 '1'이 나올 평균 횟수 (기대치)

$$\rightarrow \quad \mu_b = np = 30 \times \frac{1}{6} = 5$$

알아두기

나. 분산 및 표준편차

$$\sigma_b^2 = \sum_{r=o}^{n} r^2 P_b(r) - \mu^2 = \sum_{r=o}^{n} \left(r + r(r-1)\right) \cdot P_b(r) - \mu^2$$

$$= \sum_{r=0}^{n} r \cdot P_b(r) + \sum_{r=0}^{n} r(r-1) \cdot P_b(r) - \mu^2 = \mu + \sum_{r=2}^{n} r(r-1) \cdot {}_n\mathrm{C}_r p^r q^{n-r} - \mu^2$$

$$= \mu + \left(2 \cdot 1 \cdot {}_n\mathrm{C}_2 p^2 q^{n-2} + 3 \cdot 2 \cdot {}_n\mathrm{C}_3 p^3 q^{n-3} + 4 \cdot 3 \cdot {}_n\mathrm{C}_4 p^4 q^{n-4} + \cdots + k(k-1) \cdot {}_n\mathrm{C}_k p^k q^{n-k} + \cdots + n(n-1) \cdot {}_n\mathrm{C}_n p^n\right) - \mu^2$$

$$= \mu + \left(2 \cdot 1 \cdot \frac{n(n-1)}{2 \cdot 1} p^2 q^{n-2} + 3 \cdot 2 \cdot \frac{n(n-1)(n-2)}{3 \cdot 2 \cdot 1} p^3 q^{n-3} + \cdots + k(k-1) \cdot \frac{n(n-1)\cdots(n-k+1)}{k!} p^k q^{n-k} + \cdots + n(n-1)p^n\right) - \mu^2$$

$$= \mu + n(n-1)p^2 \left(q^{n-2} + (n-2)p\, q^{n-3} + \cdots + \frac{(n-2)\cdots(n-k+1)}{(k-2)!} p^{k-2} q^{n-k} + \cdots + p^{n-2}\right) - \mu^2$$

$$= \mu + n(n-1)p^2 \left({}_{n-2}\mathrm{C}_0 p^0 q^{n-2} + {}_{n-2}\mathrm{C}_1 p^1 q^{(n-2)-1} + \cdots + {}_{n-2}\mathrm{C}_{k-2} p^{k-2} q^{(n-2)-(k-2)} + \cdots + {}_{n-2}\mathrm{C}_{n-2} p^{n-2} q^0\right) - \mu^2$$

$$= \mu + n(n-1)p^2 (p+q)^{n-2} - \mu^2 = \mu + n(n-1)p^2 - \mu^2 \qquad (\because p+q=1)$$

$$= np + n(n-1)p^2 - n^2p^2 = np\left(1 + (n-1)p - np\right) = np(1-p) = npq \qquad (\because \mu = np)$$

$$\sigma_b = \sqrt{npq}$$

(예) 주사위를 30 번 던질 때 눈 **'1'**이 나올 횟수의 분산 → $\sigma_b^2 = npq = 30 \times \frac{1}{6} \times \frac{5}{6} = \frac{25}{6}$

알아두기

1.3.4 이항분포의 기타 통계적 성질

앞 절과 비슷한 방법으로,

$$\beta_1 = \frac{\mu_3^2}{\mu_2^3} = \frac{(q-p)^2}{npq} = \frac{(1-2p)^2}{npq}$$

$$\beta_2 = \frac{\mu_4}{\mu_2^2} = 3 + \frac{1-6pq}{npq}$$: 첨도(kurtosis)의 측도

$$\gamma_1 = \sqrt{\beta_1} = \frac{q-p}{\sqrt{npq}} = \frac{1-2p}{\sqrt{npq}}$$: 왜도(skewness)의 측도

$p < \frac{1}{2}$; 왜도 양(+) – 최빈값 왼쪽 치우침(오른쪽 꼬리 분포),

$p = \frac{1}{2}$; 왜도 0 – 최빈값 중앙, 좌우 대칭

$p > \frac{1}{2}$; 왜도 음(-) – 최빈값 오른쪽 치우침(왼쪽 꼬리 분포).

$$\gamma_2 = \beta_2 - 3 = \frac{1-6pq}{npq}$$

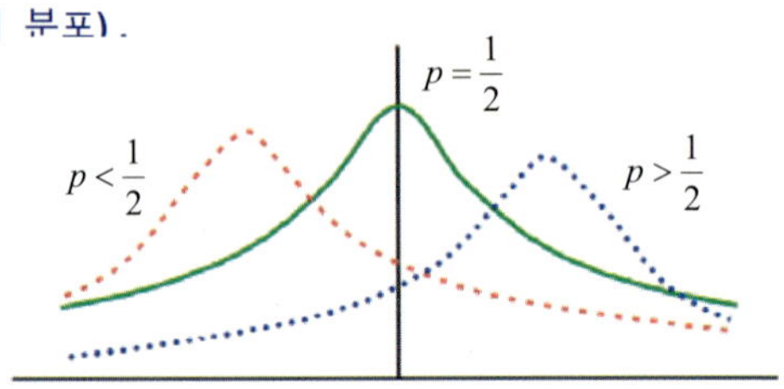

알아두기

예제 1.3.1 2 항분포

업무시간에 임의로 전화를 걸었을 때, 평균적으로 전화번호 10개 중 1개 꼴로 통화중인 경우를 생각한다. 임의로 5개의 전화번호로 전화를 걸었을 때, **(a)** 2개 이하 통화 중 **(b)** 3개 이상 통화 중 일 확률 ?

풀이 ; 전화번호 1개가 통화중일 확률 : $p=\frac{1}{10}$, 통화중이 아닐 확률 : $q=1-\frac{1}{10}=\frac{9}{10}$

(a) $P(X\le 2)=P(0)+P(1)+P(2)={}_5C_0\left(\frac{9}{10}\right)^5+{}_5C_1\left(\frac{1}{10}\right)\left(\frac{9}{10}\right)^4+{}_5C_2\left(\frac{1}{10}\right)^2\left(\frac{9}{10}\right)^3=0.9914$

(b) $P(X\ge 3)=1-P(X\le 2)=1-0.9914=0.0086$

예제 1.3.2 2 항분포

5개의 주사위를 동시에 486번 던질 때, 486번 중 3개 이상의 주사위에서 '3 의 배수'가 나올 횟수의 기대치 ?

풀이

주사위 하나에서 '3 의 배수'가 나올 확률 : $\frac{2}{6}=\frac{1}{3}$, 다른 눈이 나올 확률 : $1-\frac{1}{3}=\frac{2}{3}$

한번 시행할 때, 5개의 주사위 중 3개 이상의 주사위에서 '3 의 배수'가 나올(성공) 확률 :

$$p=P(X\ge 3)=P(3)+P(4)+P(5)={}_5C_3\left(\frac{1}{3}\right)^3\left(\frac{2}{3}\right)^2+{}_5C_4\left(\frac{1}{3}\right)^4\left(\frac{2}{3}\right)+{}_5C_5\left(\frac{1}{3}\right)^5=\frac{51}{3^5}$$

$\Rightarrow$ 기대 횟수 = 평균 ; $\mu_b=np=486\times\frac{51}{3^5}=102$ 번

알아두기

1.4 프와송 분포 (Poisson Distribution)

1.4.1 프와송분포의 형태

n은 크고, p는 적은 경우, 이항분포는 다루기가 번거로움.

$n \to \infty$, $p \to 0$ 일 때 $np = \lambda$ 가 유한값을 가지는 경우, 이항분포의 근사

이항분포 : $$P_b(X=r) = {}_nC_r p^r q^{n-r} = \frac{n(n-1)\cdots(n-r+1)}{r!} \times p^r (1-p)^{n-r} = \frac{n(n-1)\cdots(n-r+1)}{r!} \times \left(\frac{\lambda}{n}\right)^r \left(1-\frac{\lambda}{n}\right)^{n-r}$$

$$= \frac{\lambda^r}{r!} \times \frac{n(n-1)\cdots(n-r+1)}{n^r} \times \frac{\left(1-\frac{\lambda}{n}\right)^n}{\left(1-\frac{\lambda}{n}\right)^r} = \frac{\lambda^r}{r!} \times \left(\frac{n}{n}\right) \times \left(\frac{n-1}{n}\right) \times \cdots \times \left(\frac{n-r+1}{n}\right) \times \frac{\left(1-\frac{\lambda}{n}\right)^n}{\left(1-\frac{\lambda}{n}\right)^r}$$

$$= \frac{\lambda^r}{r!} \times (1) \times \left(1-\frac{1}{n}\right) \times \cdots \times \left(1-\frac{r-1}{n}\right) \times \frac{\left[\left(1-\frac{\lambda}{n}\right)^{-\frac{n}{\lambda}}\right]^{-\lambda}}{\left(1-\frac{\lambda}{n}\right)^r}$$

$n \to \infty$ 이면, $\left(1-\frac{k}{n}\right) \to 1$ $(0<k<r)$, $\left(1-\frac{\lambda}{n}\right) \to 1$, 또한, $\lim_{x\to\infty}\left(1+\frac{1}{x}\right)^x \to e$ (자연대수 밑)

$\Rightarrow$ $P_p(r) = \lim_{n\to\infty} P_b(X=r) \to \frac{\lambda^r}{r!} e^{-\lambda}$ $(r = 0,1,2,3,\cdots)$ ☜ 프와송 확률 분포 ($\lambda = np$; 유한값)

알아두기

1.4.2 프와송 분포 관련 주요 사항

1) λ는 프와송 분포의 확률밀도함수 $P_p(r)$의 요소변수(모수, **parameter**) 이며 유한 상수

2) 프와송분포의 표현 : $P(\lambda)$

3) 전체사상의 확률은 '1' 이어야 하므로, 확인해 보면 ;

$$\sum_{r=0}^{\infty} P(r) = P(0) + P(1) + P(2) + P(3) + \cdots$$

$$= e^{-\lambda} + \frac{\lambda}{1!}e^{-\lambda} + \frac{\lambda^2}{2!}e^{-\lambda} + \frac{\lambda^3}{3!}e^{-\lambda} + \cdots = e^{-\lambda}\left(1 + \frac{\lambda}{1!} + \frac{\lambda^2}{2!} + \frac{\lambda^3}{3!} + \cdots\right) = e^{-\lambda} \cdot e^{\lambda} = 1$$

☞ $e^x = 1 + x + \frac{1}{2!}x^2 + \frac{1}{3!}x^3 + \cdots + \frac{1}{k!}x^k + \cdots$ **(Maclaurin 급수)**

4) 프와송 분포의 점화관계

$$P_p(r) = \frac{\lambda^r}{r!}e^{-\lambda} \quad , \quad P_p(r+1) = \frac{\lambda^{r+1}}{(r+1)!}e^{-\lambda}$$

$$\Rightarrow \quad \frac{P_p(r+1)}{P_p(r)} = \frac{\lambda\, r!}{(r+1)!} = \frac{\lambda}{r+1} \quad \rightarrow \quad P_p(r+1) = \frac{\lambda}{r+1}P_p(r) \,, \quad r = 0, 1, 2, 3, \cdots$$

5) 단위 시간이나 공간에서 발생하는 사건의 확률 모형에 적합

예) 어떤 물질에서 방출된 방사능 입자의 수, 주어진 시간안에 걸려온 전화의 수, 소설책 한 면 당 오자의 수, 부품 상자당 불량품의 수 등

알아두기

1.4.3 프와송 분포의 평균과 분산

가. 평균

$$\mu_p = \sum_{r=0}^{\infty} r\,P_p(r) = \sum_{r=0}^{\infty} r\frac{\lambda^r}{r!}e^{-\lambda} = e^{-\lambda}\sum_{r=0}^{\infty}\frac{\lambda^r}{(r-1)!} = e^{-\lambda}\left(\lambda + \frac{1}{1!}\lambda^2 + \frac{1}{2!}\lambda^3 + \frac{1}{3!}\lambda^4 + \cdots\right)$$

$$= \lambda e^{-\lambda}\left(1 + \frac{1}{1!}\lambda + \frac{1}{2!}\lambda^2 + \frac{1}{3!}\lambda^3 + \cdots\right) = \lambda e^{-\lambda}e^{\lambda} = \lambda$$

나. 분산

$$\sigma_p^2 = \sum_{r=0}^{\infty} r^2\,P_p(r) - \mu^2 = \sum_{r=0}^{\infty} r^2\frac{\lambda^r}{r!}e^{-\lambda} - \lambda^2 = e^{-\lambda}\sum_{r=1}^{\infty}\frac{r^2\lambda^r}{r!} - \lambda^2$$

$$= e^{-\lambda}\left(\frac{1^2\cdot\lambda}{1!} + \frac{2^2\cdot\lambda^2}{2!} + \frac{3^2\cdot\lambda^3}{3!} + \frac{4^2\cdot\lambda^4}{4!}\cdots\right) - \lambda^2$$

$$= \lambda e^{-\lambda}\left(1 + \frac{2}{1!}\lambda + \frac{3}{2!}\lambda^2 + \frac{4}{3!}\lambda^3 + \cdots\right) - \lambda^2 = \lambda e^{-\lambda}\left(1 + \frac{1+1}{1!}\lambda + \frac{1+2}{2!}\lambda^2 + \frac{1+3}{3!}\lambda^3 + \cdots\right) - \lambda^2$$

$$= \lambda e^{-\lambda}\left[\left(1 + \frac{1}{1!}\lambda + \frac{1}{2!}\lambda^2 + \frac{1}{3!}\lambda^3 + \cdots\right) + \lambda\left(1 + \frac{1}{1!} + \frac{1}{2!}\lambda^2 + \frac{1}{3!}\lambda^3 + \cdots\right)\right] - \lambda^2$$

$$= \lambda e^{-\lambda}\left(e^{\lambda} + \lambda e^{\lambda}\right) - \lambda^2 = \lambda + \lambda^2 - \lambda^2 = \lambda$$

☞ $np = \lambda$ 이면, 프와송 분포 평균 및 분산은 $n \to \infty$, $p \to 0$ 일 때 이항분포 평균 및 분산의 극한

$$\lim_{n\to\infty}\mu_b = \lim_{n\to\infty} np = \lim_{n\to\infty}\lambda = \lambda = \mu_p\ , \quad \lim_{n\to\infty}\sigma_b^2 = \lim_{n\to\infty} npq = \lim_{n\to\infty} np(1-p) = \lim_{n\to\infty} n\frac{\lambda}{n}(1-\frac{\lambda}{n}) = \frac{\lambda}{n} = \sigma_p^2$$

알아두기

예제 1.4.1 프와송 분포

다음은 일정 기간 동안 220 개의 집단에서 발생한 안전사고 건수를 수집한 자료이다. 이 자료를 바탕으로 프와송 분포를 이용하여 안전사고 확률 분포를 모델링하고, 이론적 빈도수와 실제 빈도수를 비교하라.

사고 건수(x_i)	0	1	2	3	4	5	계
발생 집단 수(f_i)	116	75	22	5	1	1	220

풀이

분포의 평균 : $\mu = \dfrac{\sum x_i f_i}{\sum f_i} = \dfrac{0\times116+1\times75+2\times22+3\times5+4\times1+5\times1}{220} = \dfrac{143}{220} = 0.65 = \lambda$

프와송 분포 :

$$P_p(r) = \frac{\lambda^r}{r!}e^{-\lambda} = \frac{0.65^r}{r!}e^{-0.65} \quad \rightarrow \text{ 이론적 빈도수 : } f_r = N\cdot P_p(r) = 220\cdot\frac{0.65^r}{r!}e^{-0.65}$$

r	$P_p(r)$	이론도수(f_r)	실제도수(f_i)
0	0.5220	114.8	116
1	0.3393	76.6	75
2	0.1104	24.3	22
3	0.0239	5.3	5
4	0.0039	0.9	1
5	0.0005	0.1	1
계	1.0	220.0	200

알아두기

예제 1.4.2 프와송 분포 응용

매일 승용차 임대 요청수에 대한 확률분포를 평균이 2 인 프와송 분포라고 가정한다.
임대 승용차 3 대를 가진 사업자가 어느 날 **(a)** 주문을 전혀 못 받을 확률 **(b)** 어떤 주문을 거절해야 할 확률 ?

풀이

(a) 주문을 전혀 못 받을 확률 → $r=0$ 대를 주문 받을 확률 ; $P_p(0)=\frac{2^0}{0!}e^{-2}=0.1353$

(b) 어떤 주문을 거절해야 하는 확률 → 4 대 이상 주문을 받을 확률 ;

$$P_p(r\ge 4)=1-P_p(r\le 3)=1-\left(\frac{2^0}{0!}e^{-2}+\frac{2}{1!}e^{-2}+\frac{2^2}{2!}e^{-2}+\frac{2^3}{3!}e^{-2}\right)=0.1418$$

예제 1.4.3 프와송 분포 응용

3개의 주사위를 동시에 던지는 시행을 2,160번 할 때, 프와송분포를 사용하여
3개 모두 **'1'**이 나오는 횟수 r의 평균값과 확률 분포를 구하라.

풀이

한번 던질 때 3개 모두 **'1'** 이 나오는 확률 : ${}_3C_3\left(\frac{1}{6}\right)^3\left(\frac{5}{6}\right)^0=\frac{1}{216}$

2,160 번 던질 때, 3개 모두 **'1'** 이 나오는 횟수 r의 평균 및 확률 ;

$$\mu_b=np=2{,}160\times\frac{1}{216}=10=\lambda \qquad \Rightarrow \qquad P_p(r)=\frac{\lambda^r}{r!}e^{-\lambda}=\frac{10^r}{r!}e^{-10}$$

알아두기

1.5 정규 분포 (Normal Distribution)

정규분포 : 연속 확률 분포(**continuous probability distribution**)
우연성(**randomness**)이 강한 자연현상에 적합한 확률 모형, 실용적으로 가장 중요한 확률분포.

$p \to \frac{1}{2}$, $n \to \infty$ 일 때 이항분포의 극한 ☞ $np \ge 5$, $nq \ge 5$ 인 경우, 이항분포는 정규분포 취급 가능

일반꼴 $f(x) = \frac{1}{\sigma\sqrt{2\pi}} e^{-\frac{1}{2}\left(\frac{x-\mu}{\sigma}\right)^2}$: 정규분포의 확률밀도 함수(**probability density function**)

x : 연속확률변수 ($-\infty < x < \infty$), 정규 변량(**normal variate**)
σ : 표준편차
μ : 평균 ($-\infty < \mu < \infty$)

1.5.1 정규 분포 관련 주요 사항

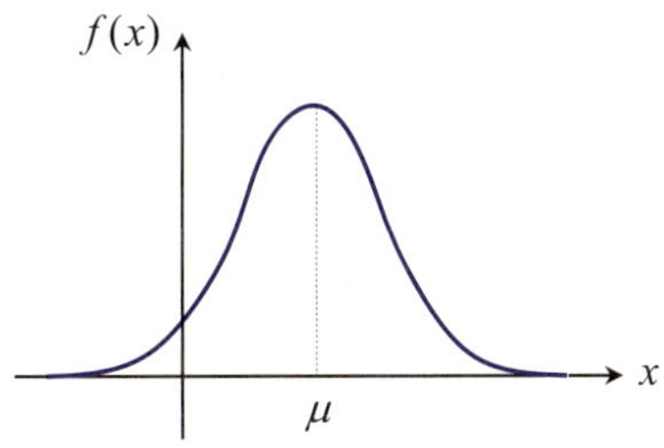

1) σ, μ는 정규분포의 요소변수(모수, **parameter**)

2) 정규분포의 표현 - $N(\mu, \sigma^2)$: 평균 μ, 분산 σ^2인 정규분포

3) 정규분포곡선(**normal curve**) - 정규분포 함수의 그래프 (그림참조)
- 평균을 중심으로 좌우 대칭, 최빈값은 유일(**unimodal**)
- 최빈값, 중앙값, 평균값 일치

4) $f(x) > 0$, $\lim_{x \to \pm\infty} f(x) \to 0$, $P(x_1 \le X \le x_2) = \int_{x_1}^{x_2} f(x)\,dx$, $\int_{-\infty}^{\infty} f(x)\,dx = 1$

5) 가우스분포(**Gaussian Distribution**)라고도 함.

알아두기

☞ 두 정규분포의 합성

$X \sim N(\mu_1, \sigma_1^2)$, $Y \sim N(\mu_1, \sigma_1^2)$ $\Rightarrow$ $U = aX + bY \sim N(\, a\mu_1 + b\mu_2,\ a^2\sigma_1^2 + b^2\sigma_2^2 \,)$

(예) $X + Y \sim N(\, \mu_1 + \mu_2,\ \sigma_1^2 + \sigma_2^2 \,)$

$X - Y \sim N(\, \mu_1 - \mu_2,\ \sigma_1^2 + \sigma_2^2 \,)$, $(X - Y)/2 \sim N(\, (\mu_1 - \mu_2)/2,\ (\sigma_1^2 + \sigma_2^2)/4 \,)$

$aX + b \sim N(\, a\mu_1 + b,\ a^2\sigma_1^2 \,)$

1.5.2 정규분포의 표준형

X : 평균 μ, 표준편차 σ인 정규 확률변수

⇒ 변수 변환 $Z = \dfrac{X-\mu}{\sigma}$: 평균 '0', 표준편차 '1' 인 정규 확률변수

Z : 표준화 정규 확률 변수

$$f(x) = \frac{1}{\sigma\sqrt{2\pi}} e^{-\frac{1}{2}\left(\frac{x-\mu}{\sigma}\right)^2} \Rightarrow f(z) = \frac{1}{\sqrt{2\pi}} e^{-\frac{1}{2}z^2}$$: 표준 정규 확률밀도 함수 - N(0,1)

☞ 표준화하여 '표준 정규분포 함수표'를 이용하면 확률계산이 편리함.

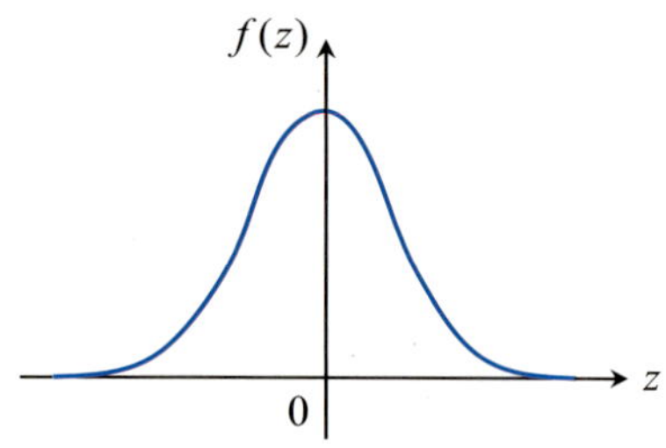

☞ 표준 정규 분포(Standard Normal Distribution) 관련 주요 사항

1) $P(Z \le z) = F(z) = \int_{-\infty}^{z} f(z)\,dz$,

$F(z)$: 표준 정규 분포함수 (standard normal distribution function)

$$P(z_1 \le Z \le z_2) = \int_{z_1}^{z_2} f(z)\,dz = \int_{-\infty}^{z_2} f(z)\,dz - \int_{-\infty}^{z_1} f(z)\,dz = F(z_2) - F(z_1)$$

2) $F(-z_1) = 1 - F(-z_1)$

3) $P(z_1 \le Z \le z_2) = P(z_1 < Z < z_2) = P(z_1 < Z \le z_2) = P(z_1 \le Z < z_2)$ (경계값 포함 여부 무관)

알아두기

1.5.3 표준 정규분포표

정규분포표는 $P(0 \le Z \le z) = \int_0^z f(z)\,dz = \int_0^z \frac{1}{\sqrt{2\pi}} e^{-\frac{1}{2}z^2}\,dz$ 의 값을 나타냄

※ $\int_{-\infty}^{\infty} f(z)\,dz = 1$, $z=0$ 중심 좌우 대칭, $P(0 < z < \infty) = \int_0^{\infty} f(z)\,dz = 0.5$

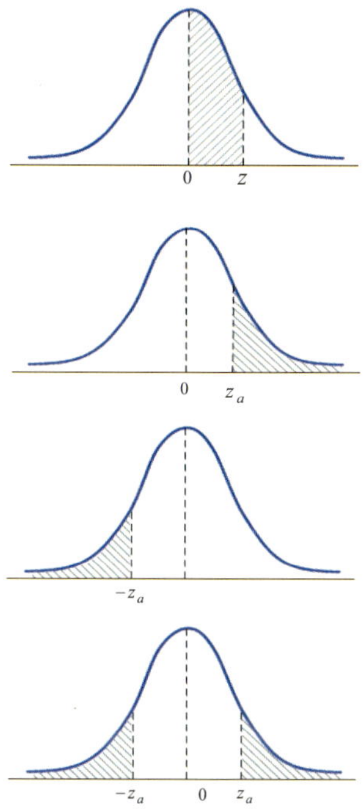

i) 오른쪽 꼬리확률 : $P(z \ge z_\alpha) = 0.5 - \int_0^{z_\alpha} f(z)dz$

ii) 왼쪽 꼬리확률 : $P(z \le -z_\alpha) = P(z \ge z_\alpha) = 0.5 - \int_0^{z_\alpha} f(z)dz$

iii) 양쪽 꼬리확률 :

$$P(|z| \ge z_\alpha) = P(z \le -z_\alpha) + P(z \ge z_\alpha) = 1 - 2\int_0^{z_\alpha} f(z)dz$$

α : 꼬리확률의 크기, z_α : 꼬리확률을 만족하는 경계(변량) 값

☞ 자주 쓰이는 꼬리확률 경계값

꼬리확률(α)	1%(0.01)	5%(0.05)	10%(0.1)
양 측	$\lvert z_\alpha \rvert = 2.58$	$\lvert z_\alpha \rvert = 1.96$	$\lvert z_\alpha \rvert = 1.645$
우 측	$z_\alpha = 2.33$	$z_\alpha = 1.645$	$z_\alpha = 1.28$
좌 측	$z_\alpha = -2.33$	$z_\alpha = -1.645$	$z_\alpha = -1.28$

알아두기

예제 1.5.1 정규분포

휴대전화용 건전지의 수명은 정규분포를 이루며, 평균은 $\bar{x}=8$ 시간, 표준편차 $\sigma=1.5$ 시간이라 할 때, 건전지 수명이 **(a)** 9.5 시간 이상 **(b)** 5시간 미만 **(c)** 7 시간 이상 9시간 미만 일 확률 ?

풀이 ; (표준 정규분포표 이용)

확률변수를 표준화 변환하면 $z=\dfrac{x-\bar{x}}{\sigma}=\dfrac{x-8}{1.5}$;

(a) $x=9.5 \quad \rightarrow \quad z=1$

$$P(x \geq 15)=P(z \geq 1)=P(0<z<\infty)-P(0<z<1)$$
$$=0.5-0.3413=0.1587 \quad (\ 15.87\%\ )$$

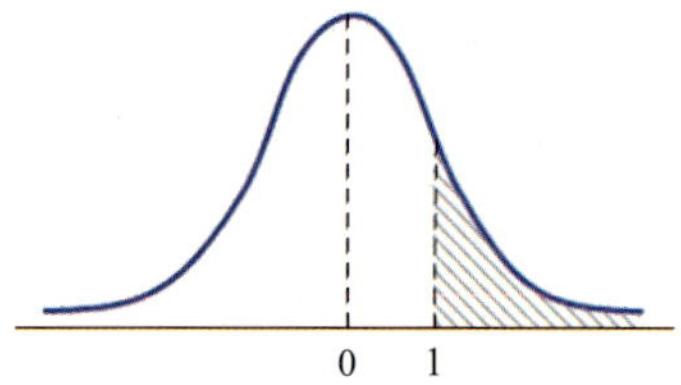

(b) $x=5 \quad \rightarrow \quad z=-2$

$$P(x<6)=P(z<-2)=P(2<z)=P(0<z<\infty)-P(0<z<2)$$
$$=0.5-0.4772=0.0228 \quad (\ 2.28\%\ )$$

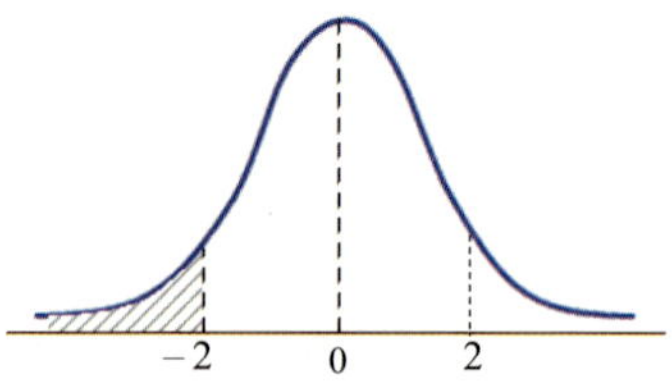

(c) $x=7 \quad \rightarrow \quad z=-0.67$, $\quad x=9 \quad \rightarrow \quad z=0.67$

$$P(10<x<6)=P(-0.67<z<0.67)=2\times P(0<z<0.67)$$
$$=2\times 0.2487=0.4974 \quad (\ 49.74\%\ )$$

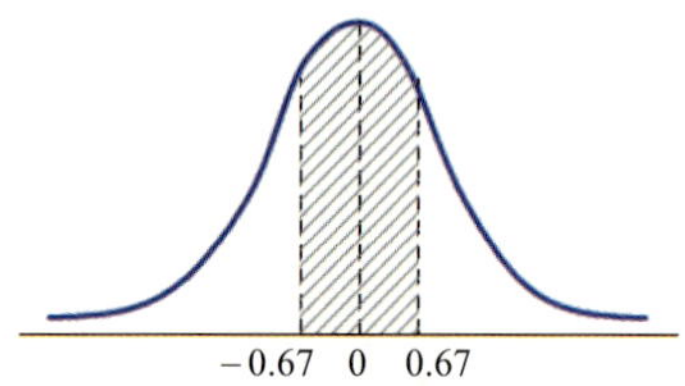

알아두기

예제 1.5.2 정규분포

어떤 집단의 체중이 정규분포를 갖는다고 가정할 때. 전체 구성원의 24.2 %는 49 [kg] 미만이고, 6.7 %는 60 [kg] 이상 이었다면, 이들 체중 분포의 평균과 표준편차 ?

풀이 ; (표준 정규분포표 이용)

체중의 평균 $\bar{x}$, 표준편차 σ, $x = 49, 60$에 대응하는 표준화 변수 z_1, z_2라 하면,

$P(x < 49) = 0.242 < 0.5 \quad \rightarrow \quad z_1$ 은 음수

$\therefore \quad P(x < 49) = P(-\infty < z < z_1) = P(-z_1 < z) = 0.5 - P(0 < z < -z_1) = 0.242$

$\rightarrow \quad P(0 < z < -z_1) = 0.5 - 0.242 = 0.258 \quad \rightarrow \quad -z_1 = 0.7 \quad \rightarrow \quad z_1 = -0.7$

$P(60 < x) = 0.067 < 0.5 \quad \rightarrow \quad z_1$ 은 양수

$\therefore \quad P(60 < x) = P(z_2 < z) = 0.5 - P(0 < z < z_2) = 0.067$

$\rightarrow \quad P(0 < z < z_2) = 0.5 - 0.067 = 0.433 \quad \rightarrow \quad z_2 = 1.5$

따라서, $\dfrac{49 - \bar{x}}{\sigma} = -0.7, \quad \dfrac{60 - \bar{x}}{\sigma} = 1.5$

$\Rightarrow$ 체중의 평균 $\bar{x} = 52.5$, 표준편차 $\sigma = 5$

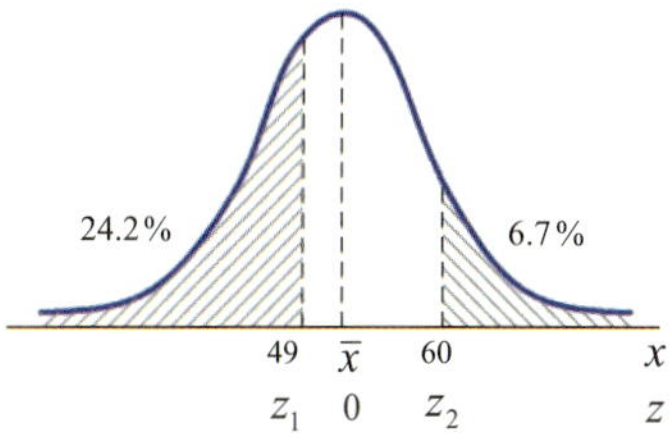

알아두기

1.6 기타 실용 확률분포

1.6.1 대수 정규분포(Log-normal Distribution)

변량에 대수를 취한 것 ($y = \ln x$) 이 정규분포인 확률 분포.

☞ '투자에 대한 환원', '보험회사에 청구되는 보험금 총액', '불규칙 물체에 의한 무선통신 감쇄' 등의 확률분포에 적합

가. 확률밀도함수

$$f(x) = \frac{1}{x\sigma\sqrt{2\pi}} \exp\left[-\frac{1}{2}\left(\frac{\ln x - \mu}{\sigma}\right)^2\right], \quad 0 < x < \infty$$

σ : y의 표준편차, μ : y의 평균 ($-\infty < y < \infty$)

※ 미소구간의 존재확률 ; $f(x)dx = f_N(y)dy$

$dy = (1/x)dx \quad \rightarrow \quad f(x) = (1/x)\cdot f_N(y) = (1/x)\cdot f_N(\ln x)$

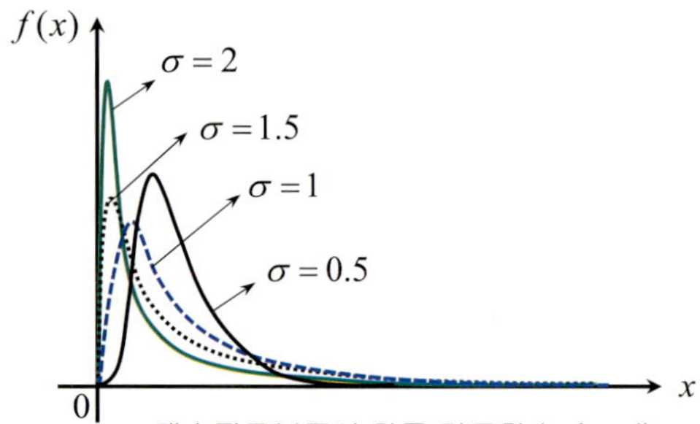

대수정규분포의 확률 밀도함수 ($\mu = 1$)

나. 확률분포함수

$$F(x) = \int_0^x \frac{1}{u\sigma\sqrt{2\pi}} \exp\left[-\frac{1}{2}\left(\frac{\ln u - \mu}{\sigma}\right)^2\right] du = \Phi\left(\frac{\ln u - \mu}{\sigma}\right)$$

☞ $\Phi(\cdot)$ 값은 수치적분이나 분포표를 이용

다. 대수 정규 분포 관련 주요 사항

1) 분포의 모수 (parameter)는 σ, μ

2) 평균 $\mu_X = \exp(\mu + \sigma^2/2)$, 분산 $\sigma_X^2 = (\exp(\sigma^2) - 1)\exp(2\mu + \sigma^2)$

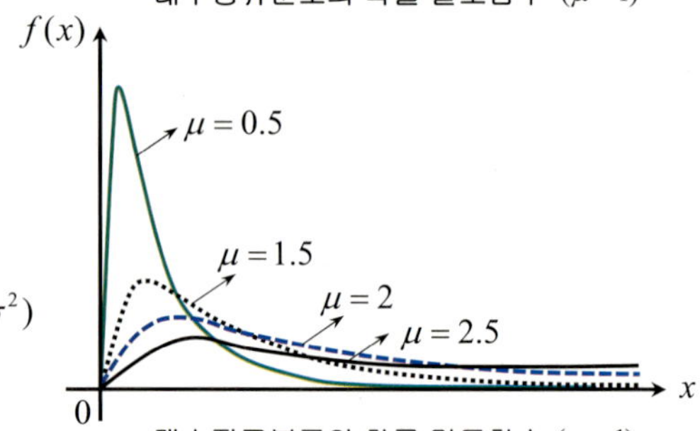

대수정규분포의 확률 밀도함수 ($\sigma = 1$)

알아두기

예제 1.6.1 대수정규분포

어떤 보험회사에 청구된 보험금 총액은 모수 $\mu=7.23$, $\sigma^2=0.16$ 인 대수정규분포를 이룬다고 한다.

1) 청구되는 보험금의 평균과 표준편차를 구하라.
2) 청구된 금액이 1,790(만원) 이상일 확률을 구하라.

풀이

모수가 $\mu=7.23$, $\sigma^2=0.16$ 인 대수정규분포이므로,

1) 보험금의 평균과 분산 ;

평균 $\mu_X=\exp\left(\mu+\frac{\sigma^2}{2}\right)=\exp\left(7.23+\frac{0.16}{2}\right)=1{,}495.2$ 만원

분산 $\sigma_X^2=\left(\exp(\sigma^2)-1\right)\exp(2\mu+\sigma^2)=\left(\exp(0.16)-1\right)\exp(2\times7.23+0.16)=387{,}893.1$

→ 표준편차 $\sigma_X=\sqrt{387{,}893.1}=622.8$

2) $P(X\geq 1{,}790)=1-F(1{,}790)=1-\Phi\left(\frac{\ln(1{,}790)-7.23}{\sqrt{0.16}}\right)=1-\Phi(0.65)=1-0.7422=0.2578$

☞ $\Phi(\cdot)$ 값은 수치적분이나 확률분포표 이용

알아두기

1.6.2 지수분포(Exponential Distribution)

어떤 관찰이 t시간 이후에 발생활 확률 (즉, t시간 이전에는 발생횟수가 없을 확률)이 '시간t의 지수함수'

$$P(T>t)=P(X(t)=0)=e^{-\lambda t}\ (\lambda>0),\ t>0$$

(예) 지진이 난 후, 다음 지진이 날 때 까지의 시간

가. 확률 분포 및 밀도 함수

확률분포함수 ; $F(t)=P(T\le t)=1-P(T>t)=1-e^{\lambda t}$

확률밀도함수 ; $f(t)=F'(t)=\lambda e^{-\lambda t},\quad t>0$

나. 지수 정규 분포 관련 주요 사항

1) 분포의 모수 (parameter)는 λ

2) 지수분포의 표현 ; $\mathrm{Exp}(\lambda)$

3) 평균 $\mu=E(t)=\int_0^\infty t(\lambda e^{-\lambda t})dt=\frac{1}{\lambda}$

4) 분산 $\sigma^2=E(t^2)-\mu^2=\frac{1}{\lambda^2}$, 표준편차 $\sigma=\frac{1}{\lambda}=\mu$

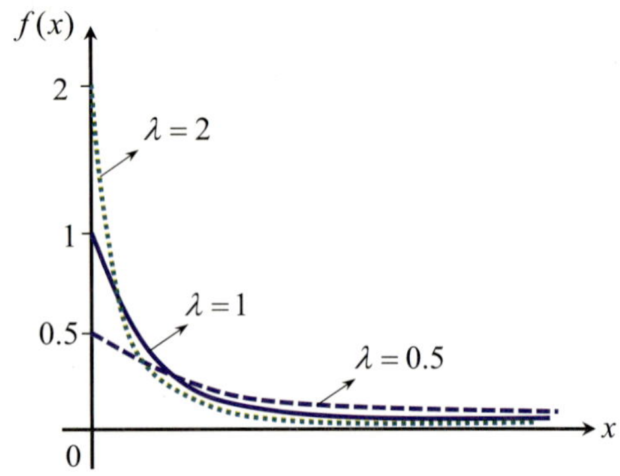

지수분포의 확률 밀도함수

알아두기

☞ 지수분포 : 어떤 관찰이 관찰시점에서 기간 t 이전에는 발생횟수가 없을 확률

⇒ 관찰시점에서 기간 t 이후에 관찰이 발생할 확률

단위 기간당 λ 의 비율로 발생한다면, 기간 t 동안에는 λt 의 비율로 발생할 것이므로,

기간 t 동안 $n=n(t)$ 번 발생할 확률은 다음과 같이 프와송분포로 생각할 수 있음

$$P\big(n=n(t)\big)=\frac{(\lambda t)^{n!}}{n!}e^{-\lambda t}$$

따라서, 기간 t 이전에는 발생횟수가 없을 확률 즉 $n(t)=0$일 확률, 다시 말해서 관찰 시점 후 기간 t 이후에 관찰이 발생할 확률 ;

$$P\big(n=0\big)=\frac{(\lambda t)^0}{0!}e^{-\lambda t}=e^{-\lambda t}$$ ⇒ 프와송과정(Poisson Process):

☞ 프와송 과정은 단위 기간당 발생비율(λ)과 관찰기간(t)에 만 영향을 받는다.
즉, 관찰을 시작하는 시점(또는, 관찰시점 이전의 이력)에는 관계없음!

프와송 과정의 응용 예 ;

평균 1분에 λ번 꼴로 전화가 걸려오는 교환기에서, 관찰기간(분)과 전화가 걸려오는 회수의 관계
평균 1달에 λ번 꼴로 고장이 발생하는 기계에서, 관찰기간(개월) 동안 고장이 발생하는 않을 확률

다. 생존함수 **(Survival Function)**

어떤 사고가 t시간 이후에 발생활 확률 $P(T>t)=e^{-\lambda t}$ $(\lambda>0)$, $t>0$ 는

즉, ' t시간까지 사고가 발생하지 않을 확률 ' → 생존확률

생존함수 $S(x)=P(X>x)=1-F(x)=e^{-\lambda t}$ $(\lambda>0)$, $t>0$

위험률**(hazard rate)** 또는, 실패율**(failure rate)** **=** 확률밀도함수와 생존함수의 비율

$h(x)=\dfrac{f(x)}{S(x)}$, ☞ 지수분포의 경우 $h(x)=\dfrac{\lambda e^{-\lambda t}}{e^{-\lambda t}}=\lambda$ **(상수)**

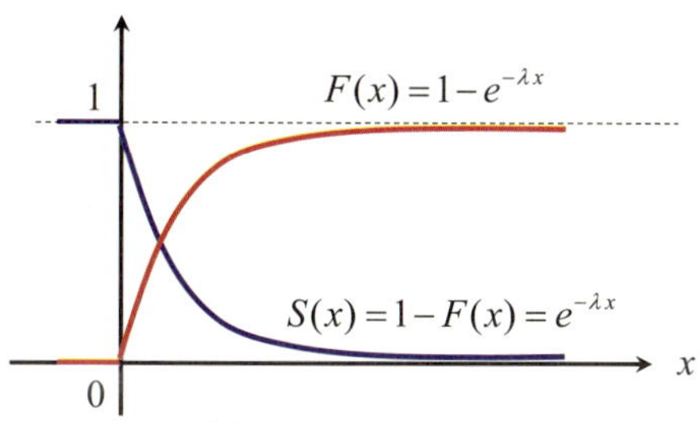

지수분포 함수와 생존함수

알아두기

예제 1.6.2 지수분포

어떤 건널목의 보행자 교통사고 발생시간의 간격 X (개월)의 확률 밀도함수가 $f(x)=1.5e^{-1.5x}\ (x\ge 0)$ 로 관측되었다면,

1) 사고가 한번 난 후, 한 달 이전에는 사고가 발생하지 않을 확률은 ?

2) 두 달안에 사고가 발생활 확률은 ?

3) 한 달을 30 일로 볼 때, 평균 몇 일 만에 사고가 발생하는가 ?

풀이

사고확률분포는 지수 분포 → 모수 $\lambda=1.5$

1) $P(X>1)=\int_1^\infty f(x)\,dx=\int_1^\infty 1.5e^{-1.5x}dx=-e^{-1.5x}\Big|_1^\infty=e^{-1.5}=0.2231$

2) $P(X\le 2)=\int_0^2 f(x)\,dx=\int_0^2 1.5e^{-1.5x}dx=-e^{-1.5}\Big|_0^2=1-e^{-3}=0.9502$

3) 지수분포의 평균

$\mu=\frac{1}{\lambda}=\frac{2}{3}$ (개월) → $30\times\frac{2}{3}=20$ 일

알아두기

예제 1.6.3 지수분포

어떤 조명램프가 고장 날 때까지 걸리는 시간은 평균 25,000 시간이며 지수분포를 따른다고 할 때,

1) 이 램프를 20,000 시간 이상 고장 없이 사용 후, 그 후 다시 5,000 시간 이상 고장 없이 사용할 확률 ?

2) 20,000 시간 이상 고장 없이 사용 후, 그 후 다시 x 시간 이상 고장 없이 사용할 확률이 36.7%였다면 x 는 ?

풀이

사고확률분포가 지수분포이고, 평균 $\mu = \frac{1}{\lambda} = 25{,}000$ 이므로 확률밀도함수는 ;

$$f(x) = \frac{1}{25{,}000} e^{-x/25{,}000} \ , \ x \ge 0$$

1) $P(X \ge 25{,}000 \mid X \ge 20{,}000) = P(X \ge 5{,}000) = \int_{5{,}000}^{\infty} \frac{1}{25{,}000} e^{-x/25{,}000} dx = -e^{-x/25{,}000} \Big|_{5{,}000}^{\infty} = e^{-0.2} = 0.8187$

또는, 생존함수 $S(x) = e^{-\lambda x} = e^{-x/25{,}000}$

$\rightarrow \quad P(X \ge 25{,}000 \mid X \ge 20{,}000) = P(X \ge 5{,}000) = S(5{,}000) = e^{-5{,}000/25{,}000} = e^{-0.2} = 0.8187$

2) $P(X \ge 20{,}000 + x \mid X \ge 20{,}000) = P(X \ge x) = S(x) = e^{-x/25{,}000}$

$\rightarrow \quad e^{-x/25{,}000} = 0.367 \quad \rightarrow \quad x = -25{,}000 \times \ln 0.367 \approx 25{,}060$

알아두기

1.6.3 감마분포(Gamma Distribution)

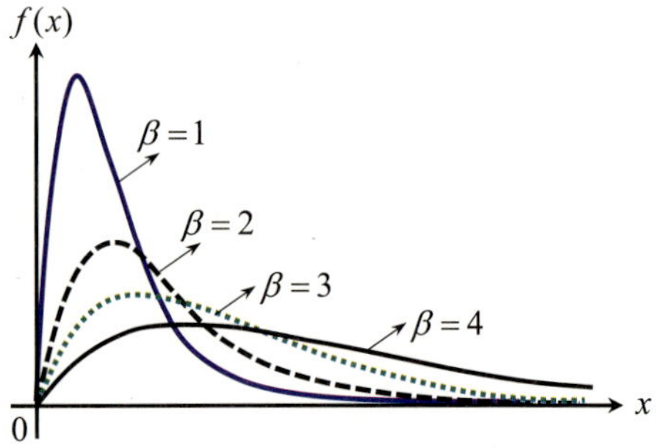

감마분포의 확률 밀도함수 $(\alpha=2)$

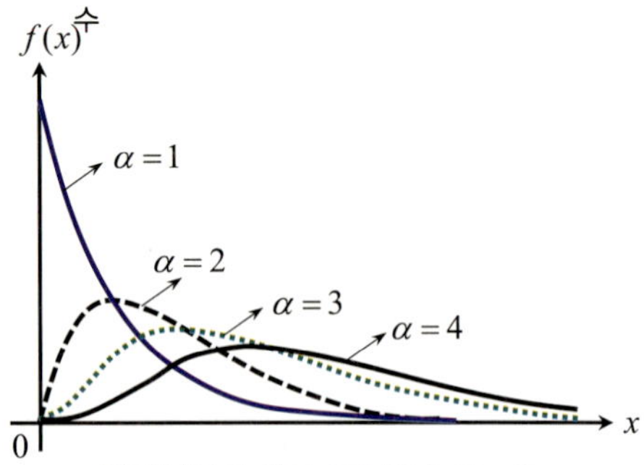

감마분포의 확률 밀도함수 $(\beta=2)$

가. 확률밀도함수 : $f(x)=\dfrac{1}{\Gamma(\alpha)\beta^{\alpha}}x^{\alpha-1}e^{-x/\beta}$, $x>0$

☞ 감마함수 $\Gamma(\alpha)=\int_0^{\infty}t^{\alpha-1}e^{-t}dt$, $\alpha>0$

$\Gamma(1/2)=\sqrt{\pi}$, $\Gamma(1)=1$, n : 양(+) 정수 → $\Gamma(n+1)=n\Gamma(n)$

나. 감마 분포 관련 주요 사항

1) 감마분포의 모수(parameter)

α : 형상 모수 (shape parameter)

β : 척도 모수 (scale parameter)

2) 감마분포의 표현 - $\Gamma(\alpha,\beta)$

3) 평균 $\mu=\alpha\beta$, 분산 $\sigma^2=\alpha\beta^2$

4) $\alpha=1$ 이면 모수 $1/\beta$ 인 지수분포 $f(x)=\dfrac{1}{\beta}e^{-x/\beta}$, $x>0$

5) $X_1, X_2, \cdots, X_n$ 이 모수(λ)가 같은 서로 독립인 지수분포

→ $X=X_1+X_2+\cdots+X_n$ 는 감마분포 $\Gamma(n, 1/\lambda)$ ☞ 일러두기

'자동차 엔진 수리기간' , '제품 안내서 배포 후 특정 품목의 주문시간' 등의 확률모형에 적합.

알아두기

☞ '모수(λ)가 같은 포와송과정이 연이어 n 번 발생하는 기간(X)의 확률분포

프와송과정에 따라, i 번째 사건이 관찰시점 이후 발생할 때 까지 기간(X_i)의 확률밀도함수 :

$$f(x_i)=\lambda e^{-\lambda x_i} \quad (\text{지수분포})$$

☞ ' 관찰사건이 관찰시점 이후 발생할 때까지 기간의 확률 분포'
= ' 관찰사건이 관찰시점 이후 그 이전에는 발생하지 않을 기간의 확률분포 ' → 지수분포

연이어 n 번 발생할 때까지 기간 $X=X_1+X_2+\cdots+X_n$ 는 감마분포 $\Gamma(n, 1/\lambda)$를 따른다. (증명생략)

(예) 1[분]에 2 번 꼴로 프와송 과정에 따라 걸려오는 전화가 걸려오는 교환대에,

관찰시점으로부터 5 번째 전화가 걸려올 때까지 걸리는 기간 X [분]의 확률분포 ; $X \sim \Gamma\left(5, \dfrac{1}{2}\right)$

예제 1.6.4 감마분포

응답시간T가 평균 3(초) 인 지수분포를 따르는 불규칙적인 검색신호가 들어오는 시스템을 생각한다. 시스템의 응답시간은 0 이며 들어온 신호에 응답하자마자 곧 다음 신호를 받는다고 가정할 때, 어떤 기준 시점에서 2 건의 검색신호가 들어올 때까지 걸리는 시간 X (초)에 대하여,

1) X 의 확률밀도 함수 및 평균값 ? **2)** 2 건의 검색 요구가 5 초 이내에 들어올 확률 ?

풀이

1) 응답시간 T가 평균이 3 인 지수분포 → $\mu = 1/\lambda = 3$ → $\lambda = 1/3$

기준 시점에서 첫 신호가 들어올 때까지 걸리는 시간 T_1 : $\lambda = 1/3$ 인 지수분포

첫 신호와 두 번 째 신호 사이의 시간 T_2 : $\lambda = 1/3$ 인 지수분포

→ T_1, T_2 는 서로 독립적 → $X = T_1 + T_2$ 는 감마분포 $\Gamma\left(n, \frac{1}{\lambda}\right) = \Gamma(2,3)$ $(\alpha = 2, \beta = 3)$ 를 따름

→ 확률밀도함수 $f(x) = \frac{1}{\Gamma(2)3^2} x^{2-1} e^{-x/3} = \frac{1}{9} x e^{-x/3}$, $x > 0$ $(\Gamma(2) = 1)$

X 의 평균 $\mu = \alpha\beta = 2 \times 3 = 6$

2) $P(X < 5) = \int_0^5 \frac{1}{9} x e^{-x/3} dx = \frac{1}{9}\left[-3xe^{-x/3} + 3\int e^{-x/3} dx\right]_0^5 = \frac{1}{9}\left[-3(x+3)e^{-x/3}\right]_0^5 = 0.496$

알아두기

1.6.4 카이제곱분포 (Chi-square Distribution)

$\alpha=\frac{r}{2}, \beta=2$ 인 감마분포를 ' 자유도(degree of freedom) r 인 카이제곱(χ^2)분포 '라고 함

가. 확률밀도함수 : $f(x)=\frac{1}{\Gamma(r/2)2^{r/2}}x^{(r/2)-1}e^{-x/2}$, $x>0$ (자유도 r)

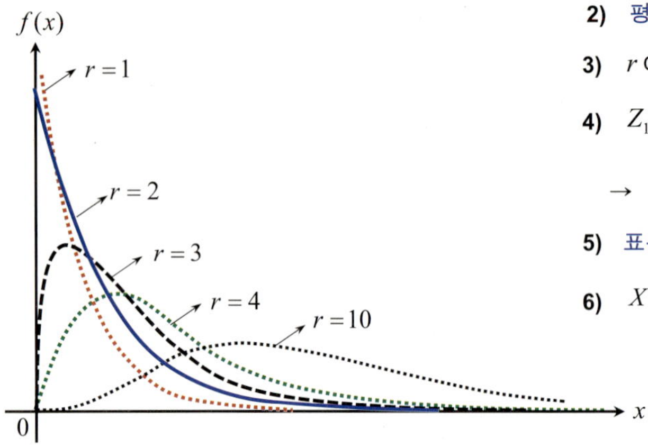

카이제곱분포의 확률 밀도함수

나. χ^2- 분포 관련 주요 사항

1) 카이제곱분포의 표현 - $\chi^2(r)$, r : 자유도

2) 평균 $\mu=\alpha\beta=r$, 분산 $\sigma^2=\alpha\beta^2=2r$

3) r이 클수록 종모양에 가까워 짐(그림참조)

4) $Z_1, Z_2, \cdots, Z_r$ 이 서로 독립인 표준정규분포 N(0,1)

→ $V=Z_1^2+Z_2^2+\cdots+Z_r^2$ 는 자유도 r인 카이제곱분포

5) 표본을 이용한 모분산의 추정 및 검정 등에 이용(제 3 장)

6) $X\sim\chi^2(r_1)$, $Y\sim\chi^2(r_2)$, X,Y 독립

→ $X+Y\sim\chi^2(r_1+r_2)$

알아두기

1.6.5 t - 분포 (t distribution, Stuent t distribution)

Z : 표준정규분포 N(0,1) , V : r인 카이제곱분포 $\chi^2(r)$ 일 때,

→ 확률변수 $T = \dfrac{Z}{\sqrt{V/r}}$ 의 분포 : 자유도 r인 t - 분포

가. 확률밀도함수 : $f(x) = \dfrac{\Gamma((r+1)/2)}{\sqrt{r}\,\Gamma(1/2)\Gamma(r/2)}\left(1+\dfrac{t^2}{r}\right)^{-(r+2)/2}$, $t>0$ (자유도 r)

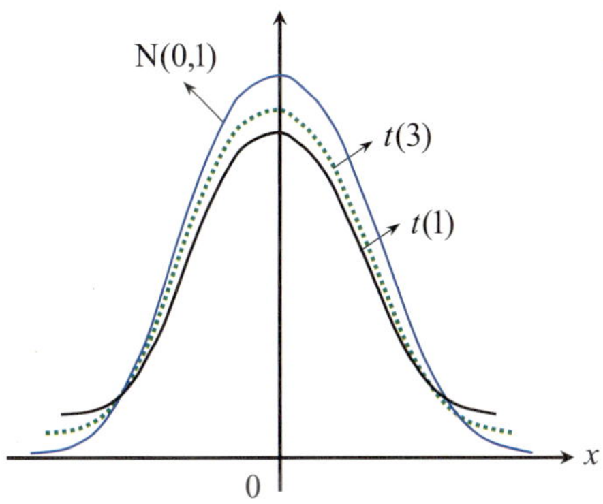

t - 분포의 확률 밀도함수

나. t - 분포 관련 주요 사항

1) t - 분포의 표현 : t(r), r : 자유도
2) 표준정규분포와 닮은 꼴, $t=0$ 중심 좌우 대칭
3) $r \to \infty$ 이면 표준정규분포에 근접
4) 표준정규분포보다 높이는 낮고, 꼬리 부분 폭은 넓음
5) 평균 $\mu=0$, 분산 $\sigma^2 = r/(r-2)$, $r>2$
6) 표본의 분산과 평균을 이용한 모평균의 추정, 검정 등에 이용

알아두기

1.6.6 F - 분포 (F distribution)

U : $\chi^2(m)$, V : $\chi^2(n)$ 가 서로 독립인 카이제곱분포 일 때,

→ 확률변수 $F = \dfrac{U/m}{V/n}$ 의 분포 : 분자,분모의 자유도 (m,n) 인 F - 분포

가. 확률밀도함수 : $f(x) = \dfrac{\Gamma((m+n)/2)}{\Gamma(m/2)\Gamma(n/2)}\left(\dfrac{m}{n}\right)^{m/2} x^{(m/2)-1}\left(1+\dfrac{m}{n}x\right)^{-(m+n)/2}$, $x>0$ (분자,분모의 자유도 (m,n))

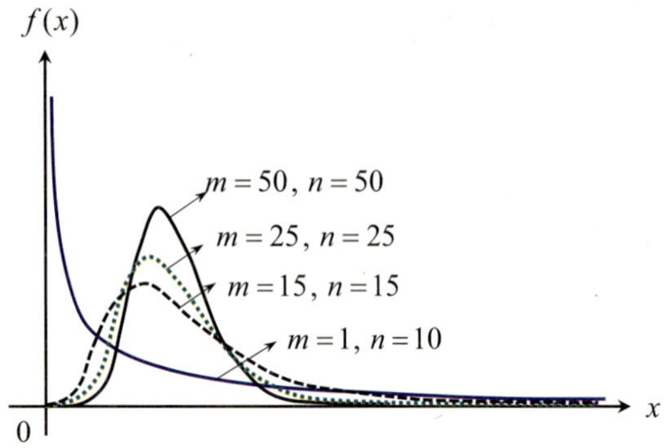

F 분포의 확률 밀도함수

나. F - 분포 관련 주요 사항

1) 평균 $\mu = \dfrac{m}{n-2}$, $n \geq 3$, 분산 $\sigma^2 = \dfrac{2n^2(m+n-2)}{m(n-2)^2(n-4)}$, $n \geq 5$

2) F - 분포의 표현 : $F(m,n)$

3) 분모의 자유도가 커지면, $\mu \to 1$, $\sigma^2 \to 2/m$

4) 자유도 m, n 이 커지면 중심이 오른쪽으로 이동,

$\mu = 1$ 을 중심으로 정규분포에 근접

5) 두 모집단 간 모분산의 크기 비교 등에 이용

알아두기

1.6.7 웨이블 분포 (Weibull Distribution)

가. 분포 관련 함수

확률밀도함수 : $f(x) = \alpha\beta^{\alpha} x^{\alpha-1} e^{-(\beta x)^{\alpha}}$, $x > 0$

확률분포함수 : $F(x) = \int_0^x \alpha\beta^{\alpha} u^{\alpha-1} e^{-(\beta u)^{\alpha}} du = 1 - e^{-(\beta x)^{\alpha}}$

생존함수 : $S(x) = 1 - F(x) = e^{-(\beta x)^{\alpha}}$

위험률 함수 : $h(x) = \dfrac{f(x)}{S(x)} = \alpha\beta^{\alpha} x^{\alpha-1}$

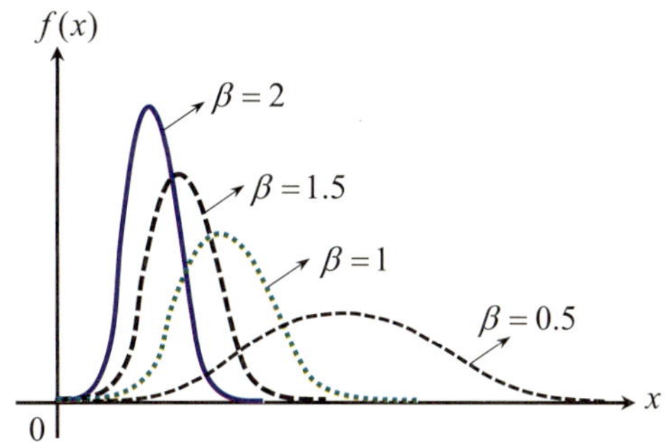

웨이블분포의 확률 밀도함수 $(\alpha = 3)$

나. 웨이블 분포 관련 주요 사항

1. 웨이블 분포의 표현 : $W(\alpha, \beta)$
2. 웨이블 분포의 모수(parameter)
   - α : 형상 모수 (shape parameter)
   - β : 척도 모수 (scale parameter)
3. 평균 $\mu = \frac{1}{\beta}\Gamma\left(1+\frac{1}{\alpha}\right)$, 분산 $\sigma^2 = \frac{1}{\beta^2}\left\{\Gamma\left(1+\frac{2}{\alpha}\right) - \Gamma\left(1+\frac{1}{\alpha}\right)^2\right\}$
4. 위험률(실패율)이 시간에 따라 변하는 경우의 확률 모형, 의료사고, 자연재해 등의 보험 급부금의 확률 분포

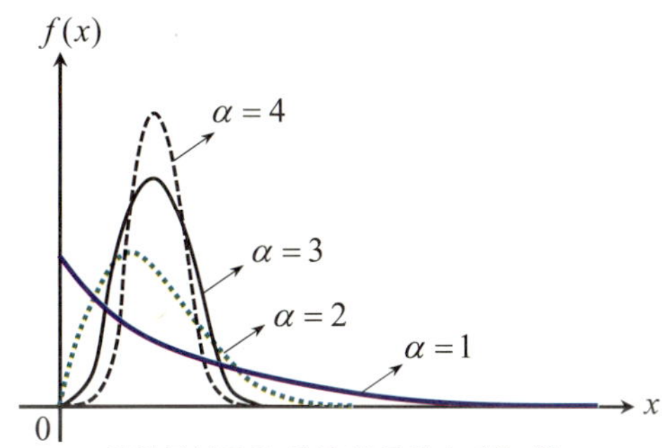

웨이블분포의 확률 밀도함수 $(\beta = 2)$

알아두기

예제 1.6.5 웨이블 분포

어떤 전문직 종사자의 사망 후, 배우자가 재혼할 때까지 걸리는 기간 T (년) 는 실패율 함수 $h(t)=0.08t\,(t>0)$ 인 웨이블 분포를 따른다고 할 때,

1) 분포의 모수 α, β 의 값 및 T 의 밀도 함수? **2)** 1 년 안에 재혼할 확률 ? **3)** 평균과 분산 ?

풀이

1) $h(t)=\alpha\beta^{\alpha}t^{\alpha-1}=0.08t$ 따라서. $\alpha-1=1 \rightarrow \alpha=2$, $\rightarrow$ $\alpha\beta^{\alpha}=2\beta^{2}=0.08 \rightarrow \beta=0.2$

$\Rightarrow$ 확률밀도 함수 $f(t)=\alpha\beta^{\alpha}t^{\alpha-1}e^{-(\beta t)^{\alpha}}=0.08t\,e^{-0.04t^2}$

첫 신호와 두 번 째 신호 사이의 시간 T_2 : $\lambda=1/3$ 인 지수분포

2) $P(T\le 1)=\int_0^1 0.08t\,e^{-0.04t^2}dt=\left[-e^{-0.04t^2}\right]_0^1=1-e^{-0.04}=0.0392$ ☞ $\frac{d}{dt}\left[e^{-at^2}\right]=-2at\,e^{-at^2}$

3) 평균 $E(T)=\frac{1}{\beta}\Gamma\left(1+\frac{1}{\alpha}\right)=\frac{1}{0.2}\Gamma(1+\frac{1}{2})=\frac{1}{0.2}\cdot\frac{1}{2}\Gamma(\frac{1}{2})=2.5\sqrt{\pi}=4.431$ ☞ $\Gamma(\frac{1}{2})=\sqrt{\pi}$

분산 $Var(T)=\frac{1}{\beta^2}\left[\Gamma\left(1+\frac{2}{\alpha}\right)-\Gamma^2\left(1+\frac{1}{\alpha}\right)\right]=\frac{1}{0.2^2}\left[\Gamma(2)-\Gamma^2\left(1+\frac{1}{2}\right)\right]=25\left[1-\frac{\pi^2}{4}\right]=5.365$ ☞ $\Gamma(2)=1$

알아두기

1.6.8 베타분포 (Betta Distribution)

확률변수가 0%와 100% 사이 값을 갖는 비율을 다룰 때 사용하는 분포

(예) 제조과정에서 불량품의 비율. 서비스에 만족하는 고객의 비율 등

가. 확률밀도함수 $f(x)=\frac{1}{\text{Beta}(\alpha,\beta)}x^{\alpha-1}(1-x)^{\beta-1} = \frac{\Gamma(\alpha+\beta)}{\Gamma(\alpha)\Gamma(\beta)}x^{\alpha-1}(1-x)^{\beta-1}$, $0<x<1$

☞ 베타함수 ; $\text{Beta}(\alpha,\beta)=\int_0^1 x^{\alpha-1}(1-x)^{\beta-1}dx=\frac{\Gamma(\alpha)\Gamma(\beta)}{\Gamma(\alpha+\beta)}$,

※ $\Gamma(1/2)=\sqrt{\pi}$, n이 (+)정수 ; $\Gamma(n+1)=n\Gamma(n) \rightarrow \Gamma(n+1)=n!$ 또는 $\Gamma(n)=(n-1)!$

나. 베타분포 관련 주요 사항

1) 베타분포 표현 : Betta(α, β), α, β 베타분포의 모수(parameter)

2) 평균 $\mu=\frac{\alpha}{\alpha+\beta}$, 분산 $\sigma^2=\frac{\alpha\beta}{(\alpha+\beta)^2(\alpha+\beta+1)}$

3) $\alpha=\beta=1$ 이면 , $f(x)=\frac{\Gamma(2)}{\Gamma(1)\Gamma(1)}=1 \rightarrow 0<x<1$ 구간 균등분포

4) 위험률이 시간에 따라 변하는 경우의 확률 모형

알아두기

□ $\alpha=\beta$ 인 경우의 베타분포

i) $x=0.5$ 중심으로 좌우 대칭인 종 모양

ii) $\alpha=\beta$가 커 질수록 $x=0.5$에 집중

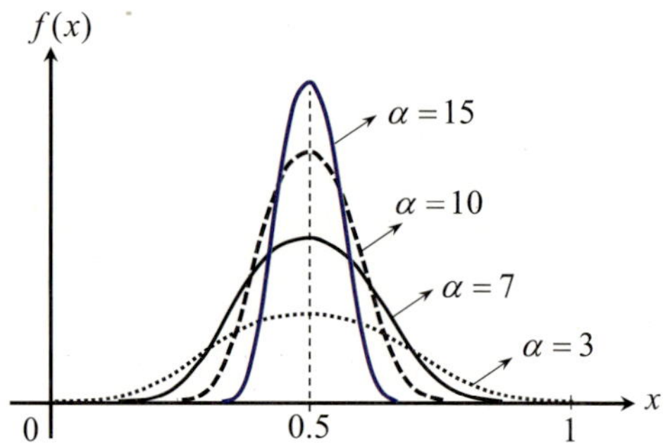

베타분포의 확률 밀도함수 $(\alpha=\beta)$

□ α, β 변화에 따른 베타분포(예)

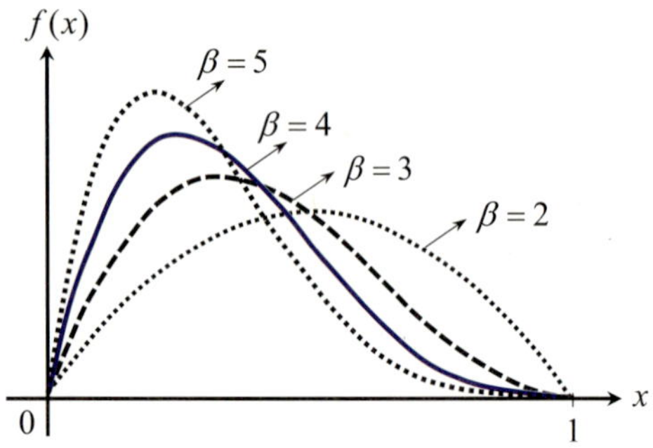

베타분포의 확률 밀도함수 $(\alpha=2)$

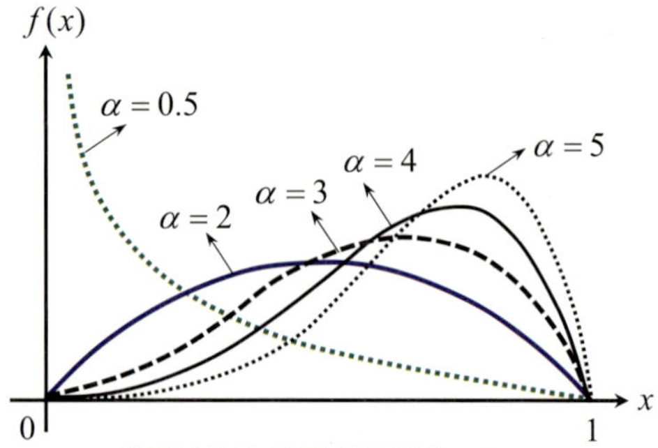

베타분포의 확률 밀도함수 $(\beta=2)$

알아두기

예제 **1.6.6** 베타분포

어느 특정한 달에 어떤 기업에 전화문의를 하는 고객의 비율 P 는 $\alpha = 2,\ \beta = 4$ 인 베타분포를 따른다고 할 때,

1) P 의 확률밀도 함수 및 평균과 분산 ? **2)** 고객의 50% 이상이 전화문의를 할 확률 ?

풀이

1) 확률밀도 함수 $$f(p) = \frac{\Gamma(\alpha+\beta)}{\Gamma(\alpha)\Gamma(\beta)} p^{\alpha-1}(1-p)^{\beta-1} = \frac{\Gamma(6)}{\Gamma(2)\Gamma(4)} p^{2-1}(1-p)^{4-1}$$

$$= \frac{5!}{1\times 3!} p(1-p)^3 = 20p(1-p)^3 \quad (\ 0 < p < 1\ )$$

평균 $E(P) = \dfrac{\alpha}{\alpha+\beta} = \dfrac{2}{6} = 0.3333$,

분산 $Var(P) = \dfrac{\alpha\beta}{(\alpha+\beta)^2(\alpha+\beta+1)} = \dfrac{8}{6^2 \times 7} = 0.0317$

2) $$P(P \geq 0.5) = \int_{0.5}^{1} 20p(1-p)^3 dp = 20\left[\frac{1}{2}p^2 - p^3 + \frac{3}{4}p^4 - \frac{1}{5}p^5\right]_{0.5}^{1} = 0.1875$$

알아두기

1장 연습문제

1. 두 개의 주사위를 던지는 시행에서 두 눈의 합이 7인 사건을 A, 적어도 한 번 6의 눈이 나오는 사건을 B라 할 때, $P(A \cup B)$, $P(A \cap B)$를 구하여라.

2. 주사위를 반복해서 던지는 시행에서 "1" 또는 "2"의 눈이 나오면 던지기를 멈추기로 한다.
   (1) 처음 던진 후에 멈출 확률을 구하여라.
   (2) 3번 던진 후에 멈출 확률을 구하여라.
   (3) n번 던진 후에 멈출 확률을 구하여라.

3. 다음 시행에 해당하는 표본공간을 구하고, 그 공간의 성격(유한, 무한 및 이산, 연속 여부)를 밝혀라.
   (1) "3"의 눈이 나올 때까지 주사위를 반복하여 던진 횟수
   (2) 영하 20도에서 영상 40도 까지 잴 수 있는 온도계로 24시간 동안 연속적으로 기록한 대기 온도.
   (3) LED 전등을 교체한 후로부터 고장 날 때까지 걸리는 시간

4. 어느 단체의 회원은 여자가 20%, 기업가가 10%, 그리고 여자이면서 기업가가 4%라고 한다. 어느 한 사람을 임의로 선정하여 대표로 추대하고자 한다.
   (1) 남자가 대표로 추대될 확률을 구하여라.
   (2) 남자인 기업가가 대표로 추대될 확률을 구하여라.
   (3) 여자 또는 기업가가 대표로 추대될 확률을 구하여라.

5. 문자 5개 " v, o, i, c, e "를 이용하여, 다음 경우의 수를 구하여라.
   (1) 문자 모두를 사용하여, 순서 있게 배열할 수 있는 경우의 수
   (2) 문자 3개를 택하여 순서 있게 나열할 수 있는 경우의 수
   (3) 문자 3개를 택해 중복을 허락하여 순서 있게 배열할 수 있는 경우의 수
   (4) 순서를 고려하지 않고 3개를 택하는 방법의 수

6. 주사위 두 개를 던지는 시행에서 두 눈의 합이 짝수이면 A, 처음 나온 눈이 3이면 B 그리고 두 눈의 합이 6이면 C라 할 때, 다음을 구하여라.
   (1) $A \cup C$ (2) $A \cap C$ (3) $B \cap C$
   (4) $(A \cap B) \cap \overline{C}$ (5) $A \cup B \cup C$ (6) $A \cap B \cap C$

7. 노란 구슬 3개와 파란 구슬 7개가 들어 있는 항아리에서, 한 번 꺼낸 구슬을 다시 넣지 않는 방법으로 한 개씩 차례로 2개를 꺼낼 때,
   (1) 두 개 모두 같은 색일 확률을 구하여라.
   (2) 노란 구슬 1개와 파란 구슬 1개가 나올 확률을 구하여라.

8. 1에서 250까지 자연수 중에서 무작위로 1개의 자연수를 선택할 때, 하였다. 3 또는 4의 배수가 될 확률을 구하라.

9. 다음 회로의 스위치는 상시 닫혀진 상태에서 각각 0.1의 확률을 가지고 독립적으로 열릴 수 있다. 각 회로에 모든 스위치가 닫혀진 상태에서 A와 B 두 지점 간 연결이 끊어질 확률을 구하라.

(1) 

(2) 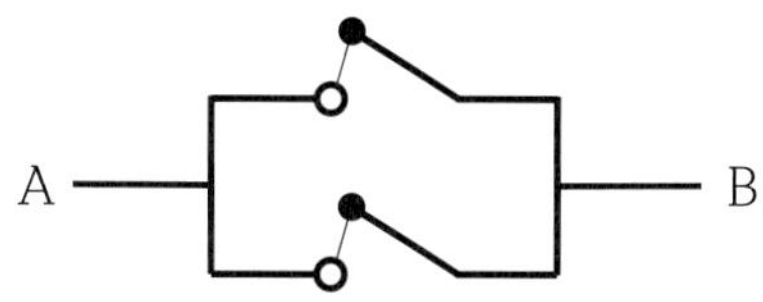

10. 노란 구슬 2개, 파란 구슬 3개, 빨간 구슬 5개가 들어있는 항아리에서. 한 번 꺼낸 구슬을 다시 넣지 않는 방법으로 1개씩 차례로 구슬 3개를 꺼낼 때,
   (1) 3개 모두 빨간색일 확률을 구하여라.
   (2) 차례로 노란 색, 파란 색, 그리고 빨간색일 확률을 구하여라.
   (3) 순서에 상관없이 모든 색깔이 1개씩 나올 확률을 구하여라.

11. A, B, C 공장에서 각각 50%, 30%, 20%의 비율로 같은 제품을 생산한다. 세 공장 제품의 자체 불량률은 각각 2%, 3%, 5%라 한다. 어떤 제품 하나를 임의로 선정했을 때,
   (1) 이 제품이 불량품일 확률을 구하라.
   (2) 이 제품이 불량이었을 때, 이 것이 공장 A 또는 공장 B 에서 나왔을 확률을 구하라.

12. 어느 지역의 일간지 A, B, C에 대한 구독률을 조사하였다. A는 23%, B는 17%, C는 12% 였으며, A와 B 동시 구독자는 7%, A와 C 동시 구독자는 9%, B와 C 동시 구독자 4%, A, B, C를 모두 구독하는 사람이 3% 였다면, 임의로 한명을 선정했을 때, 어느 신문도 구독하지 않을 확률을 구하라.

13. 다음 회로의 스위치 S1,S2,S3는 독립적으로 작동하며, 상시 열린 상태에서 닫힐 확률이 각각 0.95, 0.90, 0.85 라고 한다. 상시 열린 상태에서 A, B 두 지점이 연결될 확률을 구하여라.

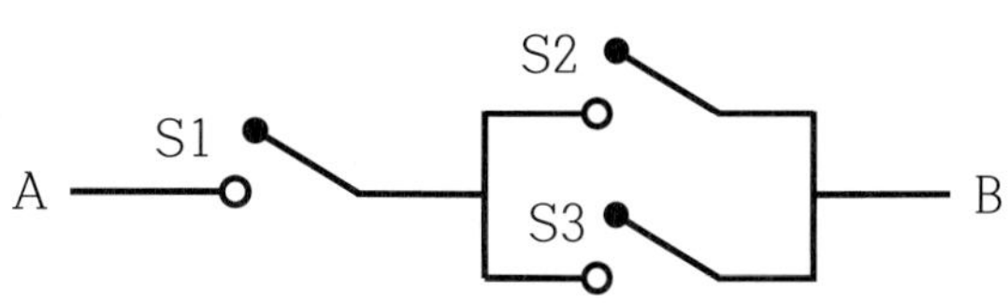

14. 확률변수 X가 양(+)의 정수만을 취할 때, 다음 $f(x)$가 확률질량함수가 될 수 있는 양의 상수 k 가 존재하지 이유를 들어 밝혀라.

(1) $f(x)=\dfrac{k}{x}$ (2) $f(x)=\dfrac{k}{x^2}$

15. 어느 베어링 제품의 직경[mm]은 다음과 같은 확률밀도함수를 갖는다고 한다.

$$f(x)=\begin{cases} 2.58-k(x-10.0)^2\ , & 9.8 \le x \le 10.2 \\ 0\ , & \text{다른곳에서} \end{cases}$$

(1) k값과 제품 직경의 평균값을 구하라.

(2) 임의로 베어링 하나를 택했을 때, 그 직경이 9.9와 10.1 사이일 확률을 구하여라.

16. 어떤 전기저항소자 제품의 저항값 X[mΩ]는 다음 확률밀도함수를 갖는다고 한다.

$$f(x)=\begin{cases} 7.5x^2(1-x^2)\ , & 0 \le x \le 1 \\ 0\ , & \text{그밖에서} \end{cases}$$

(1) 저항의 평균값을 구하라.

(2) 분포함수 $F(x)$를 구하여라.

(3) 소자 한 개의 저항값이 0.60와 0.65 사이일 확률을 구하여라.

17. 어느 인터넷 숍핑몰에서는 성능이 비슷한 상품 A, B 에 대하여, 과거의 영업경험을 바탕으로 다음과 같은 결론을 갖고 있다.

- 숍핑몰 고객은 상품 A 보다 상품 B를 2배 정도 더 선택한다.
- 상품에 대한 고객의 선택은 독립적이다.
- 평균 100명 중 8명은 상품 A, B를 모두 선택한다.

어떤 고객이 상품 A, B를 모두 선택하지 않을 확률은 얼마인가?

18. 컴퓨터 칩을 생산하는 공정 A, B 에서, 각 공정의 불량률은 각각 0.07, 0.05라고 한다. 각 공정에서 생산된 칩을 임의로 한 개 씩 선정하였을 때, 다음을 구하라.

(1) 하나만 불량품일 확률

(2) 그 불량품이 공정 A에서 생산되었을 확률

19/ 2. x의 모든 실수 범위에서 확률밀도함수가 $f(x)=\dfrac{k}{1+x^2}$일 때,

(1) 상수 k를 구하라.

(2) 확률 $P(1/\sqrt{3} \le X \le 1)$을 구하여라.

20. 어떤 자연현상의 지속기간[분]은 구간 (0,45)에서 $(15+x)^{-2}$에 비례하는 밀도함수를 갖는다고 한다. 이 현상이 15[분] 이내에 사라질 확률을 구하라.

21. 500원짜리 동전 3개와 100원짜리 동전 5개가 들어있는 주머니에서 동전 3개를 임의로 꺼낼 때, 합계금액의 확률 질량함수와 분포함수 및 기댓값을 구하라.

22. A는 7번 쏴서 5번꼴로, B는 5번 쏴서 3번꼴로, C는 4번 쏴서 3번꼴로 과녁을 맞힌다. 이 들 3명의 사수가 일제히 쏜다면 적어도 두발이 과녁에 맞을 확률을 구하라.

23. 어떤 상수 c 에 대하여, $P(X=c)=1$이라 할 때, X 의 평균과 분산을 구하여라.

24. 분포함수가 $F(x)=\frac{1}{4}(x+1)^2$, $-1 \le x \le 1$ 인 확률변수 X에 대하여,

(1) 기댓값과 분산을 구하라.

(2) 중앙값과 최빈값을 구하라.

25. A, B, C가 순서대로 주사위를 한 번씩 번갈아 던져 먼저 '1'의 눈이 나오는 사람이 이기는 것으로 할 때, 각각이 이길 확률을 계산하라.

26. 다음과 같은 확률밀도함수를 갖는 확률변수 X에 대한 사분위수를 구하여라.

(1) $f(x)=\frac{1}{3}$, $-1.5 < x < 1.5$

(2) $f(x)=3e^{-3x}$, $0 < x < \infty$

(3) $f(x)=\frac{e^{-x}}{(1+e^{-x})^2}$, $-\infty < x < \infty$

27. 확률밀도함수가 $f(x)=\frac{1}{\pi(1+x^2)}$, $-\infty < x < \infty$ 인 확률변수 X의 평균값, 최빈값, 중앙값을 구하라.

28. 어떤 제품의 수명이 1,000시간 이상일 확률이 0.85이라 할 때, 이런 제품 10개에 대하여

(1) 수명이 1,000시간 이상인 제품은 평균 몇 개라 할 수 있는가 ?

(2) 1,000시간 이상 사용할 수 있는 제품이 5개일 확률을 구하라.

(3) 9개 이상의 제품이 1,000시간 이상 사용할 수 있을 확률을 구하라.

29. 사건 A , B에 대하여, $P(A)=p$, $P(B)=0.4$, $P(A\cup B)=0.7$ 이다.

(1) A , B 가 서로 독립이 되도록 p값을 구하라.

(2) A , B 가 서로 배반사건이 되는 p값을 구하라.

30. 사람의 눈동자 색 등은 한 쌍의 유전자 조합에 의하여 결정된다고 한다. 우성인자를 d, 열성인자를 r 이라 하면, (d,d)를 순수우성, (r,r)을 순수열성, (d,r) 또는 (r,d)를 혼성이라고 한다. 자녀는 부모로부터 유전인자 하나씩을 받으며, 두 종류 중 어느 하나의 유전인자를 받을 기회는 동등하다. 각기 혼성 유전인자를 가지고 있는 두 부모의 자녀가 4인 경우를 생각한다.

(1) 어느 한 자녀가 순수열성일 확률은 얼마인가?

(2) 4자녀 중 어느 한 명만이 순수열성일 확률을 구하라.

(3) 순수열성인 자녀수는 평균 얼마인가?

31. 주머니에 흰 구슬 5개와 파란 구슬 3개가 들어있다. 복원추출방식으로 3개의 구슬을 꺼낼 때, 그 중에 포함된 파란 구슬의 수에 대한 평균과 분산 및 표준편차를 구하라.

32. 구간 $a \le X \le b$ (a, b는 자연수)에서 자연수 만을 취하는 확률변수 X가 이산균등분포를 이룰 때,
   (1) X의 확률질량함수를 구하여라.
   (2) X의 평균과 분산을 구하여라.

33. 다음 관찰자료를 이항분포로 가정할 때, 이론도수와 관찰도수를 비교하라.

X	0	1	2	3	4	5	합계
f	39	50	21	7	2	1	120

34. 같은 종유의 부품 1,000개 중에 10개 불량품이 섞여 있다는 사실을 알게 되었다. 이 중에서 무작위로 15개를 꺼내는 경우를 생각한다.
   (1) 15개 중 들어 있을 불량품의 개수의 평균과 분산을 구하라.
   (2) 불량품이 하나만 포함될 확률을 구하라.
   (3) 불량품이 2개 이상 포함될 확률을 구하라.

35. 지르콘 광석의 연대 측정은 표면의 우라늄 분열 흔적을 이용한다고 한다. 단위면적[cm^2] 당 평균 4개의 흔적이 있다고 알려진 광석 시료 2[cm^2]에서 2개 이하의 흔적을 발견할 확률을 구하라. 분열 흔적의 수는 프와송분포에 따른다고 한다.

36. 사고나 질병에 의한 것을 제외할 때, 어느 애완견종이 출생에서 사망에 이르는 생존기간 T [년]는 구간 [0, 15]에서 균등분포를 이룬다고 한다.
   (1) T 의 밀도함수와 분포함수를 구하여라.
   (2) T 의 평균을 구하여라.
   (3) 이 애완견종 중에서 임의로 선정된 한 마리가 12년 이상 생존할 확률을 구하라.
   (4) 선정된 한 마리가 10년 이상 생존했다는 조건에서, 12년 이상 생존할 확률을 구하여라.
   (5) 선정된 한 마리가 10년 이상 생존했다는 조건에서, t년 ($10 < t \le 15$) 이상 생존할 확률(생존함수)을 구하라.

37. 같은 모양의 동전 10개를 100번을 던지는 시행에서, 다음 사건이 몇 번이나 발생할 수 있는가 ?
   (1) 앞 면 6개, 뒷 면 4개
   (2) 적어도 6개가 앞 면

38. 과거 실적을 바탕으로, 어떤 보험회사의 가입자가 어느 기간 동안 보험금 지급을 4번 신청할 확률이 2번 신청할 확률의 3배가 되는 것을 확인하였다. 보험금 지급신청 건수가 프와송분포를 이룬다고 할 때, 신청 건수의 분산을 구하라.

39. 500개의 전자 부품이 들어 있는 상자가 있다. 하나의 부품이 불량일 확률이 0.005라 할 때 이 상자 안에 불량품이 많아야 하나 있을 확률을 구하여라.

40. 같은 종류의 씨앗이 10개씩 뿌려진 100개의 모종판이 있다. 다음은 각 모종판에서 성공적으로 싹이 난 씨앗의 개수에 따른 모종판의 수를 관찰한 결과이다. 모종판 하나에서 싹이 날 씨앗의 수에 대한 이항분포 모형을 구하라.

X	0	1	2	3	4	5	6	7	8	9	10	합계
f	5	12	22	25	20	10	4	1	1	0	0	100

41. 해저 케이블에 생기는 결함의 수가 1[km]당 발생비율 $\lambda = 0.2$인 프와송 과정에 따른다고 할 때,

(1) 처음 10[km]까지 결함이 발견되지 않을 확률을 구하라.

(2) 처음 10[km]까지 결함이 발견되지 않았다고 할 때, 그 다음 1[km]까지 결함이 발견되지 않을 확률을 구하여라.

(3) 처음 10[km] 지점 이전에 1개, 그리고 10[km] 지점에서 다음 1[km] 구간에서 1개의 결함이 발견되지만, 그 다음 1[km] 구간에서 결함이 발견되지 않을 확률을 구하라.

42. 어떤 구충제 한 알이 부작용을 일으킬 확률이 1/1,000 이라면, 3,000명에게 한 알씩 먹도록 했을 때, 그 중 3명 이상이 부작용을 느낄 확률을 구하라.

43. 어느 1.5[V]용 건전지 제품의 실제 전압은 1.40[V]에서 1.68[V]사이에서 균등분포를 이룬다고 한다.

(1) 기대되는 전압과 표준편차를 구하라.

(2) 전압의 분포함수를 구하라.

(3) 어떤 하나의 건전지 전압이 1.5[V]보다 작을 확률을 구하라.

(4) 1.5[V]용 건전지는 보통 2개를 함께 포장하여 1개의 제품으로 판매한다. 한 제품 안에 들어있는 건전지 2개의 전압이 모두 1.5[V]보다 작으면 불량품으로 보기로 한다. 제품 100개가 들어있는 상자에서 무심코 10개를 꺼낼 때, 불량품이 한 개 이내일 확률을 구하라.

44. 다음 관찰 자료에 대한 프와송 분포 모형을 구하고, 관찰도수와 이론도수를 비교하라.

X	0	1	2	3	4	5	합계
f	202	81	13	3	1	0	300

45. 평균 2년에 1번 꼴로 프와송과정에 따라 지진이 발생하는 일어나는 지역을 생각한다.

(1) 관측 시작 시점에서부터 3번째 지진이 발생할 때까지 걸리는 시간에 대한 확률밀도함수를 구하라.

(2) 관측 시작 후 3년 이후, 5년 이전에 3번째 지진이 발생할 확률을 구하라.

46. 어떤 학급의 물리 성적은 정규분포를 이룬다. 학생의 6.3%가 57점 미만이고, 89.8%는 71점 미만이었다. 이 학급 물리 성적의 평균과 표준편차를 구하라.

47. 어떤 여행사가 좌석이 4개인 관광객을 위한 유람용 보트를 운영하고 있으며, 보트는 4명 좌석이 다 차야 한 대 씩을 차례로 출발시키는 방식을 취하고 있다. 5[분]에 평균 1명 꼴로 관광객이 프와송과정에 따라 찾아온다고 할 때,
(1) 한 대의 보트가 출발을 기다리는 시간의 확률밀도함수를 구하라.
(2) 출발을 기다리는 시간의 평균과 분산을 구하라.
(3) 출발하기까지 15분 이상 기다려야 할 확률을 구하라.

48. 1[분]에 평균 4번 꼴로 수신 신호가 들어오는 전화교환대에 도착한 신호의 횟수는 프와송 과정을 따른다고 할 때,
(1) 프와송 과정의 비율 λ를 구하라.
(2) 교환대에 들어오는 두 신호 사이의 평균 시간을 구하여라.
(3) 관찰을 시작한 후 4[분]에서 5[분] 사이에 수신신호가 없을 확률을 구하라.
(4) 관찰 시작 후 첫 수신신호가 들어오기 까지 30[초] 이상 기다려야 할 확률을 구하라.
(5) 관찰 시작 후 처음 30[초] 동안 신호가 없으나, 그 다음 1[분] 간 3건의 신호를 수신할 확률을 구하여라.
(6) 처음 신호가 15[초] 이내에 들어오고, 그 후 두 번째 신호가 들어오기까지 1[분] 이상 걸릴 확률을 구하여라.

49. 어떤 해충의 구제작업을 위해 살충제를 뿌린 후, 살충제를 뿌리기 전 해충의 개체 수에 대한 죽은 개체수의 비율은 평균 0.4, 표준편차 0.2인 베타분포를 따른다고 한다.
(1) 모수 α, β를 구하라.
(2) 죽은 해충의 비율에 대한 확률밀도함수 및 분포함수를 구하라.
(3) 70%이상의 해충이 죽을 확률을 구하라.

50. 어떤 미생물의 생존시간[분]이 모수 $\alpha = 2$, $\beta = 0.25$인 웨이블 분포에 따른다고 한다.
(1) 확률 밀도함수, 분포함수 및 생존함수, 실패율함수를 구하라.
(2) 이 미생물이 3[분] 이전에 소멸할 확률과 7[분] 이후까지 생존할 확률을 구하라.
(3) 생존시간의 평균과 중앙값을 구하여라.
(4) $F(x_0) = 0.95$를 만족하는 x_0를 구하고, x_0의 의미를 말하라.

51. 어떤 생산설비가 우연한 고장이 발생하여 가동을 멈추기 전까지 정상적인 가동지속기간[월]은 모수 0.1인 지수분포를 따른다고 할 때,
(1) 이 설비가 가동을 지속하는 평균 기간을 구하라.
(2) 이 설비가 수리된 이후, 다시 멈추기까지 적어도 3개월 이상 지속적으로 가동할 확률을 구하라.
(3) 이 설비가 3개월 간 가동을 멈추지 않았다면, 앞으로 다시 3개월 동안 가동을 멈추지 않을 확률을 구하라.

52. 같은 규격의 전구를 생산하는 두 회사 A, B가 있다. 두 회사 제품의 수명[일]은 각각 정규분포 $X \sim \mathrm{N}(975, 25)$, $Y \sim \mathrm{N}(950, 16)$를 따르며, 서로 독립적이라고 한다.

(1) A 사 제품을 985[일] 이상 사용할 확률을 구하라.

(2) 두 회사 제품 수명의 차이가 20[일] 이하일 확률을 구하라

(3) 한 회사 제품을 사용하다가 수명이 끝나면 곧 바로 다른 회사 제품으로 바꿔 사용한다고 할 때, 이와 같이 해서 1,950[일] 이상 사용할 확률을 구하여라.

53. 어떤 구조물의 높이[m]를 측량할 때 정밀성을 높이기 위하여, 서로 독립적인 두 기구 A, B를 사용한 측량값의 평균치를 구하는 방식을 취하고자 한다. 기구의 측량오차는 각각 정규분포 $E_A \sim \mathrm{N}(0, 0.0039)$, $E_B \sim \mathrm{N}(0, 0.0025)$를 따른다고 한다. 두 측정값 오차평균의 크기가 0.05[m]를 넘지 않을 확률을 구하여라.

54. 평균이 70, 분산이 9인 정규분포를 이루는 확률변수 X에 대하여

(1) X 가 평균을 중심으로 10% 안에 있지 않은 확률을 구하라.

(2) $P(X \leq x_0) = 0.25$인 x_0를 구하여라.

(3) $P(\mu - x_0 < X < \mu + x_0) = 0.95$인 x_0를 구하여라.

제 2 장

통계(Statistics)

2.1 통계학(Statistics) 기초

통계학 – 수치화된 자료(numerical data)의 수집, 분류,표현,비교 및 분석에 관한 방법을 다루는 과학

2.1.1 변수(Variable) 또는 변량(Variate)

- 개체에 따라 달라지는 량 (예) 개인 별 키, 나이, 월수입 또는 도시별 강우량 등

연속변수(continuous variable) - 어떤 범위 내에서 임의의 값을 취할 수 있는 변수 (예) 사람의 키

이산변수(discrete variable) – 임의의 값을 취할 수 없는 변수 (예) 한 과목의 수강인원

2.1.2 도수 분포 (Frequency Distribution)

원시 자료(raw data) – 정리 또는 분류되지 않은 자료

(예 1) 수강인원이 60 명인 수학과목의 수강생 별 기말고사 성적 ;

83, 14, 17, 74, 0, 76, 54, 38, 35, 44, 38, 41, 96, 50, 40, 24, 67, 42, 43, 87,
58, 60, 17, 47, 49, 50, 30, 66, 70, 43, 53, 45, 56, 37, 57, 67, 48, 57, 58, 31,
44, 22, 39, 67, 54, 68, 58, 69, 43, 70, 55, 34, 76, 80, 47, 90, 51, 33, 64, 52,

⇒ 원시자료의 통계적 특징을 파악하기에 알맞은 형식의 자료 처리 (통계적 처리) 필요

☞ 도수분포 – 원시자료를 몇 개의 묶음으로 분류, 각 묶음 별 원소의 개수(도수) 로 나타낸 것

알아두기

2.1.3 원시자료의 통계적 처리

가. 원시자료의 분류 - 원시자료 [예 1]의 경우

1) 원시자료의 범위(range) 결정 – 최대치와 최소치의 차이 ; $96-0=96$

2) 원시자료를 적당한 갯수의 계급(class) 또는 군(group) 으로 분류 – 여기서는 계급수 7 로 선택

☞ '계급'의 수가 너무 적으면 정밀성 감소, 너무 많으면 계급간 특징 비교 의미 감소

3) 계급의 폭(width) 또는 크기(size) ; 범위/계급수 = $96/7 \approx 13.7 \Rightarrow 14$ (변량이 정수 → 계급의 폭 정수)

4) 관측치(observation)를 계급별로 분류, 관측치가 계급의 경계선에 있을 경우, 상위 계급으로 분류

☞ 관측치(observation) = 개별 원시 자료 값

5) 각 계급별 도수를 셈 ☞ 도수(빈도, frequency) - 각 계급에 속하는 관측치의 수

6) 누적 도수 (cumulative frequency) - 처음 계급에서부터 자기 계급까지 도수를 모두 더한 값

7) 도수표(frequency table), 누적 도수표(cumulative frequency table)

계급번호(i)	계급 구간	도수(f_i)	누적도수($\sum f_i$)
1	0 - 14	1	1
2	14 - 28	5	6
3	28 - 42	11	17
4	42 - 56	19	36
5	56 - 70	14	50
6	70 - 84	7	57
7	84 - 98	3	60
		60	

알아두기

나. 계급구간의 형식 ;

1) 상한 포함 ($a \le x \le b$) 꼴 - 관측치가 경계선에 겹쳐 있는 경우 상위 계급으로 분류

2) 상한 불포함 ($a \le x < b$) 꼴 - 변수의 연속성 유지 → 상한 불포함 꼴 유리

☞ 필요에 따라 '상한 포함 꼴' → '상한 불포함 꼴' 변환 가능 (적절한 계급구간 조정)

다. 자료 열의 형태

1) 개별 관측치 (도수 없음)

$x : x_1, x_2, \cdots, x_n$

2) 이산 자료 열

$x : x_1, x_2, \cdots, x_n$
$f : f_1, f_2, \cdots, f_n$

2) 연속 자료 열

$$\begin{aligned} x &: a_1 \sim a_2,\ a_2 \sim a_3,\ \cdots,\ a_n \sim a_{n+1} & & m : m_1, m_2, \cdots, m_n \\ f &: f_1,\ f_2,\ \cdots,\ f_n & \rightarrow & f : f_1, f_2, \cdots, f_n \end{aligned}$$

중간값 $m_i = (a_i + a_{i+1})/2$ 을 취하면 '연속자료 열' → ' 이산자료 열' 변환 가능

알아두기

2.1.4 그림으로 나타내기

도수분포 그래프 – 원시자료의 통계적 특징을 쉽게 파악할 수 있음

☞ 그래프 표현의 단점 – **(1)** 변량의 측정치를 정확히 알 수 없음,

(2) 그래프의 '눈금 매김'에 따라 통계적 특징이 잘 드러나지 않을 수 있음

가. 기둥 그림표

- 가로축, 세로축의 눈금을 각각 적절하게 정함 (각 계급구간의 크기를 같게 함)
- 각 계급 별 기둥의 길이를 각 계급의 도수에 비례하도록 함.

원시자료 [예 1] 에 대한 도수분포 기둥 그림표

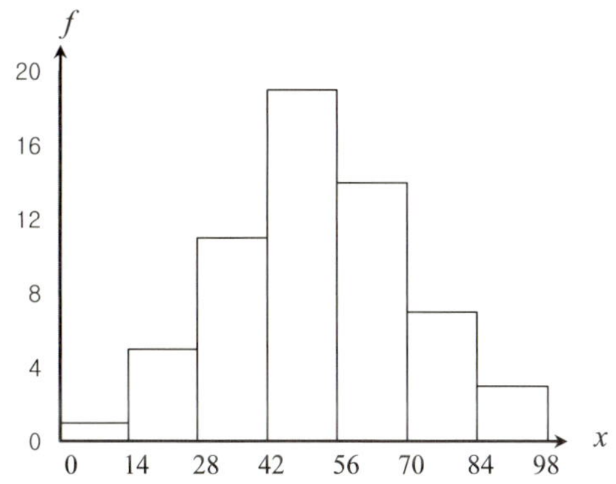

알아두기

나. 도수분포 다각형(꺽음) 그림표

- 기둥 그림표 각 계급구간 기둥 꼭대기의 가운데 점을 직선으로 이은 그래프.
- 편의상 맨 아래, 맨 위의 계급구간 밖에 빈 계급 구간의 도수를 **0** 으로 가정, 다각형을 완성.

원시자료 **[예 1]** 에 대한 도수분포 꺽음 그림표

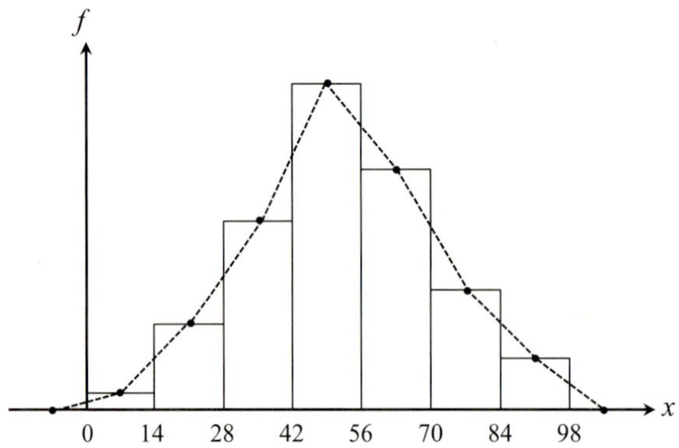

알아두기

다. 누적 도수분포 그림표

- 누적 도수분포 그림 : 각 계급구간 상한 값보다 적은 관측치의 갯수 ($\sum_{k=1}^{i} f_k$) 의 그래프
- 여 누적 도수분포 그림 : 각 계급구간 하한 값보다 큰 관측치의 갯수 ($N-\sum_{k=0}^{i-1} f_k$) 의 그래프

☞ N : 관측치의 총 갯수

원시자료 [예 1] 에 대한 '누적도수' 및 '여 누적도수' 분포 그림표

계급 (i)	누적 도수		여 누적도수	
	계급 상한	$\sum_{k=1}^{i} f_k$	계급 하한	$N-\sum_{k=0}^{i-1} f_k$
1	14	1	0	60
2	28	6	14	59
3	42	17	28	54
4	56	36	42	43
5	70	50	56	24
6	84	57	70	10
7	98	60	84	3

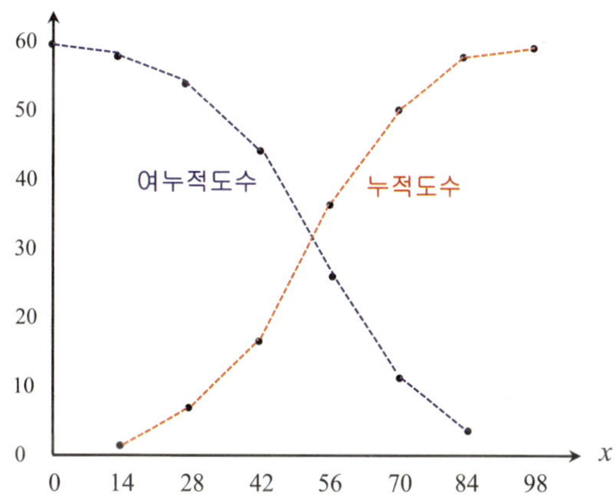

알아두기

2.2 집중경향성의 측도(Measure of Central Tendency) - 대표값

- 자료의 중심을 표현하기 위한 대표적인 변량 값
- 흔히 사용하는 대표값의 종류

1. 산술평균 **(arithmetic average** 또는 **mean)** **2.** 중앙값**(median)** **3.** 최빈값**(mode)**
4. 기하평균**(geometric mean)** **5.** 조화평균**(harmonic mean)**

2.2.1 산술평균(Mean)

가. 개별 관측치의 경우(도수가 모두 1)

산술평균 $\bar{x} = \frac{x_1 + x_2 + \cdots + x_n}{n} = \frac{1}{n}\sum x_i$, x_i : 개별 관측치 , n : 관측치의 총 갯수

또는 $\bar{x} = a + \frac{1}{n}\sum(x_i - a) = a + \bar{d}$, $\bar{d} = \frac{1}{n}\sum(x_i - a)$, a : 가평균

☞ 가중 산술 평균 (개별 관측치의 경우)

변량 값의 중요도가 각기 다른 경우 ,

가중 산술 평균 $\bar{x}_w = \frac{w_1 x_1 + w_2 x_2 + \cdots + w_n x_n}{w_1 + w_2 + \cdots + w_n} = \frac{\sum w_i x_i}{\sum w_i}$

$w_1, w_2, \cdots, w_n$; 각 변량 값의 가중치의 측도

알아두기

☞ 자료의 형식이 같은 2개 이상의 자료열의 통계적 특성 비교

- 도수분포표 만으로는 특성의 차이를 파악하기에는 불충분
- 자료열의 통계적 특성을 대표할 수 있는 '정량적 통계량' 약속

▪ 비슷한 도수분포들에 대한 차이를 비교할 수 있는 기본적 통계적 특성

▫ 중심경향성(Central Tendency) - 변량들이 주로 몰려있는 위치의 중심(대표값)
▫ 산포도(Dispersion) - 변량들이 대표값 주변에 흩어진 정도

나. 이산 자료열의 경우(도수분포) x : x_1, x_2,$\cdots$, x_n

f : f_1, f_2,$\cdots$, f_n

산술평균 $\bar{x} = \dfrac{f_1x_1 + f_2x_2 + \cdots + f_nx_n}{f_1 + f_2 + \cdots + f_n} = \dfrac{1}{N}\sum f_ix_i$, $N = f_1 + f_1 + \cdots + f_n = \sum f_i$

또는 $\bar{x} = a + \dfrac{1}{N}\sum f_i(x_i - a) = a + \dfrac{1}{N}\sum f_id_i = a + \bar{d}$, $d_i = x_i - a$

다. 연속 자료열의 경우 (등간격 h 계급구간 도수분포)

x : $a_1 \sim a_2$, $a_2 \sim a_3$, $\cdots$, $a_n \sim a_{n+1}$

f : f_1, f_2, $\cdots$, f_n

x_i 이 구간 i 의 대표값(일반적으로 중앙값)이라 할 때, $u_i = \dfrac{x_i - a}{h}$ 라 두면, $x_i = a + hu_i$

$$\Rightarrow \quad \bar{x} = \frac{1}{N}\sum f_ix_i = \frac{1}{N}\sum f_i(a + hu_i) = \frac{a}{N}\sum f_i + \frac{h}{N}\sum f_iu_i = a + \frac{h}{N}\sum f_iu_i = a + h\bar{u}$$

알아두기

예제 2.2.1 산술평균

성적 누적분포가 다음과 같은 어떤 과목의 산술평균 ?

점 수	~ 10	~ 20	~ 30	~ 40	~ 50	~ 60	~ 70	~ 80	~ 90	~ 100
누적학생수	4	8	14	24	37	49	57	64	68	70

풀이 ;

주어진 자료로부터 가평균 $a = 55$ 로 두어 도수분포표를 만들면 ,

구간	대표값(x_i)	f_i	$x_i - 55$	$u_i = \dfrac{x_i - 55}{10}$	$f_i u_i$
0 - 10	5	4	-50	-5	-20
10 - 20	15	4	-40	-4	-16
20 - 30	25	6	-30	-3	-18
30 - 40	35	10	-20	-2	-20
40 - 50	45	13	-10	-1	-13
50 - 60	55	12	0	0	0
60 - 70	65	8	10	1	8
70 - 80	75	7	20	2	14
80 - 90	85	4	30	3	12
90 - 100	95	2	40	4	8
계		$N = 70$			–45

$$\Rightarrow \quad \bar{x} = a + \frac{h}{N}\sum f_i u_i = 55 + \frac{10}{70}(-45) = 48.6$$

알아두기

라. 산술평균의 성질

1) '산술평균값으로부터 계산한 각 변량의 편차'의 산술평균은 **0**

(증명) 변량 x_i, 산술평균 $\bar{x}$ → 편차 $d_i = x_i - \bar{x}$

$$\therefore \quad \bar{d} = \frac{1}{N}\sum f_i d_i = \frac{1}{N}\sum f_i (x_i - \bar{x}) = \frac{1}{N}\sum f_i x_i - \frac{\bar{x}}{N}\sum f_i = \bar{x} - \bar{x} = 0$$

2) 한 자료열에서 어떤 기준값으로부터 계산한 변량의 편차의 제곱합은
그 기준값이 산술평균일 때 가장 적은 값(최소값) 을 갖는다.

(증명) 편차 계산의 기준 값 a, 편차의 제곱합 z 라 두면;

$$z = \sum f_i (x_i - a)^2 \quad \rightarrow \quad \frac{dz}{da} = -2\sum f_i (x_i - a) = 0 \quad \rightarrow \quad \sum f_i x_i - a\sum f_i = 0$$

$$\rightarrow \quad N\bar{x} - aN = 0 \quad \rightarrow \quad a = \bar{x}$$ (즉, 기준값이 산술평균일 때 최소)

3) 산술평균 및 자료의 수가 각기 $\bar{x}_l, n_l \ (l = 1, 2, \cdots, k)$ 인 k 개 군의 자료열을 합성하여 만든 자료열의 합성 산술평균 ;

$$\bar{x} = \frac{n_1\bar{x}_1 + n_2\bar{x}_2 + \cdots + n_k\bar{x}_k}{n_1 + n_2 + \cdots + n_k} = \frac{\sum n_l \bar{x}_l}{\sum n_l} \qquad \left(n_l \bar{x}_l = \sum_{j=1}^{n_l} f_l^j x_l^j \ , \quad \forall l \right)$$

알아두기

예제 2.2.2 합성 자료열의 산술평균 응용

어떤 회사의 전체 종업원의 년봉 평균이 4,800 만원, 남자종업원의 년봉 평균은 5,000 만원, 여자 종업원의 년봉 평균은 4,750 만원이라면, 남,여 종업원의 구성비(%) ?

풀이

전체 종업원 수 N, 남(1군), 녀(2군) 종업원 구성비 p_1, $p_2 = 100 - p_1$ (%) 라면,

$$\bar{x} = \frac{\left(\frac{p_1}{100}N\right)\bar{x}_1 + \left(\frac{p_2}{100}N\right)\bar{x}_2}{N} = \frac{p_1\bar{x}_1 + p_2\bar{x}_2}{100}$$

$$\rightarrow \quad 4{,}800 = \frac{5{,}000p_1 + 4{,}750p_2}{100}$$

$$\rightarrow \quad 4{,}800 = 50p_1 + 47.5(100 - p_1) \quad \rightarrow \quad 50 = 2.5p_1$$

$$\Rightarrow \quad p_1 = 20(\%), \quad p_2 = 100 - p_1 = 80(\%)$$

알아두기

2.2.2 중앙값(Median)

- 변량의 값을 오름순(또는 내림순)으로 나열했을 때 중앙에 위치한 변량의 값

가. 개별 자료열 (n계급별로 구분되지 않은 자료열)의 경우 ;

n개의 변량 값을 오름순(또는 내림순)으로 나열했을 때

n이 홀수면 $\frac{n+1}{2}$ 번째 값, n이 짝수면 $\frac{n}{2}$ 번째와 $\frac{n}{2}+1$째 값의 산술평균값

나. 이산 도수분포 자료열의 경우 ;

누적도수가 $\frac{N+1}{2}$ ($N=\sum f_i$) 보다 크거나 같아지는 첫 번째 변량 값

다. 계급구간으로 구분된 도수분포 자료열의 경우 ;

중앙값 = $l+\frac{h}{f}(\frac{N}{2}-C)$

l : 누적도수가 $\frac{N}{2}$ 보다 크거나 같아지는 첫 번째 계급구간(중앙 계급)의 하한 값

h, f : 중앙계급의 폭 및 도수

C : 중앙계급 직전 계급까지 누적도수

알아두기

라. 분할 값

변량의 값(관측치)을 순서대로 나열했을 때 빈도수(frequency)가 같아지도록 자료열을 몇 개의 군으로 나누는 변량의 값, 중앙값은 자료를 2 개 부분으로 나누는 2 분위 분할 값

- **4 분위 값**

전체 도수를 부분별 도수가 같도록 4 개의 부분으로 나누는 변량 값.

$Q_1 = l + \frac{h}{f}(\frac{N}{4} - C)$: 하부 4 분위 값, Q_2 : 중앙값, $Q_3 = l + \frac{h}{f}(\frac{3N}{4} - C)$: 상부 4 분위 값

- **10 분위 값**

전체 도수를 부분별 도수가 같도록 10 개의 부분으로 나누는 변량 값.

$$D_k = l + \frac{h}{f}(\frac{kN}{10} - C) \ , \ k = 1, 2, \cdots, 10$$

- **100 분위 값**

전체 도수를 부분별 도수가 같도록 100 개의 부분으로 나누는 변량 값.

$$D_k = l + \frac{h}{f}(\frac{kN}{100} - C) \ , \ k = 1, 2, \cdots, 100$$

☞ 위에서 l, f, N, C 는 중앙값 계산공식에서 쓰인 것과 같은 개념으로
각기 계급구간에 해당하는 값을 의미하는 것임 !

알아두기

예제 2.2.3 중앙값 비교

한 반 **20**명의 수학, 물리 성적이 아래와 같다면 학생들의 지식 수준이 높다고 말 할 수 있는 과목은 **?**

번호	1	2	3	4	5	6	7	8	9	10	11	12	13	14	15	16	17	18	19	20
수학	55	30	79	50	21	40	52	47	31	29	49	33	33	53	45	26	64	32	47	61
물리	61	37	41	33	13	35	52	46	54	10	37	22	48	43	27	29	83	69	33	81

풀이 ;

중앙값이 높으면 그 과목에 대한 지식 수준이 높다고 할 수 있다. 두 과목을 오름차순 정리;

차례	수학	물리	차례	수학	물리
1	21	10	11	47	41
2	26	13	12	47	43
3	29	22	13	49	46
4	30	27	14	50	48
5	31	29	15	52	52
6	32	33	16	53	54
7	33	33	17	55	61
8	33	35	18	61	69
9	40	37	19	64	81
10	45	37	20	79	83

⇒ 학생수 20(짝수), 중앙값 → 10(=20/2) 번째와 11 번째의 산술 평균

(수학 중앙값) $\frac{45+47}{2}=46 \geq 39=\frac{37+41}{2}$ (물리 중앙값)

알아두기

예제 2.2.4 중앙값 및 분할값

누적분포가 다음과 같은 자료열의 중앙값 및 4 분위값 ?

점 수	~ 10	~ 20	~ 30	~ 40	~ 50	~ 60	~ 70	~ 80
누적학생수	21	41	64	93	135	173	219	261

풀이 ;

주어진 자료로부터 계급구간별 도수분포 및 누적 도수분포 표를 만들면 ,

구간	0-10	10-20	20-30	30-40	40-50	50-60	60-70	70-80
구간도수	21	20	23	29	42	38	46	42
누적도수	21	41	64	93	135	173	219	261

1) 중앙값 ; $N=261$, $N/2=261/2=130.5$

∴ 중앙계급 = $(40-50)$, $l=40, h=10, f=42, C=93$ → 중앙값 $(Q_2)=40+\frac{10}{42}(130.5-93)=48.83$

2) 하부 4 분위값 ; $N/4=161/4=65.25$

∴ 하부 4 분위 계급 = $(30-40)$, $l=30, h=10, f=29, C=64$ → $Q_1=30+\frac{10}{29}(65.25-64)=30.43$

3) 상부 4 분위값 ; $3N/4=3\times261/4=195.75$

∴ 상부 4 분위 계급 = $(60-70)$, $l=60, h=10, f=46, C=173$ → $Q_3=60+\frac{10}{46}(195.75-173)=64.95$

알아두기

2.2.3 최빈값(Mode)

- 가장 도수(frequency)가 큰, 또는 가장 밀도(density)가 높은 변량 값

가. 이산 도수분포의 경우 - 최대 도수를 갖는 변량 값

단, 최대도수가 2개 이상, 최대도수가 앞 또는 뒤쪽에 치우치는 등, 분포의 불규칙성이 심한 경우

→ 묶어보기 방법 (Method of Grouping, 예제 참조)

나. 계급구간 별 구분된 연속 도수분포 (균일 구간폭) 의 경우

최빈값 = $l+\dfrac{f_m-f_1}{2f_m-f_1-f_2}h$,

l, h, f_m : 최빈계급의 하한, 구간폭, 도수 , f_1, f_2 : 최빈계급의 바로 앞,뒤 계급의 도수

단, $f_m-f_1<0$ (rf., 불규칙 분포) 또는 $2f_m-f_1-f_2=0$ 이면, 최빈값 = $l+\dfrac{|f_m-f_1|}{|f_m-f_1|+|f_m-f_2|}h$

다. 최빈값이 분명하지 않은 경우 (묶어보기 방법 실패)

최빈값 = 3 x 중앙값 - 2 x 산술평균값 → 경험적 최빈값(empirical mode)

☞ 대칭분포의 경우, 최빈값 = 중앙값 = 산술평균값

알아두기

예제 2.2.5 최빈값 찾기 (묶어보기 법)

다음 이산 도수 분포의 최빈값 ?

변량 값	5	15	25	35	45	55	65	75	85	95
도 수	3	7	7	11	13	14	15	12	11	13

풀이 ; 최빈 도수가 너무 오른쪽에 치우쳐 있으므로 아래표와 같이 묶음별 도수표를 만들면 ,

<table>
<tr><th rowspan="2">변량 값</th><th colspan="6">도 수</th></tr>
<tr><th>I</th><th>II</th><th>III</th><th>IV</th><th>V</th><th>VI</th></tr>
<tr><td>5</td><td>3</td><td rowspan="2">10</td><td></td><td rowspan="3">17</td><td></td><td></td></tr>
<tr><td>15</td><td>7</td><td rowspan="2">14</td><td rowspan="3">25</td><td></td></tr>
<tr><td>25</td><td>7</td><td rowspan="2">18</td><td rowspan="3">31</td></tr>
<tr><td>35</td><td>11</td><td rowspan="2">23</td><td rowspan="3">38</td></tr>
<tr><td>45</td><td>13</td><td rowspan="2">27</td><td rowspan="3">42</td></tr>
<tr><td>55</td><td>14</td><td rowspan="2">29</td><td rowspan="3">41</td></tr>
<tr><td>65</td><td>15</td><td rowspan="2">27</td><td rowspan="3">38</td></tr>
<tr><td>75</td><td>12</td><td rowspan="2">23</td><td rowspan="3">36</td></tr>
<tr><td>85</td><td>11</td><td rowspan="2">24</td><td></td></tr>
<tr><td>95</td><td>13</td><td></td><td></td><td></td></tr>
</table>

※ 밑줄 친 숫자 - 각 열의 최빈 도수

☞ 묶는 방법

- II : 2 개씩 , III : 2 번째부터 2 개씩, IV : 3 개씩, V : 2 번째부터 3 개씩, VI : 3 번째부터 3 개씩

⇒ 각 열 별 최빈도수 군에 속하는 변량의 값 ;

열	I	II	III	IV	V	VI
최빈 도수	15	27	29	38	42	41
소속 변량	65	45,55,65,75	55,65	35,45,55,65,75,85	45,55,65	55,65,75

⇒ 최빈도수 군에 제일 많이 속해 있는(6 번) 변량의 값 '65'가 최빈값 !

예제 **2.2.6** 최빈값 찾기 (연속 자료열)

도수분포가 다음과 같은 자료열의 최빈값 ?

변량	1~ 10	11~20	21~ 30	31~40	41~50	51~ 60	61~70	71~ 80	81~ 90	91~100
도수	3	9	15	33	28	21	13	7	3	2

풀이

최빈도수 33, 따라서 최빈계급**(modal class)** (31-40)

→ $l=(30+31)/2=30.5,\ f_m=33,\ f_1=15,\ f_2=28,\ h=10$

⇒ 최빈값 = $l+\dfrac{f_m-f_1}{2f_m-f_1-f_2}h=30.5+\dfrac{33-15}{2\times33-15-28}\times10=38.33$

알아두기

2.2.4 기하평균(Geometric Mean) 및 조화평균(Harmonic Mean)

가. 기하평균

1) 개별 자료열 $x_1, x_1, \cdots, x_n$ $(x_i \neq 0)$ 의 경우 ;

기하평균 $G = (x_1 x_2 \cdots x_n)^{1/n} = \sqrt[n]{x_1 x_2 \cdots x_n}$

또는, 양변 상용대수를 취하여 $\log G = \frac{1}{n}\sum_{k=1}^{n} \log x_k \quad \rightarrow \quad G = \log^{-1}\left\{\frac{1}{n}\sum_{k=1}^{n} \log x_k\right\}$

2) 이산 도수분포 자료열의 경우 ; x : x_1, $x_2, \cdots$, x_n

f : f_1, $f_2, \cdots$, f_n

$$G = \left(x_1^{f_1} x_2^{f_2} \cdots x_n^{f_n}\right)^{1/N} = \sqrt[N]{x_1^{f_1} x_2^{f_2} \cdots x_n^{f_n}} \quad (N = \sum f_i)$$

또는, $\log G = \frac{1}{N}\sum_{k=1}^{n} f_k \log x_k \quad \rightarrow \quad G = \log^{-1}\left\{\frac{1}{N}\sum_{k=1}^{n} f_k \log x_k\right\}$

3) 계급구간으로 구분된 도수분포 자료열의 경우 ; 각 구간의 중간값을 x_i 로 두어 **2)** 와 같이 함.

알아두기

나. 조화 평균(Harmonic Mean)

1) 개별 자료열 $x_1, x_1, \cdots, x_n \ (x_i \neq 0)$ 의 경우 ;

조화평균 $$H = \frac{1}{\frac{1}{n}\sum_{k=1}^{n}\frac{1}{x_k}} = \frac{n}{\frac{1}{x_1}+\frac{1}{x_2}+\cdots+\frac{1}{x_n}} \quad \rightarrow \quad \frac{1}{H} = \sum_{k=1}^{n}\frac{1}{x_k} = \frac{1}{x_1}+\frac{1}{x_2}+\cdots+\frac{1}{x_n}$$

2) 이산 도수분포 자료열의 경우 ; $x : x_1, x_2, \cdots, x_n$

$f : f_1, f_2, \cdots, f_n$

$$H = \frac{1}{\frac{1}{N}\sum_{k=1}^{n}\frac{f_k}{x_k}} = \frac{N}{\frac{f_k}{x_1}+\frac{f_2}{x_2}+\cdots+\frac{f_n}{x_n}} \quad \rightarrow \quad \frac{N}{H} = \sum_{k=1}^{n}\frac{f_k}{x_k} = \frac{f_1}{x_1}+\frac{f_2}{x_2}+\cdots+\frac{f_n}{x_n} \qquad (N = \sum f_i)$$

3) 계급구간으로 구분된 도수분포 자료열의 경우 ; 각 구간의 중간값을 x_i 로 두어 **2)** 와 같이 함.

알아두기

예제 **2.2.7** 기하평균 및 조화평균

도수분포가 다음과 같은 자료열의 기하평균과 조화평균 값 ?

변량	0~10	10~20	20~ 30	30~40	40~ 50
도수	12	8	10	5	20

풀이

구간	중간값(x_k)	f_k	$\log x_k$	$f_k \log x_k$	$1/x_k$	f_k/x_k
0 - 10	5	12	0.6990	8.3880	0.2000	2.4000
10 - 20	15	8	1.1761	9.4088	0.0667	0.5336
20 - 30	25	10	1.3979	13.9790	0.0400	0.4000
30 - 40	35	5	1.5441	7.7205	0.0286	0.1430
40 - 50	45	20	1.6532	33.0640	0.0222	0.4440
계		$N=55$		72.5603		3.9206

$$\Rightarrow \quad \log G = \frac{1}{N}\sum f_k \log x_k = \frac{1}{55}(72.5603) = 1.3193 \quad \rightarrow \quad G = \log^{-1} 1.3193 = 20.859$$

$$H = \frac{N}{\sum (f_k / x_k)} = \frac{55}{3.9206} = 14.028$$

알아두기

2.3 산포의 측도(Measure of Dispersion)

- 자료의 분포형태를 비교할 수 있는 측도 (대표값은 같더라도 자료의 흩어진 정도가 다를 수 있음)

  (예) 분포 A : 65 90 95 95 105 115 135
  B : 20 20 40 100 50 190 280 ⇒ 산술평균은 100으로 같지만, 흩어진 모습이 다름

- 중심값에 관하여 변량들이 흩어져 있는 정도를 수치로 나타냄.

- 산포의 정도를 나타내는 측도(산포도)의 종류

  (a) 범위 **(Range)**

  (b) **4** 분편차**(Quartile Deviation)** 또는 반 **4** 분위값 범위 **(Semi- inter-Quartile Range)**

  (c) 평균편차**(Average Deviation , Mean Deviation)**

  (d) 표준편차**(Standard Deviation))**

2.3.1 범위(Range)

변량의 최대치와 최소치의 차이

범위 $\mathrm{R} = L - S$, L : 변량 중 제일 큰 값, S : 변량 중 제일 작은 값

범위 계수 **(Coefficient of Range)** $\mathrm{CR} = \dfrac{L-S}{L+S}$ → 간단하지만, 산포의 측도로는 불안정

알아두기

2.3.2 4 분위 편차(Quartile Deviation)

4 분위 범위 : 상부, 하부 4 분위 값의 차 ; $Q_3 - Q_1$

4 분위 편차 (Quartile Deviation) : 4 분위 범위 값의 1/2 ; $\mathrm{QD} = \frac{1}{2}(Q_3 - Q_1)$

4 분위 편차 계수(Coefficient of Quartile Deviation) : $\mathrm{CQD} = \frac{Q_3 - Q_1}{Q_3 + Q_1}$

예제 **2.3.1 4 분위 편차**

분포가 다음과 같은 학생 52 명 성적의 4 분위 편차 ?

성적	0~5	5~10	10~15	15~20	20~25	25~30
학생수	5	9	11	12	10	5
누적학생수	5	14	25	37	47	52

풀이

$N = \sum f = 52$, $N/4 = 52/4 = 13$ → Q_1 계급 (5~10) , $3N/4 = 3 \times 52/4 = 39$ → Q_3 계급 (20~25)

$\Rightarrow Q_1 = l + \frac{h}{f}\left(\frac{N}{4} - C\right) = 5 + \frac{5}{9}(13-5) = 9.44$, $Q_3 = l + \frac{h}{f}\left(\frac{3N}{4} - C\right) = 20 + \frac{5}{10}(39-37) = 21.0$

$\Rightarrow \mathrm{QD} = \frac{1}{2}(Q_3 - Q_1) = \frac{1}{2}(21.0 - 9.44) = 5.78$

알아두기

2.3.3 평균편차(Average Deviation, Mean Deviation)

대표값 A (산술평균 또는 중앙값)을 기준으로 계산한 편차의 절대치의 산술평균

변량 $x_1, x_2, \cdots, x_n$, 도수분포 $f_1, f_2, \cdots, f_n$, $N=\sum f$;

평균편차 $\mathrm{MD}=\frac{1}{N}\sum_{k=1}^{n} f_k|x_k-A|$, 평균편차계수(Coefficient of MD) ; $\mathrm{CMD}=\frac{\mathrm{MD}}{A}$

예제 **2.3.2** 평균 편차

다음 도수분포의 중앙값에 대한 평균편차 ?

성적	0~10	10~20	20~30	30~40	40~50
학생수	3	9	16	15	5

풀이

구간	중간값(x_k)	도수(f_k)	누적도수	$\lvert x_k-M_d\rvert$	$f_k\lvert x_k-M_d\rvert$
0 - 10	5	3	3	22.5	67.5
10 - 20	15	9	12	12.5	112.5
20 - 30	25	16	28	2.5	40.0
30 - 40	35	15	43	7.5	112.5
40 - 50	45	5	48	17.5	87.5
계		$N=48$			420.0

$N/2=48/2=24$ → 중앙계급 (20~30) , 중앙값 $M_d=l+\frac{h}{f}\left(\frac{N}{2}-C\right)=20+\frac{10}{16}(24-12)=27.5$

$$\Rightarrow \mathrm{MD}=\frac{1}{N}\sum_{k=1}^{n} f_k|x_k-M_d|=\frac{420.0}{48}=8.75$$

알아두기

2.3.4 표준편차(Standard Deviation)

편차제곱 평균 제곱근 (Root- Mean Square Deviation)

$$s = \sqrt{\frac{1}{N}\sum_{k=1}^{n} f_k (x_k - A)^2}, \quad A \ : \ \text{임의의 기준값}$$

표준편차(Standard Deviation) : 기준값이 $\bar{x}$ (산술평균) 일 때 편차제곱평균 제곱근

$$\sigma = \sqrt{\frac{1}{N}\sum_{k=1}^{n} f_k (x_k - \bar{x})^2}, \qquad \text{분산(variance)} : \sigma^2$$

표준편차의 계산

가. 직접법

$$\sigma^2 = \frac{1}{N}\sum_{k=1}^{n} f_k \cdot (x_k - \bar{x})^2 = \frac{1}{N}\sum_{k=1}^{n} f_k \cdot (x_k^2 - 2x_k\bar{x} + \bar{x}^2)$$

$$= \frac{1}{N}\sum_{k=1}^{n} f_k x_k^2 - 2\bar{x}\frac{1}{N}\sum_{k=1}^{n} f_k x_k + \bar{x}^2 \frac{1}{N}\sum_{k=1}^{n} f_k$$

$$= \frac{1}{N}\sum_{k=1}^{n} f_k x_k^2 - 2\bar{x}\cdot\bar{x} + \bar{x}^2 = \frac{1}{N}\sum_{k=1}^{n} f_k x_k^2 - \bar{x}^2$$

$$\Rightarrow \quad \sigma = \sqrt{\frac{1}{N}\sum_{k=1}^{n} f_k x_k^2 - \bar{x}^2} = \sqrt{\frac{1}{N}\sum_{k=1}^{n} f_k x_k^2 - \left(\frac{1}{N}\sum_{k=1}^{n} f_k x_k\right)^2}$$

알아두기

나. 기준값의 이동

임의의 기준값 a, 새로운 기준값 에 대한 편차 $d_k = x_k - a$

$$\rightarrow \quad \bar{d} = \bar{x} - a \quad \rightarrow \quad d_k - \bar{d} = x_k - \bar{x}$$

$$\therefore \quad \sigma_x = \sqrt{\frac{1}{N}\sum_{k=1}^{n} f_k \cdot (x_k - \bar{x})^2} = \sqrt{\frac{1}{N}\sum_{k=1}^{n} f_k \cdot (d_k - \bar{d})^2} = \sigma_d$$

$$\Rightarrow \quad \sigma_x = \sigma_d = \sqrt{\frac{1}{N}\sum_{k=1}^{n} f_k d_k^2 - \left(\frac{1}{N}\sum_{k=1}^{n} f_k d_k\right)^2}$$

다. 기준값 이동 및 눈금(**scale**) 조정

기준값 a, 새로운 눈금조정 값 $u_k = (x_k - a)/h$ **(** h **:** 눈금 조정비 **)**

$$\rightarrow \quad hu_k = x_k - a \quad \rightarrow \quad h\bar{u} = \bar{x} - a \quad \rightarrow \quad h(u_k - \bar{u}) = x_k - \bar{x}$$

$$\therefore \quad \sigma_x = \sqrt{\frac{1}{N}\sum_{k=1}^{n} f_k \cdot (x_k - \bar{x})^2} = \sqrt{\frac{1}{N}\sum_{k=1}^{n} f_k h^2 \cdot (u_k - \bar{u})^2} = h\sqrt{\frac{1}{N}\sum_{k=1}^{n} f_k \cdot (u_k - \bar{u})^2} = h\sigma_u$$

$$\Rightarrow \quad \sigma_x = h\sigma_u = h\sqrt{\frac{1}{N}\sum_{k=1}^{n} f_k u_k^2 - \left(\frac{1}{N}\sum_{k=1}^{n} f_k u_k\right)^2}$$

알아두기

☞ σ 와 s 의 관계 $(\bar{d} = \bar{x} - a)$

$$s^2 = \frac{1}{N}\sum_{k=1}^{n} f_k \cdot (x_k - a)^2 = \frac{1}{N}\sum_{k=1}^{n} f_k \cdot (x_k - \bar{x} + \bar{x} - a)^2$$

$$= \frac{1}{N}\sum_{k=1}^{n} f_k \cdot (x_k - \bar{x} + \bar{d})^2 = \frac{1}{N}\sum_{k=1}^{n} f_k \cdot \left[(x_k - \bar{x})^2 + \bar{d}^2 + 2\bar{d}(x_k - \bar{x})\right]$$

$$= \frac{1}{N}\sum_{k=1}^{n} f_k \cdot (x_k - \bar{x})^2 + \frac{\bar{d}^2}{N}\sum_{k=1}^{n} f_k + \frac{2\bar{d}}{N}\sum_{k=1}^{n} f_k \cdot (x_k - \bar{x})$$

$$= \sigma^2 + \frac{\bar{d}^2}{N}N + 2\bar{d}\left(\frac{1}{N}\sum_{k=1}^{n} f_k x_k - \bar{x}\frac{1}{N}\sum_{k=1}^{n} f_k\right)$$

$$= \sigma^2 + \bar{d}^2 + 2\bar{d}(\bar{x} - \bar{x}) = \sigma^2 + \bar{d}^2$$

$\Rightarrow$ $s^2 = \sigma^2 + \bar{d}^2$ $\rightarrow$ $s^2 \geq \sigma^2$ $\Rightarrow$ $\bar{d} = \bar{x} - a = 0$ 즉, 기준치 $a = \bar{x}$ (산술평균)일 때 s 최소

$\therefore$ 표준편차 $\rightarrow$ 최소 편차 제곱 평방근 (**least root-mean square deviation**)

알아두기

예제 2.3.3 표준 편차

다음 도수분포의 평균값 및 표준편차 ?

변 량	5~10	10~15	15~20	20~25	25~30	30~35	35~40	40~45	45~50	50~55	55~60	60~65
도 수	5	7	8	10	17	21	20	16	16	13	9	3

풀이 ; 편의상, 계급의 중간값 중, 중심 부근에 위치한 가평균 $a=37.5$를 택하여 표를 만들면($h=5$),

구간	중간값(x_k)	도수	$u_k=(x_k-37.5)/5$	$f_k u_k$	$f_k u_k^2$
5 - 10	7.5	5	-6	-30	180
10 - 25	12.5	7	-5	-35	175
15 - 20	17.5	8	-4	-32	128
20 - 25	22.5	10	-3	-30	90
25 - 30	27.5	17	-2	-34	68
30 -35	32.5	21	-1	-21	21
35 - 40	37.5	20	0	0	0
40 - 45	42.5	16	1	16	16
45 – 50	47.5	16	2	32	64
50 - 55	52.5	13	3	39	117
55 - 60	57.5	9	4	36	144
60 - 65	62.5	3	5	15	75
계		$N=145$		-44	1,078

$$\Rightarrow \quad \bar{x}=a+\frac{h}{N}\sum fu=37.5+\frac{5}{145}(-44)=36.0$$

$$\sigma_x=h\sigma_u=h\sqrt{\frac{1}{N}\sum fu^2-\left(\frac{1}{N}\sum fu\right)^2}=5\sqrt{\frac{1{,}078}{145}-\left(\frac{-44}{145}\right)^2}=5\times 2.71=13.55$$

알아두기

정리 2.3.1 합성 자료열의 분산

분포 1 ; $x_i,\ f_i\ (i=1,2,\cdots,n_1),\ \bar{x}_1,\ \sigma_1$, **분포 2** ; $x_j,\ f_j\ (j=1,2,\cdots,n_2),\ \bar{x}_2,\ \sigma_2$

⇒ **2 분포의 합성** n_1+n_2 **자료열의 분산** $\sigma^2=\dfrac{n_1\sigma_1^2+n_2\sigma_2^2}{n_1+n_2}+\dfrac{n_1n_2}{(n_1+n_2)^2}(\bar{x}_1-\bar{x}_2)^2$

증명 : 공통 가평균 a**를 기준한 분포 1, 2 및 합성분포의 편차제곱평균을 각각** $s_1^2,\ s_1^2,\ s^2$ **라면;**

$$s^2=\frac{1}{n_1+n_2}\sum_{k=1}^{n_1+n_2}f_k(x_k-a)^2=\frac{1}{n_1+n_2}\left[\sum_{i=1}^{n_1}f_i(x_i-a)^2+\sum_{j=n_1+1}^{n_1+n_2}f_j(x_j-a)^2\right]=\frac{n_1s_1^2+n_2s_2^2}{n_1+n_2}$$

$$=\frac{n_1(\sigma_1^2+\bar{d}_1^2)+n_2(\sigma_2^2+\bar{d}_2^2)}{n_1+n_2}=\frac{n_1\sigma_1^2+n_2\sigma_2^2}{n_1+n_2}+\frac{n_1\bar{d}_1^2+n_2\bar{d}_2^2}{n_1+n_2}$$

($s_l^2=\dfrac{1}{n_l}\displaystyle\sum_{k=1}^{n_l}f_k(x_k-a)^2$, $s_l^2=a^2+\bar{d}_l^2$ ($\bar{d}_l=\bar{x}_l-a$) , $l=1,2$)

$a=\bar{x}$ 이면, $s^2=\sigma^2$, $\bar{x}=\dfrac{n_1\bar{x}_1+n_2\bar{x}_2}{n_1+n_2}$ → $\bar{d}_1=\bar{x}_1-\bar{x}=\dfrac{n_2(\bar{x}_1-\bar{x}_2)}{n_1+n_2}$, $\bar{d}_2=\bar{x}_2-\bar{x}=\dfrac{n_1(\bar{x}_2-\bar{x}_1)}{n_1+n_2}$

→ $n_1\bar{d}_1^2+n_2\bar{d}_2^2=\dfrac{n_1n_2^2(\bar{x}_1-\bar{x}_2)^2+n_2n_1^2(\bar{x}_2-\bar{x}_1)^2}{(n_1+n_2)^2}=\dfrac{n_1n_2(\bar{x}_1-\bar{x}_2)^2}{n_1+n_2}$ ⇒ $s^2=\sigma^2=\dfrac{n_1\sigma_1^2+n_2\sigma_2^2}{n_1+n_2}+\dfrac{n_1n_2(\bar{x}_1-\bar{x}_2)^2}{(n_1+n_2)^2}$

알아두기

예제 2.3.4 합성 분포의 표준편차

두 개의 분포 n_1, $\bar{x}_1$, σ_1 및 n_2, $\bar{x}_2$, σ_2 를 합성한 자료열의 분포가 $n = n_1 + n_2 = 250$

$\bar{x} = 16.3$, $\sigma = 3.5$ 이라면, $n_1 = 120$, $\bar{x}_1 = 15$, $\sigma_1 = 3$ 일 때 σ_2 의 값은 ?

풀이

제 2 분포 ; $n_2 = 250 - 120 = 130$

$$\bar{x} = \frac{n_1\bar{x}_1 + n_2\bar{x}_2}{n_1 + n_2} \text{ 로부터 } 16.3 = \frac{120\times15 + 130\times\bar{x}_2}{250} \quad \rightarrow \quad \bar{x}_2 = 17.5$$

또한, $\sigma^2 = \dfrac{n_1\sigma_1^2 + n_2\sigma_2^2}{n_1 + n_2} + \dfrac{n_1 n_2}{(n_1 + n_2)^2}(\bar{x}_1 - \bar{x}_2)^2$ 로부터

$$3.5^2 = \frac{120(3)^2 + 130\sigma_2^2}{250} + \frac{120\times130}{250^2}(15 - 17.5)^2$$

$$\rightarrow \quad \sigma_2^2 = 12.25 \quad \rightarrow \quad \sigma_2 = \sqrt{12.25} = 3.5$$

알아두기

2.3.5 산포 측도 간의 관계

(평균편차) $\mathrm{MD} = \frac{4}{5}\sigma$ (표준편차)

(4 분위편차) $\mathrm{QD} = \frac{2}{3}\sigma$ (표준편차)

산포도 계수(CD ; Coefficient of Disoersion)

i) 범위 기준 ; $\mathrm{CD} = \frac{x_{\max} - x_{\min}}{x_{\max} + x_{\min}}$

ii) 4 분위편차 기준 ; $\mathrm{CD} = \frac{x_{\max} - x_{\min}}{x_{\max} + x_{\min}}$

iii) 평균편차 기준 ; $\mathrm{CD} = \frac{\mathrm{MD}(\text{평균편차})}{A(\text{평균값})}$

iv) 표준편차 기준 ; $\mathrm{CD} = \frac{\sigma}{\bar{x}}$

☞ 분산계수(Coefficient of Variation) ; $\mathrm{CV} = \frac{\sigma}{\bar{x}} \times 100$

알아두기

☞ 분산계수(CV)의 의미 ;

- 분산계수는 '대표값에 대한 표준편차의 비'를 백분율(%)로 표시한 것임.
- 분산계수가 적다는 것은 변량들이 상대적으로 대표값 부근에 몰려 있다는 의미임.

→ 분산계수' 는 변량들의 변동이 얼만큼 심한가를 나타내는 **견실성**(Consistency)의 지표(index)로 사용할 수 있음.

예제 **2.3.5** 견실성**(consistency)** 비교

다음은 두 프로축구팀의 상반기 경기 득점 성적이다. 두 팀 득점력의 견실성을 비교하면 **?**

게임 당 득점수		0	1	2	3	4	5
게임 수	**A** 팀	28	12	10	5	3	0
	B 팀	17	10	9	6	2	1

풀이 **;** 편의상, 득점 중 중간 부근에 위치한 가평균 $a=2$를 택하여 표를 만들면 **,**

득점 (x_k)	$d_k = x_k - 2$	**A** 팀			**B** 팀		
		게임 수	$f_k d_k$	$f_k d_k^2$	게임 수	$f_k d_k$	$f_k d_k^2$
0	-2	28	-56	112	17	-34	68
1	-1	12	-12	12	10	-10	10
2	0	10	0	0	9	0	0
3	1	5	5	5	6	6	6
4	2	3	6	12	2	4	8
5	3	0	0	0	1	3	9
계		$N_A = 58$	-57	141	$N_B = 45$	-31	101

$$\Rightarrow \quad \bar{x}_A = a + \frac{1}{N_A}\sum fd = 2 + \frac{(-57)}{58} = 1.02 \ , \quad \bar{x}_B = a + \frac{1}{N_B}\sum fd = 2 + \frac{(-31)}{45} = 1.31$$

$$\sigma_A = \sqrt{\frac{1}{N_A}\sum fd^2 - \left(\frac{1}{N}\sum fd\right)^2} = \sqrt{\frac{141}{58} - \left(\frac{-57}{58}\right)^2} = 1.21 \ , \quad \sigma_B = \sqrt{\frac{1}{N_B}\sum fd^2 - \left(\frac{1}{N}\sum fd\right)^2} = \sqrt{\frac{101}{45} - \left(\frac{-31}{45}\right)^2} = 1.33$$

$\Rightarrow$ 분산계수 $\mathrm{CV}_A = \frac{\sigma_A}{\bar{x}_A} \times 100 = 118.6 \ > \ \mathrm{CV}_B = \frac{\sigma_B}{\bar{x}_B} \times 100 = 101.5$ $\Rightarrow$ **B** 팀의 득점력이 더 견실**(** 변동이 적음 **)**

알아두기

2.4 모멘트(적률, Moment)

2.4.1 임의 기준값에 관한 모멘트

기준값 A에 관한 변량 x의 m차 모멘트 ; $\mu'_m = \dfrac{1}{N}\sum_{k=1}^{n} f_k (x_k - A)^m$, $N = \sum_{k=1}^{n} f_k$

☞ 원점에 관한 m차 모멘트 ; $\mu'_m = \dfrac{1}{N}\sum_{k=1}^{n} f_k\, x_k^m$ ($A = 0$)

특별히, 산술평균값 $\bar{x}$에 관한 m차 모멘트 (즉, $A = \bar{x}$) ;

$$\mu_m = \frac{1}{N}\sum_{k=1}^{n} f_k (x_k - \bar{x})^m$$

☞ $$\mu_0 = \frac{1}{N}\sum_{k=1}^{n} f_k (x_k - \bar{x})^0 = \frac{1}{N}\sum_{k=1}^{n} f_k = \frac{1}{N} N = 1$$

$$\mu_1 = \frac{1}{N}\sum_{k=1}^{n} f_k (x_k - \bar{x}) = \frac{1}{N}\sum_{k=1}^{n} f_k x_k - \bar{x}\frac{1}{N}\sum_{k=1}^{n} f_k = \bar{x} - \bar{x} = 0$$

$$\mu_2 = \frac{1}{N}\sum_{k=1}^{n} f_k (x_k - \bar{x})^2 = \sigma^2$$ (분산의 정의)

알아두기

2.4.2 임의 기준값과 산술평균에 관한 모멘트 간의 관계

$$\mu'_m = \frac{1}{N}\sum_{k=1}^{n} f_k (x_k - A)^m = \frac{1}{N}\sum_{k=1}^{n} f_k d_k^m , \qquad d_k = x_k - A$$

$$m=1 \; ; \; \mu'_1 = \frac{1}{N}\sum_{k=1}^{n} f_k d_k \quad \rightarrow \quad \bar{x} = A + \frac{1}{N}\sum_{k=1}^{n} f_k d_k = A + \mu'_1 \quad \rightarrow \quad \mu'_1 = \bar{x} - A$$

$$\Rightarrow \quad \mu_m = \frac{1}{N}\sum_{k=1}^{n} f_k (x_k - \bar{x})^m = \frac{1}{N}\sum_{k=1}^{n} f_k \left((x_k - A) - (\bar{x} - A)\right)^m = \frac{1}{N}\sum_{k=1}^{n} f_k (d_k - \mu'_1)^m$$

$$= \frac{1}{N}\sum_{k=1}^{n} f_k \left(d_k^m - {}_m\mathrm{C}_1 d_k^{m-1}\mu'_1 + {}_m\mathrm{C}_2 d_k^{m-2}\mu_1'^2 - {}_m\mathrm{C}_3 d_k^{m-3}\mu_1'^3 + \cdots + (-1)^m \mu_1'^m\right) \qquad (\text{이항정리})$$

$$= \frac{1}{N}\sum_{k=1}^{n} f_k d_k^m - {}_m\mathrm{C}_1\left(\frac{1}{N}\sum_{k=1}^{n} f_k d_k^{m-1}\right)\mu'_1 + {}_m\mathrm{C}_2\left(\frac{1}{N}\sum_{k=1}^{n} f_k d_k^{m-2}\right)\mu_1'^2 - {}_m\mathrm{C}_3\left(\frac{1}{N}\sum_{k=1}^{n} f_k d_k^{m-3}\right)\mu_1'^3 + \cdots + (-1)^m\left(\frac{1}{N}\sum_{k=1}^{n} f_k\right)\mu_1'^m$$

$$= \mu'_m - {}_m\mathrm{C}_1 \mu'_{m-1}\mu'_1 + {}_m\mathrm{C}_2 \mu'_{m-2}\mu_1'^2 - {}_m\mathrm{C}_3 \mu'_{m-3}\mu_1'^3 + \cdots + (-1)^m \mu'_0 \mu_1'^m \quad \left(\mu'_0 = \frac{1}{N}\sum_{k=1}^{n} f_k d_k^0 = \frac{1}{N}\sum_{k=1}^{n} f_k = \frac{1}{N} N = 1 = \mu_0 \right)$$

☞ $m = 2, 3, 4 \; ;$

$$\mu_2 = \mu'_2 - 2\mu'_1\mu'_1 + \mu'_0\mu_1'^2 = \mu'_2 - \mu_1'^2 \qquad (\because \mu'_0 = 1)$$

$$\mu_3 = \mu'_3 - 3\mu'_2\mu'_1 + 3\mu'_1\mu_1'^2 - \mu'_0\mu_1'^3 = \mu'_3 - 3\mu'_2\mu'_1 + 2\mu_1'^3$$

$$\mu_4 = \mu'_4 - 4\mu'_3\mu'_1 + 6\mu'_2\mu_1'^2 - 4\mu'_1\mu_1'^3 + \mu'_0\mu_1'^4 = \mu'_4 - 4\mu'_3\mu'_1 + 6\mu'_2\mu_1'^2 - 3\mu'_1\mu_1'^3$$

알아두기

또는 , 앞에 것과 역으로 생각하면,

$$\mu_m = \frac{1}{N}\sum_{k=1}^{n} f_k (x_k - \bar{x})^m = \frac{1}{N}\sum_{k=1}^{n} f_k d_k^m , \qquad d_k = x_k - \bar{x}$$

이므로,

$$\mu'_m = \frac{1}{N}\sum_{k=1}^{n} f_k (x_k - A)^m = \frac{1}{N}\sum_{k=1}^{n} f_k \left((x_k - \bar{x}) + (\bar{x} - A)\right)^m = \frac{1}{N}\sum_{k=1}^{n} f_k (d_k + \mu'_1)^m$$

$$= \frac{1}{N}\sum_{k=1}^{n} f_k \left(d_k^m + {}_m\mathrm{C}_1 d_k^{m-1}\mu'_1 + {}_m\mathrm{C}_2 d_k^{m-2}\mu_1'^2 + {}_m\mathrm{C}_3 d_k^{m-3}\mu_1'^3 + \cdots + \mu_1'^m\right) \qquad (\text{이항정리})$$

$$= \frac{1}{N}\sum_{k=1}^{n} f_k d_k^m + {}_m\mathrm{C}_1\left(\frac{1}{N}\sum_{k=1}^{n} f_k d_k^{m-1}\right)\mu'_1 + {}_m\mathrm{C}_2\left(\frac{1}{N}\sum_{k=1}^{n} f_k d_k^{m-2}\right)\mu_1'^2 + {}_m\mathrm{C}_3\left(\frac{1}{N}\sum_{k=1}^{n} f_k d_k^{m-3}\right)\mu_1'^3 + \cdots + \left(\frac{1}{N}\sum_{k=1}^{n} f_k\right)\mu_1'^m$$

$$= \mu_m + {}_m\mathrm{C}_1\mu_{m-1}\mu'_1 + {}_m\mathrm{C}_2\mu_{m-2}\mu_1'^2 + {}_m\mathrm{C}_3\mu_{m-3}\mu_1'^3 + \cdots + \mu_0\mu_1'^m \qquad (\mu_0 = 1)$$

☞ $m = 2, 3, 4$;

$\mu_0 = 1,\ \mu_1 = 0$ 이므로, $\mu'_2 = \mu_2 + 2\mu_1\mu'_1 + \mu_0\mu_1'^2 = \mu_2 + \mu_1'^2$

$$\mu'_3 = \mu_3 + 3\mu_2\mu'_1 + 3\mu_1\mu_1'^2 + \mu_0\mu_1'^3 = \mu_3 + 3\mu_2\mu'_1 + \mu_1'^3$$

$$\mu'_4 = \mu_4 - 4\mu_3\mu'_1 + 6\mu_2\mu_1'^2 - 4\mu_1\mu_1'^3 + \mu_0\mu_1'^4 = \mu_4 - 4\mu_3\mu'_1 + 6\mu_2\mu_1'^2 + \mu_1'^4$$

알아두기

2.4.3 기준값 및 눈금 변화에 따른 모멘트의 영향

$u_k = (x_k - A)/h$ 라 두면, $x_k = A + hu_k \quad \rightarrow \quad \bar{x} = A + h\bar{u} \quad \rightarrow \quad x_k - \bar{x} = h(u_k - \bar{u})$

$$\Rightarrow \quad \mu'_m = \frac{1}{N}\sum_{k=1}^{n} f_k (x_k - A)^m = \frac{1}{N}\sum_{k=1}^{n} f_k (hu_k)^m = h^m \frac{1}{N}\sum_{k=1}^{n} f_k u_k^m$$

$$\mu_m = \frac{1}{N}\sum_{k=1}^{n} f_k (x_k - \bar{x})^m = \frac{1}{N}\sum_{k=1}^{n} f_k h^m (u_k - \bar{u})^m = h^m \frac{1}{N}\sum_{k=1}^{n} f_k (u_k - \bar{u})^m$$

2.4.4 모멘트의 정밀성

가. 계급구간별 도수분포의 경우,

" 변량값이 계급의 중간 값에 집중되어 있다"는 가정 때문에 발생하는 모멘트 값 오차의 보정 (**Sheppard** 의 보정)

$$\mu_2^c = \mu_2 - \frac{1}{12}h^2$$

$$\mu_3^c = \mu_3$$

$$\mu_4^c = \mu_4 - \frac{1}{2}h^2\mu_2 + \frac{7}{240}h^4$$

h : 계급구간의 폭

(윗첨자 c : 보정된 값)

알아두기

나. 모멘트(처음 4개) 계산의 정밀성 검증 - **Charlier 의 검증**

$$\sum f_k(x_k+1) = \sum f_k x_k + \sum f_k = \sum f_k x_k + N$$

$$\sum f_k(x_k+1)^2 = \sum f_k x_k^2 + 2\sum f_k x_k + N$$

$$\sum f_k(x_k+1)^3 = \sum f_k x_k^3 + 3\sum f_k x_k^2 + 3\sum f_k x_k + N$$

$$\sum f_k(x_k+1)^4 = \sum f_k x_k^4 + 4\sum f_k x_k^3 + 6\sum f_k x_k^2 + 4\sum f_k x_k + N$$

다. **Pearson** β, γ 계수

분포의 왜도나 첨도를 나타내기 위하여 다음과 같은 계수를 정의함. ☞ **2.5 절**

$$\beta_1 = \frac{\mu_3^2}{\mu_2^3}, \quad \beta_2 = \frac{\mu_4}{\mu_2^2}$$

$$\gamma_1 = \sqrt{\beta_1}, \quad \gamma_2 = \beta_2 - 3$$

알아두기

예제 2.4.1 모멘트 및 Pearson 계수

다음 도수분포에서 평균값에 관한 처음 4가지 모멘트와 산포계수 및 Pearson β계수 ?

x	0	1	2	3	4	5	6	7	8
f	1	6	31	54	65	55	32	5	1

풀이 ;

x_k	f_k	$f_k x_k$	$d_k = x_k - \bar{x}$	$f_k d_k$	$f_k d_k^2$	$f_k d_k^3$	$f_k d_k^4$
0	1	0	-4	-4	16	-64	256
1	6	6	-3	-18	54	-162	486
2	31	62	-2	-62	114	-248	496
3	54	162	-1	-54	54	-54	54
4	65	260	0	0	0	0	0
5	55	275	1	55	55	55	55
6	32	192	2	64	124	256	512
7	5	35	3	15	45	135	405
8	1	8	4	4	16	64	256
계	$N=250$	1,000	0	0	492	-18	2,520

먼저 평균값 을 구하면 , $\bar{x} = \frac{1}{N}\sum fx = \frac{1{,}000}{250} = 4$

$\Rightarrow \quad \mu_1 = \frac{1}{N}\sum fd = \frac{0}{250} = 0$, $\mu_2 = \frac{1}{N}\sum fd^2 = \frac{492}{250} = 1.968$,

$\mu_3 = \frac{1}{N}\sum fd^3 = \frac{-18}{250} = -0.072$, $\mu_4 = \frac{1}{N}\sum fd^4 = \frac{2{,}520}{250} = 10.08$

$\Rightarrow \quad \beta_1 = \frac{\mu_3^2}{\mu_2^3} = \frac{(-0.072)^2}{1.968^3} = 0.0$, $\beta_2 = \frac{\mu_4}{\mu_2^2} = \frac{10.08}{1.968^2} = 2.60$

알아두기

2.5 분포형상의 측도 (Measure of Distribution Shape)

2.5.1 일그러짐 정도 (왜도, Skewness)

도수분포가 평균값에 관해서 대칭이면,

→ 평균값(M) = 중앙값(M_d) = 최빈값(M_o), $Q_3 - M = M - Q_1$

왜도 - 도수분포가 일그러진 정도 (비대칭 정도) ☞ 오른 쪽으로 치우친 분포 : 왜도 > 0

가. 왜도의 요건

- 변량의 단위와 무관한 무명수
- 도수분포가 대칭이면 왜도값 = 0

나. 왜도계수 (SC ; Coefficient of Skewness)

Bowley 계수 : $S_k = \dfrac{(Q_3 - M_d) - (M_d - Q_1)}{(Q_3 - M_d) + (M_d - Q_1)} = \dfrac{Q_3 - Q_1 - 2M_d}{Q_3 - Q_1}$, $-1 \le \text{Bowley} S_k \le 1$

Karl Pearson 계수 : $S_k = \dfrac{M - M_o}{\sigma} = \dfrac{\text{평균값} - \text{최빈값}}{\text{표준편차}}$, $-3 \le \text{Pearson } S_k \le 3$

☞ 최빈값이 정해지지 않는 경우; $M_o = 3M_d - 2M \rightarrow S_k = \dfrac{3(M - M_d)}{\sigma}$

적률을 이용한 왜도 계수 (Coefficient of Skewness) : $S_k = \dfrac{\sqrt{\beta_1}(\beta_2 + 3)}{2(5\beta_2 - 6\beta_1 - 9)}$

알아두기

예제 2.5.1 산포도 계수 및 왜도 계수

다음은 어떤 **210** 명 집단의 체중분포를 나타낸 것이다. 이 도수분포의 산포계수 및 왜도계수는 ?

체 중	40~50	50~60	60~70	70~80	80~90	90~100	100~110
인원수	11	21	36	44	52	41	5

풀이 ; 편의상, 계급의 중간값 중 가운데에 위치한 가평균 $a=75$를 택하여 표를 만들면($h=10$),

구간	중간값(x_k)	도수	누적도수	$u_k=\frac{(x_k-75)}{10}$	$f_k u_k$	$f_k u_k^2$
40 - 50	45	11	11	-3	-33	99
50 - 60	55	21	32	-2	-42	84
60 - 70	65	36	68	-1	-36	36
70 - 80	75	44	112	0	0	0
80 - 90	85	52	164	1	52	52
90 -100	95	41	205	2	82	164
100 - 110	105	5	210	3	15	45
계		$N=210$			38	480

⇒ 평균값 $M(=\bar{x})=a+\frac{h}{N}\sum fu=75+10\times\frac{38}{210}=76.81$,

최빈구간 ; $(80-90)$ → $f_m=52,\ f_1=44,\ f_2=41,\ l=80,\ h=10$,

최빈값 $M_o=l+\frac{f_m-f_1}{2f_m-f_1-f_2}\times h=84.21$, $\sigma=h\sqrt{\frac{1}{N}\sum fu^2-\left(\frac{1}{N}\sum fu\right)^2}=10\sqrt{\frac{480}{210}-\left(\frac{38}{210}\right)^2}=15.01$

⇒ $\mathrm{CD}=\frac{\sigma}{M}=\frac{15.01}{76.81}=0.195$, $S_k=\frac{M-M_o}{\sigma}=\frac{76.81-84.21}{15.01}=-0.49$

알아두기

다. Pearson 계수 β_1와 왜도

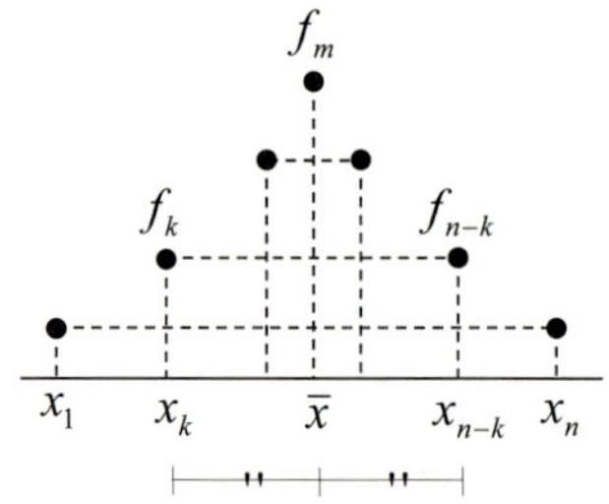

홀수번 모멘트 ; $\mu_{2m+1} = \dfrac{1}{N}\sum_{k=1}^{n} f_k (x_k - \bar{x})^{2m+1}$, $N = \sum_{k=1}^{n} f_k$

대칭분포의 경우, $(x_k - \bar{x}) = -(x_{n-k} - \bar{x})$, $f_k = f_{n-k}$

$\rightarrow$ $f_k (x_k - \bar{x})^{2m+1} + f_{n-k}(x_{n-k} - \bar{x})^{2m+1} = 0$

($\bar{x}$ 중심 좌우 대칭 항 서로 상쇄)

$\rightarrow$ $\mu_{2m+1} = \dfrac{1}{N}\sum_{k=1}^{n} f_k (x_k - \bar{x})^{2m+1} = 0$ (n이 홀수인 경우, $f_m (x_m - \bar{x})^{2m+1} = f_m (\bar{x} - \bar{x})^{2m+1} = 0$)

$\Rightarrow$ 대칭분포 $\rightarrow$ 평균값에 관한 모든 홀수번 모멘트 **= 0**

따라서, $\mu_3 = 0$ $\rightarrow$ $\beta_1 = \dfrac{\mu_3^2}{\mu_2^3} = 0$ 즉, 대칭분포 $\rightarrow$ $\beta_1 = 0$

$\Rightarrow$ $\beta_1 \neq 0$ $\rightarrow$ 분포는 비대칭

$\Rightarrow$ **Pearson** 계수 β_1 를 비대칭 정도의 측도, 즉 " 왜도의 측도 "로 사용 가능

알아두기

2.5.2 첨도 (Kurtosis)

분산(또는 표준편차)이 같은 분포라도 뾰족한 정도가 다를 수 있음 → 첨도 (Kurtosis)

첨도의 측도 : **Pearson** 계수 β_2

가. 정규(**normal**) , 또는 중첨(**mesokurtic**) ;

$\beta_2 = 3$ 즉, $\gamma_2 = 0$

→ 뾰족한 정도가 보통인 경우 (그림 A)

나. 평첨(**platykurtic**) ;

$\beta_2 < 3$ 즉, $\gamma_2 < 0$

→ 뾰족한 정도가 약한 경우 (그림 B)

다. 급첨 곡선(**leptokurtic Curve**) ;

$\beta_2 > 3$ 즉, $\gamma_2 > 0$

→ 뾰족한 정도가 심한 경우 (그림 C)

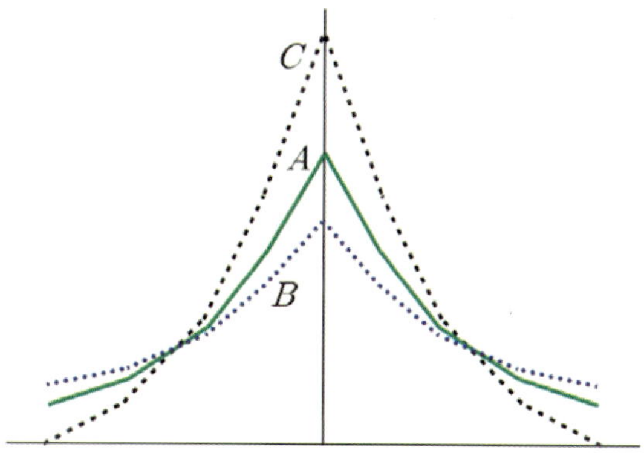

알아두기

2.6 상관 (Correlation)

2 변량분포 (x_i, y_i), $i=1,2,\cdots,n$ 에서, 한 변량의 변화가 다른 변량의 변화에 영향을 미칠 때

→ 두 변량은 상관관계(correlation)가 있다고 함.

☞ 상관관계의 부호 :

정방향(direct) 또는 양방향 (positive) - 2 변량의 변화방향이 같을 때; 증가(감소) → 증가(감소)
(예) 수입이 증가하면, 지출도 증가

역방향(inverse) 또는 양방향(negative) - 2 변량의 변화방향이 다를 때; 증가(감소) → 감소(증가)
(예) 가격이 증가하면, 수요는 감소

☞ 완전한(perfect) 상관관계 - 한 변량의 편차와 대응하는 다른 변량의 편차가 비례할 때

2.6.1 점도표(Scatter Diagram, Dot Diagram)

2 변량분포 (x_i, y_i), $i=1,2,\cdots,n$ 의 관계를 xy 축에 점(순서쌍)으로 표시한 그림

☞ 점들이 모여 있으면 → 상관관계 높음.
점들이 흩어져 있으면 → 상관관계 낮음.

알아두기

2.6.2 상관계수 (Coefficient of Correlation)

가. **Karl Pearson 상관계수, 또는 곱적률 (product moment) 상관계수**

2 변량 x, y간 상관 계수 ; r_{xy} 또는 $r(x,y)$

$$r_{xy} = \frac{\sum(x_i-\bar{x})(y_i-\bar{y})}{\sqrt{\sum(x_i-\bar{x})^2\sum(y_i-\bar{y})^2}} = \frac{\frac{1}{n}\sum(x_i-\bar{x})(y_i-\bar{y})}{\sqrt{\frac{1}{n}\sum(x_i-\bar{x})^2\cdot\frac{1}{n}\sum(y_i-\bar{y})^2}} = \frac{\frac{1}{n}\sum(x_i-\bar{x})(y_i-\bar{y})}{\sigma_x\sigma_y}$$

☞ 상관계수는 기준값과 눈금(scale)에 독립적 !

$$u=\frac{x-a}{h},\ v=\frac{y-b}{k} \quad (a,\ b,\ h,\ k\ :\ \text{상수}) \quad \rightarrow \quad r_{xy}=r_{uv}$$

나. 상관계수의 계산

$$\frac{1}{n}\sum(x_i-\bar{x})(y_i-\bar{y}) = \frac{1}{n}\sum x_i y_i - \bar{y}\frac{1}{n}\sum x_i - \bar{x}\frac{1}{n}\sum y_i + \bar{x}\bar{y}\frac{1}{n}\sum(1) = \frac{1}{n}\sum x_i y_i - \bar{x}\cdot\bar{y}$$

또한, $\sigma_x^2 = \frac{1}{n}\sum x_i^2 - \bar{x}^2$, $\sigma_y^2 = \frac{1}{n}\sum y_i^2 - \bar{y}^2$ $\Rightarrow$ $r_{xy} = \frac{\frac{1}{n}\sum x_i y_i - \bar{x}\bar{y}}{\sqrt{\left(\frac{1}{n}\sum x_i^2-\bar{x}^2\right)\left(\frac{1}{n}\sum y_i^2-\bar{y}^2\right)}}$

또는, $r_{xy} = r_{uv} = \frac{\frac{1}{n}\sum u_i v_i - \bar{u}\bar{v}}{\sqrt{\left(\frac{1}{n}\sum u_i^2-\bar{u}^2\right)\left(\frac{1}{n}\sum v_i^2-\bar{v}^2\right)}}$ (단, $u=\frac{x-a}{h}$, $v=\frac{y-b}{k}$)

알아두기

예제 2.6.1 상관계수

다음 두 변량의 상관계수 ?

x	7	12	17	22	27	32	37
y	28	14	21	7	35	42	35

풀이 ; $n=7$, 편의상 $u=(x-22)/5$, $v=(x-28)/7$ 로 두면,

x	y	u	v	u^2	v^2	uv
7	28	-3	0	9	0	0
12	14	-2	-2	4	4	4
17	21	-1	-1	1	1	1
22	7	0	-3	0	9	0
27	35	1	1	1	1	1
32	42	2	2	4	4	4
37	35	3	1	9	1	3
계		0	-2	28	20	13

$$\Rightarrow \quad \bar{u}=\frac{1}{n}\sum u_i=\frac{1}{7}(0)=0 \quad , \quad \bar{v}=\frac{1}{n}\sum v_i=\frac{1}{7}(-2)=-\frac{2}{7}$$

$$r_{xy}=r_{uv}=\frac{\frac{1}{n}\sum u_i v_i-\overline{uv}}{\sqrt{\left(\frac{1}{n}\sum u_i^2-\bar{u}^2\right)\left(\frac{1}{n}\sum v_i^2-\bar{v}^2\right)}}=\frac{\frac{1}{7}(13)-0(\frac{-2}{7})}{\sqrt{\left(\frac{1}{7}(28)-0^2\right)\left(\frac{1}{7}(20)-\left(\frac{-2}{7}\right)^2\right)}}=0.557$$

알아두기

예제 2.6.2 합성 변량의 분산

2 변량 x, y의 상관계수가 r일 때, 합성 변량 $z = ax + by$의 분산 $\sigma_z^2 = a^2\sigma_x^2 + b^2\sigma_y^2 + 2abr\sigma_x\sigma_y$ 증명

풀이

$$z = ax + by \quad \rightarrow \quad \bar{z} = a\bar{x} + b\bar{y} \quad \rightarrow \quad z_i - \bar{z} = a(x_i - \bar{x}) + b(y_i - \bar{y})$$

$$\Rightarrow \sigma_z^2 = \frac{1}{n}\sum(z_i - \bar{z})^2 = \frac{1}{n}\sum\left[a(x_i - \bar{x}) + b(y_i - \bar{y})\right]^2 = \frac{1}{n}\sum\left[a^2(x_i - \bar{x})^2 + b^2(y_i - \bar{y})^2 + 2ab(x_i - \bar{x})(y_i - \bar{y})\right]^2$$

$$= a^2\frac{1}{n}\sum(x_i - \bar{x})^2 + b^2\frac{1}{n}\sum(y_i - \bar{y})^2 + 2ab\frac{1}{n}\sum(x_i - \bar{x})(y_i - \bar{y}) = a^2\sigma_x^2 + b^2\sigma_y^2 + 2abr\sigma_x\sigma_y$$

$$\left(\because \ r = \frac{1}{n}\sum(x_i - \bar{x})(y_i - \bar{y})/(\sigma_x\sigma_y) \right)$$

2.6.3 2 변량 도수분포의 상관계수

2 변량도수 분포 $x_i, y_j, f_{ij}\ (\sum f_{ij} = n)$ 의 상관계수 ;

$$r_{xy} = \frac{\sum f_{ij}x_i y_j - \frac{1}{n}\sum f_{ij}x_i \sum f_{ij}y_i}{\sqrt{\left[\sum f_i x_i^2 - \frac{1}{n}\left(\sum f_i x_i\right)^2\right]\left[\sum f_j y_j^2 - \frac{1}{n}\left(\sum f_j y_i\right)^2\right]}}, \quad f_i = \sum_j f_{ij}, \quad f_j = \sum_i f_{ij}$$

☞ 상관계수는 기준값, 눈금크기에 무관 → $r_{xy} = r_{uv}$

알아두기

예제 2.6.3 2 변량 도수분포의 상관계수

대학생 100 명에 대한 학년별 공인영어성적(100 점 만점) 도수분포에서 학년과 영어성적의 상관계수 ?

성적(x) \ 학년(y)	1	2	3	4	f_i
40-50	5	2	1	0	8
50-60	6	5	5	2	18
60-70	8	8	8	7	31
70-80	5	5	6	8	24
80-90	1	2	4	5	12
90-100	0	1	3	3	7
f_j	25	23	27	25	100

풀이 ; $u=(x-65)/10$, $v=(y-3)/1$ 으로 두면,

중간값(x) \ 나이(y)	1	2	3	4	$\sum$	u	fu	fu^2	$u_i \sum_j f_{ij} v_{ij}$
45	5	2	1	0	8	-2	-16	32	24
55	6	5	5	2	18	-1	-18	18	15
65	8	8	8	7	31	0	0	0	0
75	5	5	6	8	24	1	24	24	-7
85	1	2	4	5	12	2	24	48	2
95	0	1	3	3	7	3	21	63	6
$\sum$	25	23	27	25	100		35	185	40
v	-2	-1	0	1					
fv	-50	-23	0	25	-48				
fv^2	100	23	0	25	148				
$v_j \sum_i f_{ij} u_{ij}$	18	-3	0	25	40				

$$\Rightarrow \quad r_{xy}=r_{uv}=\left(40-\frac{1}{100}(35)(-48)\right)\Big/\sqrt{\left(185-\frac{1}{100}(35)^2\right)\left(148-\frac{1}{100}(-48)^2\right)}=0.387$$

알아두기

2.6.4 순위 상관 (Rank Correlation)

n 개체로 구성된 어떤 집단에 속한 한 개체의 여러 특성 별 순위 간 상관성

(예) **50** 명으로 구성된 한 반에서 한 개인의 어학성적 등수와 수리성적 등수의 상관성

순위 비교 특성이 **2** 가지(**A,B**)인 경우 ;

집단 내 개체수 : n ,

구성원 i의 특성 별 순위 : (x_i, y_i) , x_i - **A** 관련 순위, y_i - **B** 관련 순위

가. x_i, y_i 간 순위 상관 계수 **(Rank Correlation Coefficient) - Pearson** 의 순위상관 계수

전제 조건 ; x_i, y_i 는 $[1,n]$에 속하는 정수 값,

단, $x_i \neq x_j$, $y_i \neq y_j$, $i \neq j$ (중복 순위 없음)

$$r = \frac{\sum(x_i - \bar{x})(y_i - \bar{y})}{\sqrt{\sum(x_i - \bar{x})^2 (y_i - \bar{y})^2}} = \frac{\frac{1}{n}\sum(x_i - \bar{x})(y_i - \bar{y})}{\sigma_x \sigma_y}$$

알아두기

여기서, $\sum x_i = 1+2+\cdots+n = \dfrac{n(n+1)}{2} = \sum y_i$,

$$\sum x_i^2 = 1^2+2^2+\cdots+n^2 = \frac{n(n+1)(2n+1)}{6} = \sum y_i^2$$

$$\bar{x} = \frac{1}{n}\cdot\frac{n(n+1)}{2} = \frac{n+1}{2} = \bar{y}$$

$$\rightarrow \quad \sigma_x^2 = \frac{1}{n}\sum(x_i-\bar{x})^2 = \frac{1}{n}\sum x_i^2 - \bar{x}^2 = \frac{n^2-1}{12} = \sigma_y^2 \ , \quad \sigma_x = \sigma_y$$

따라서, $d_i = x_i - y_i = (x_i-\bar{x})-(y_i-\bar{y})$ $(\because \bar{x}=\bar{y})$ 라 두면,

$$\frac{1}{n}\sum d_i^2 = \frac{1}{n}\sum[(x_i-\bar{x})-(y_i-\bar{y})]^2 = \frac{1}{n}\sum(x_i-\bar{x})^2 + \frac{1}{n}\sum(y_i-\bar{y})^2 - 2\cdot\frac{1}{n}\sum(x_i-\bar{x})(y_i-\bar{y})$$

$$= \sigma_x^2+\sigma_y^2-2r\sigma_x\sigma_y = 2\sigma_x^2-2r\sigma_x^2 = 2\sigma_x^2(1-r) = \frac{n^2-1}{6}(1-r)$$

(Pearson 의 상관계수를 대입)

$$\Rightarrow \quad 1-r = \frac{6\sum d_i^2}{n(n^2-1)} \quad \rightarrow \quad r = 1-\frac{6\sum d_i^2}{n(n^2-1)}$$ **(Spearman 의 순위상관계수 공식)**

알아두기

예제 2.6.4 순위 상관계수

10 명의 신입사원 모집에서, 각 50 점 만점의 입사시험(X)과 업무능력시험(Y) 성적이 아래와 같을 때, 두 시험 성적 간의 순위상관계수 ?

수험번호	1	2	3	4	5	6	7	8	9	10
X	24	19	21	17	15	26	31	27	41	35
Y	25	29	47	22	36	39	42	44	37	33

풀이 ;

과목별 성적에 따른 순위를 매겨 표를 만들면 ($n=10$),

수험번호	1	2	3	4	5	6	7	8	9	10	계
X	24	19	21	17	15	26	31	27	41	35	
Y	25	29	47	22	36	39	42	44	37	33	
X 순위 (x)	6	8	7	9	10	5	3	4	1	2	
Y 순위 (y)	9	8	1	10	6	4	3	2	5	7	
$d=x-y$	-3	0	6	-1	4	1	0	2	-4	-5	
d^2	9	0	36	1	16	1	0	4	16	25	108

$$\Rightarrow \quad r=1-\frac{6\sum d^2}{n(n^2-1)}=1-\frac{6\times 108}{10(10^2-1)}=0.345$$

알아두기

나. 중복순위가 있는 경우의 순위상관계수 보정

순위 보정 ; l 순위가 p번 중복이면,

순위가 중복된 개체의 순위를 모두 평균 순위 $\dfrac{l+(l+1)+(l+2)+\cdots+(l+p-1)}{p}$ 부여

(예) 공동 5순위가 2명이면 ; 2명 모두에게 $\dfrac{5+6}{2}=5.5$ 순위 부여

공동 4순위가 3명이면 ; 3명 모두에게 $\dfrac{4+5+6}{3}=5$ 순위 부여

순위 상관 계수 보정 ;

전체 자료 중에 순위중복이 m번 발생하고,

그 때 각각 순위중복 개체수가 $p_i\,(i=1,2,\cdots,m)$ 이면,

$$r=1-\frac{6\left\{\sum d_i^2+\frac{1}{12}\sum_{i=1}^{m}p_i(p_i^2-1)\right\}}{n(n^2-1)}$$

알아두기

예제 2.6.5 순위 상관계수

다음 통계자료에서, X 와 Y 간 순위 상관 계수 ?

일렬번호	1	2	3	4	5	6	7	8	9	10
X	65	67	77	61	67	82	77	52	73	71
Y	51	45	83	70	64	87	83	58	55	83

풀이 ;

순위 보정 방법에 따라 순위를 매겨 표를 만들면 ($n=10$),

일렬번호	1	2	3	4	5	6	7	8	9	10	계
X	65	67	77	61	67	82	77	52	73	71	
Y	51	45	83	70	64	87	83	58	55	83	
X 순위 (x)	8	6.5	2.5	9	6.5	1	2.5	10	4	5	
Y 순위 (y)	9	10	3	5	6	1	3	7	8	3	
$d=x-y$	-1	-3.5	-0.5	4	0.5	0	-0.5	3	-4	2	0
d^2	1	12.25	0.25	16	0.25	0	0.25	9	16	4	59

순위 중복 회수 $m=3$ (**X** 에서 $77, 67$, **Y** 에서 83), 그 때 순위중복 개체 수는 각각 $p_i=2,2,3$

$$\Rightarrow \quad r=1-\frac{6\left\{\sum d_i^2+\frac{1}{12}\sum_{i=1}^{m}p_i(p_i^2-1)\right\}}{n(n^2-1)}=1-\frac{6\left[59+\frac{1}{12}\left\{2(2^2-1)+2(2^2-1)+3(3^2-1)\right\}\right]}{10(10^2-1)}=0.624$$

알아두기

2.7 회기(Regression)

상관(Correlation) : **2** 변수간의 밀접성 (강도 및 방향) – ‘ 관계가 있는가 없는가? ’ 만을 나타냄

회기(Regression) : **2** 변수간의 인과관계 –‘ 함수관계 ’ 를 나타냄

☞ ‘상관’이 크면 2 변수간의 ‘ 회기식(Regression Equation)을 얻을 수 있음

⇒ ‘회기’는 ‘상관’의 ‘성질과 범위’를 나타내는 측도

2.7.1 선형 회기 (Linear Regression)

2 변수 x, y 간에 상관관계가 크면,

점도표(Scatter Diagram)의 점들은 어떤 곡선을 중심으로 분포 → 회기곡선 (Curve of Regression)

☞ 회기곡선이 직선인 경우 → 선형회기(Linear Regression), 회기직선 (Line of Regression)

☞ 최소자승법(Least Square Method)

– 종속변수 편차의 제곱의 합이 최소가 되도록, 독립변수와 종속변수의 함수관계를 정함

알아두기

2.7.2 회기 직선

주어진 자료 : (x_i, y_i) , $i = 1, 2, \cdots, n$ 에 대한 x, y 간의 함수관계를 얻기 위하여

x 에 대한 y 의 회기직선 (x : 독립변수, y : 종속변수)을 $y = a + bx$ 라 두면, $\bar{y} = a + b\bar{x}$

$$\rightarrow \quad y - \bar{y} = b(x - \bar{x}) \qquad \textbf{(3)}$$

$$\rightarrow \quad \sum (x - \bar{x})(y - \bar{y}) = b \sum (x - \bar{x})^2 \qquad \textbf{(4)}$$

$r = \dfrac{\sum (x-\bar{x})(y-\bar{y})}{n\sigma_x \sigma_y}$, $\sigma_x^2 = \dfrac{1}{n} \sum (x - \bar{x})^2$ 의 관계를 대입 , $nr\sigma_x\sigma_y = bn\sigma_x^2$ $\quad \therefore \quad b = \dfrac{r\sigma_y}{\sigma_x}$

$\Rightarrow \quad y - \bar{y} = \dfrac{r\sigma_y}{\sigma_x}(x - \bar{x})$, $b_{yx} = \dfrac{r\sigma_y}{\sigma_x}$: x 에 대한 y 의 회기계수(**regression coefficient**)

마찬가지로, y 에 대한 x 의 회기직선 및 회기게수 : $x - \bar{x} = \dfrac{r\sigma_x}{\sigma_y}(y - \bar{y})$, $b_{xy} = \dfrac{r\sigma_x}{\sigma_y}$

☞ 두 회기직선은 일반적으로 같지 않음 ;

$r = 0$; $y = \bar{y}$, $x = \bar{x}$ → 점에서 $(\bar{x}, \bar{y})$ 두 회기직선 직교 → 상관관계 없음

$r = \pm 1$; 두 회기직선 일치

알아두기

☞ 같은 자료열에 대한 두 회기직선은 일반적으로 같지 않다.

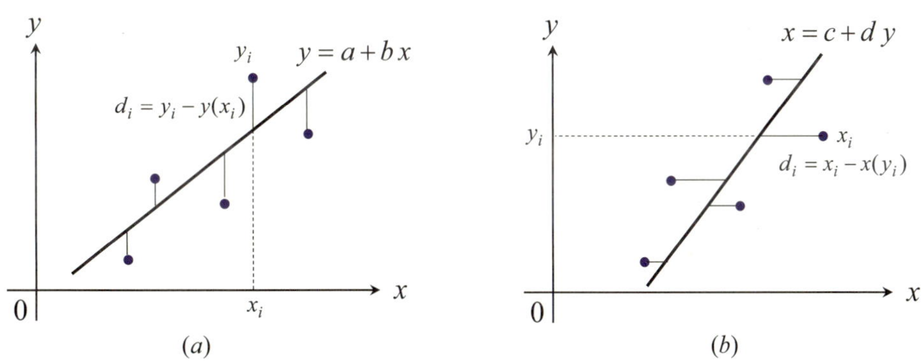

(a) x 에 대한 y 의 회기직선 : $E(a,b) = \sum_i d_i^2 = \sum_i (y_i - (a + bx))^2$ 최소화 $\rightarrow$ $y = a + bx$

(b) y 에 대한 x 의 회기직선 : $E(c,d) = \sum_i d_i^2 = \sum_i (x_i - (c + d\,y_i))^2$ 최소화 $\rightarrow$ $x = c + d\,y$

2.7.3 선형회기의 성질

1) 상관계수는 회기계수 간의 기하 평균

(증명) 회기계수 $b_{yx}=\dfrac{r\sigma_y}{\sigma_x}$, $b_{xy}=\dfrac{r\sigma_x}{\sigma_y}$ $\rightarrow$ $\sqrt{b_{yx}b_{xy}}=\sqrt{\dfrac{r\sigma_y}{\sigma_x}\dfrac{r\sigma_x}{\sigma_y}}=\sqrt{r^2}=r$

2) 하나의 회기계수 1 보다 크면, 다른 하나의 회기계수는 1 보다 작다.

(증명) $b_{yx}b_{xy}=r^2\le 1$ $(\because -1\le r\le 1)$ $\rightarrow$ $b_{yx}\le\dfrac{1}{b_{xy}}<1$ $\rightarrow$ $b_{xy}>1$

3) 회기계수(절대치)의 산술평균은 상관계수(절대치)보다 크다.

(증명) $\dfrac{1}{2}\left(|b_{yx}|+|b_{xy}|\right)\ge\sqrt{|b_{yx}||b_{xy}|}=\sqrt{r^2}=|r|$

4) 회기계수는 기준값에는 무관하며, 눈금크기에는 영향을 받는다.

(증명) $u=\dfrac{x-a}{h}$, $v=\dfrac{y-b}{k}$ $(a,b,h,k$: 상수) 라 두면, $b_{yx}=\dfrac{r\sigma_y}{\sigma_x}=r\cdot\dfrac{k\sigma_v}{h\sigma_u}=\dfrac{k}{h}\left(\dfrac{r\sigma_v}{\sigma_u}\right)=\dfrac{k}{h}b_{vu}$

5) 상관계수 및 두 회기계수는 모두 같은 부호를 갖는다.

(증명) $\sigma_x>0$, $\sigma_y>0$ $\rightarrow$ $b_{xy}=\dfrac{r\sigma_x}{\sigma_y}$, $b_{yx}=\dfrac{r\sigma_y}{\sigma_x}$ 는 r 과 같은 부호.

알아두기

2.7.4 회기직선 간의 각도

두 변수 x, y 간 회기직선 사이의 예각을 θ 라 하면;

$$\tan\theta = \frac{1-r^2}{r}\cdot\frac{\sigma_x+\sigma_y}{\sigma_x^2+\sigma_y^2}$$

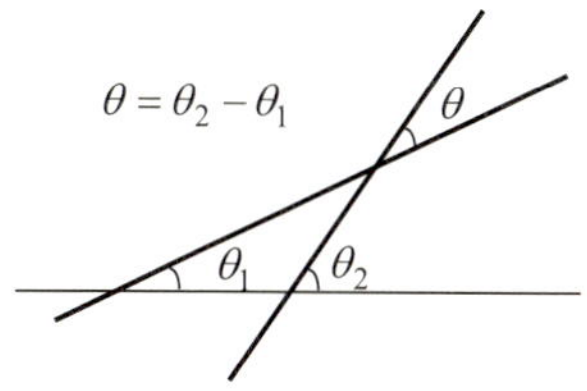

(증명)

두 회기 직선 ; $y-\bar{y} = \frac{r\sigma_y}{\sigma_x}(x-\bar{x})$, $x-\bar{x} = \frac{r\sigma_x}{\sigma_y}(y-\bar{y})$

두 회기직선의 기울기 ; $m_1 = \tan\theta_1 = b_{yx} = \frac{r\sigma_y}{\sigma_x}$, $m_2 = \tan\theta_2 = \frac{1}{b_{xy}} = \frac{\sigma_y}{r\sigma_x}$ ($|r| \le 1$)

$$\tan\theta = \tan(\theta_2-\theta_1) = \frac{\tan\theta_2-\tan\theta_1}{1+\tan\theta_1\tan\theta_2} = \frac{\frac{\sigma_y}{r\sigma_x}-\frac{r\sigma_y}{\sigma_x}}{1+\frac{r\sigma_y}{\sigma_x}\frac{\sigma_y}{r\sigma_x}} = \frac{1-r^2}{r}\frac{\sigma_y}{\sigma_x}\frac{\sigma_x^2}{\sigma_x^2+\sigma_y^2} = \frac{1-r^2}{r}\frac{\sigma_x\sigma_y}{\sigma_x^2+\sigma_y^2}$$

☞ $r=0$: $\tan\theta = \infty \rightarrow \theta = \frac{\pi}{2}$, $|r|=1$: $\tan\theta = 0 \rightarrow \theta = 0$ (앞의 결론과 같음)

☞ $\frac{r\sigma_y}{\sigma_x} = \frac{\frac{1}{n}\sum xy-\bar{x}\,\bar{y}}{\sigma_x\sigma_y}\cdot\frac{\sigma_y}{\sigma_x} = \frac{\frac{1}{n}\sum xy-\bar{x}\,\bar{y}}{\sigma_x^2} = \frac{\frac{1}{n}\sum xy-\bar{x}\,\bar{y}}{\frac{1}{n}\sum x^2-\bar{x}^2}$, $\frac{r\sigma_x}{\sigma_y} = \frac{\frac{1}{n}\sum xy-\bar{x}\,\bar{y}}{\frac{1}{n}\sum y^2-\bar{y}^2}$

알아두기

2.7.5 최소자승법에 의한 회기직선

최소자승법 – 회기직선식에 의한 y 와 실제 자료 y_i 의 편차 제곱의 합이 최소가 되도록

회기직선 $y = a + bx$ 의 계수를 정함(회기직선 기준 분산을 최소로 함)

$$E = \sum_{i=1}^{n} [y_i - y]^2 = \sum_{i=1}^{n} [y_i - (a + bx_i)]^2$$

$$\rightarrow \quad \frac{\partial E}{\partial a} = 2\sum_{i=1}^{n} [y_i - (a + bx_i)](-1) = 0\,, \quad \frac{\partial E}{\partial b} = 2\sum_{i=1}^{n} [y_i - (a + bx_i)](-x_i) = 0$$

$$\rightarrow \quad \sum_{i=1}^{n} y_i - a\sum_{i=1}^{n}(1) - b\sum_{i=1}^{n} x_i = 0 \,, \quad \sum_{i=1}^{n} x_i y_i - a\sum_{i=1}^{n} x_i - b\sum_{i=1}^{n} x_i^2 = 0$$

행렬방정식 꼴로 정리 ;
$$\begin{pmatrix} n & \sum_{i=1}^{n} x_i \\ \sum_{i=1}^{n} x_i & \sum_{i=1}^{n} x_i^2 \end{pmatrix} \begin{pmatrix} a \\ b \end{pmatrix} = \begin{pmatrix} \sum_{i=1}^{n} y_i \\ \sum_{i=1}^{n} x_i y_i \end{pmatrix}$$

☞ 앞의 결과와 같음 (예제를 통한 확인 !)

알아두기

예제 2.7.1 상관계수 및 회기직선

다음 자료의 상관계수 r_{xy} 와 x에 대한 y의 회기직선 ?

X	1	2	3	4	5	6	7	8	9	10
Y	10	14	7	10	15	17	18	15	20	20

풀이 ; $u=x-5$, $v=y-15$ 로 두어 표를 만들면 ($n=10$),

일렬번호	x	y	x^2	xy	u	v	u^2	v^2	uv
1	1	10	1	10	-4	-5	16	25	20
2	2	14	4	28	-3	-1	9	1	3
3	3	7	9	21	-2	-8	4	64	16
4	4	10	16	40	-1	-5	1	25	5
5	5	15	25	75	0	0	0	0	0
6	6	17	36	102	1	2	1	4	2
7	7	18	49	126	2	3	4	9	6
8	8	15	64	120	3	0	9	0	0
9	9	20	81	180	4	5	16	25	20
10	10	20	100	200	5	5	25	25	25
계	55	146	385	902	5	-4	85	178	97

$$\rightarrow \quad \bar{u}=\frac{1}{10}(5)=0.5, \quad \bar{v}=\frac{1}{10}(-4)=-0.4 \quad \rightarrow \quad \bar{x}=5+\bar{u}=5.5, \quad \bar{y}=15+\bar{v}=14.6$$

$$\Rightarrow r_{xy}=r_{uv}=\left(\frac{1}{n}\sum uv-\bar{u}\bar{v}\right)\Big/\sqrt{\left(\frac{1}{n}\sum u^2-\bar{u}^2\right)\left(\frac{1}{n}\sum v^2-\bar{v}^2\right)}=\left(\frac{97}{10}-(0.5)(-0.4)\right)\Big/\sqrt{\left(\frac{85}{10}-0.5^2\right)\left(\frac{178}{10}-(-0.4)^2\right)}=0.821$$

$$\frac{r\sigma_y}{\sigma_x}=\frac{r\sigma_v}{\sigma_u}=\frac{(1/n)\sum uv-\bar{u}\bar{v}}{(1/n)\sum u^2-\bar{u}^2}=\frac{(97/10)-(0.5)(-0.4)}{(85/10)-(0.5)^2}=1.2,$$ 또한 $\bar{x}=5.5$, $\bar{y}=14.6$

$$\Rightarrow \quad y-\bar{y}=\frac{r\sigma_y}{\sigma_x}(x-\bar{x}) \quad \rightarrow \quad y-14.6=1.2(x-5.5) \quad \rightarrow \quad y=8+1.2x$$

☞ 최소자승법과 비교 확인 ;

앞에서 작성한 표의 값을 최소자승법 행렬식에 대입하면,

$$\begin{pmatrix} n & \sum_{i=1}^{n} x_i \\ \sum_{i=1}^{n} x_i & \sum_{i=1}^{n} x_i^2 \end{pmatrix}\begin{pmatrix} a \\ b \end{pmatrix}=\begin{pmatrix} \sum_{i=1}^{n} y_i \\ \sum_{i=1}^{n} x_i y_i \end{pmatrix} \quad \rightarrow \quad \begin{pmatrix} 10 & 55 \\ 55 & 385 \end{pmatrix}\begin{pmatrix} a \\ b \end{pmatrix}=\begin{pmatrix} 146 \\ 902 \end{pmatrix}$$

$$\rightarrow \quad \begin{pmatrix} a \\ b \end{pmatrix}=\begin{pmatrix} 10 & 55 \\ 55 & 385 \end{pmatrix}^{-1}\begin{pmatrix} 146 \\ 902 \end{pmatrix}=\frac{1}{825}\begin{pmatrix} 385 & -55 \\ -55 & 10 \end{pmatrix}\begin{pmatrix} 146 \\ 902 \end{pmatrix}=\begin{pmatrix} 8 \\ 1.2 \end{pmatrix}$$

$\rightarrow \quad y=a+bx=8+1.2x$ (위 결과와 같음)

예제 2.7.2 회기직선

변수 x, y에 관한 **2** 개의 회기직선이 각각 $9x-10y+42=0$, $5x-2y-30=0$ 이고, x의 분산이 9 일 때, **(a)** x, y의 산술평균 **(b)** y의 표준 편차 **(c)** x, y간 상관계수 ?

풀이

두 회기직선은 산술평균점 $(\bar{x}, \bar{y})$ 에서 교차하므로, $9x-10y+42=0$, $5x-2y-30=0$

위 연립방정식의 해를 구하면 $\bar{x}=12,\ \bar{y}=15$, 또한 $\sigma_x^2=9 \rightarrow \sigma_x=3$

앞의 두 회기직선을 다시 쓰면,

$y=0.9x+4.2$, $x=0.4y+6$ 따라서, $b_{yx}=\dfrac{r\sigma_y}{\sigma_x}=0.9$, $b_{xy}=\dfrac{r\sigma_x}{\sigma_y}=0.4$

$$\rightarrow \quad b_{yx}b_{xy}=\frac{r\sigma_y}{\sigma_x}\frac{r\sigma_x}{\sigma_y}=r^2=0.9\times0.4=0.36 \quad \rightarrow \quad r=0.6$$

또한 $b_{yx}=\dfrac{r\sigma_y}{\sigma_x}=0.9$ 로부터 $\dfrac{0.6\sigma_y}{3}=0.9 \rightarrow \sigma_y=4.5$

☞ 두 회기식의 순서를 서로 바꿔 생각하면, 상관계수 만 $r=\dfrac{1}{0.6}=\dfrac{5}{3}$ 으로 달라짐

알아두기

2장 연습문제

1. 30명의 어린이 집단의 평균키를 계산한 결과 128.4[cm] 였다. 그러나 나중에 한명의 키가 96[cm] 대신에 69[cm]로 잘못 들어가 있는 것을 발견하였다. 정확한 평균값을 구하라.

2. 다음은 80명 학생의 100점 만점 수학성적 집계표이다. 학생들의 평균성적을 구하라.

성적	학생 수	성적	학생 수
0 이상	80	50 이상	42
10 이상	78	60 이상	27
20 이상	72	70 이상	16
30 이상	64	80 이상	10
40 이상	55	90 이상	7

3. 어느 시험에서, A 집단의 평균성적은 59.2 이며, B 집단의 평균은 64.7 이다. 두 집단의 통합 평균은 62.5이었다. A, B 집단의 인원수 비를 구하라.

4. 다음 분포의 산술평균값은 38이고 가정평균값이 40일 때, 구간간격을 구하라.

구간 편차 (u_i)	−3	−2	−1	0	1	2
도수 (f_i)	6	12	20	30	22	10

5. 어느 250명 집단의 수학과목 평균성적은 57.3이었다. 이 중 상위집단 50명의 평균은 72.4 이며, 하위집단 50명의 평균은 22.7이었다. 나머지 150명 중위집단의 평균을 구하라.

6. 서로 간 거리가 같은 A, B, C 세 도시가 있다. 한 사람이 A에서 B까지는 평균시속 70[km]로 이동하였으며, B에서 C로는 시속 85[km], C에서 A로는 시속 80[km]로 이동하였다면, A를 출발하여 A로 다시 돌아오기 까지 평균속력을 구하라.

7. 다음 자료열의 평균과 중앙값을 계산하라.

구간간격	5.5 −6.5	6.5 −7.5	7.5 −8.5	8.5 −9.5	9.5 −10.5	10.5 −11.5	11.5 −12.5
도 수	4	13	27	43	29	7	3

8. 아래 자료에 대한 평균과 표준편차를 구하라.

x	4	5	6	7	8	9	10	11
f	2	7	9	15	11	5	3	3

9/ 23. 일부 도수가 지워진 다음 도수분포표에서, 중앙값이 34일 때 지워진 도수를 구하라.

구간간격	0−10	10−20	30−40	40−50	50−60	60−70	70−80	합계
도 수	11	31	?	63	?	27	15	231

10. 2.1, 3.3, 7.5를 포함한 자료 5개의 평균은 7.0 이고 표준편차가 4.2 이다. 나머지 2개 자료의 값을 구하라.

11. 다음은 같은 산업에 속해 있는 A , B 두 회사 근로자의 임금[만원]을 분석한 자료이다.

회 사	A	B
근로자 수	510	580
월 평균 임금	372	350
임금 분포의 표준편차	17.0	16.7

(1) 어느 회사의 임금 부담이 더 많은가 ?
(2) 어느 회사의 임금 편차가 더 큰가 ?
(3) 두 회사 전체 노동자의 합성 임금분포의 표준편차를 구하라.

12. 다음 자료의 표준편차를 구하라.

계급구간	20−30	30−40	40−50	50−60	60−70	70−80	80−90	90−100
도 수	8	14	33	45	49	43	21	7

13. 확률변수 x, y 간의 두 회귀직선식이 $x-y=1$, $3y-x=3$ 일 때, 각 변수의 평균값 및 두 변수간의 상관계수를 구하라.

14. 95개 관찰값의 평균과 표준편차는 각각 42와 7이다. 그러나 나중에 관찰값 중 하나가 38이 아니라 57임을 발견하였다. 정확한 평균과 표준편차를 구하라.

15. 다음 조사자료 X, Y 간의 상관계수를 구하라.

번호	1	2	3	4	5	6	7	8
X	70	68	72	69	71	73	74	71
Y	69	71	75	74	76	74	75	70

16. 다음 2 변수 도수분포표에 대한 상관 계수를 구하라.

y \ x	0-10	10-20	20-30	30-40
0 - 20	1	1		
20 - 40	3	2	2	
40 - 60	2	3	5	4
60 - 80		1	3	3
80 -100			2	2

17. 다음 자료에 대한 x,y 간 상관계수와 2개의 회기직선 식을 구하라.

x	1	2	3	4	5
y	7	9	4	5	2

18. 이라 할 때, $z=x-y$ 의 분산을 x,y의 분산 및 x,y 간 상관계수 r을 이용하여 표현하라.

19. 어떤 분포가 '1' 을 중심으로 한 처음 3개의 적률(모멘트) 값이 각각 1, 13, −26 일 때, 이 분포의 평균, 분산과 평균값을 중심으로 하는 3차적률(μ_3)을 구하라. 또한 원점($x=0$)를 중심으로 한 처음 3개의 적률 값을 구하라.

20. 어느 학생의 학기말 과목별 100[점] 만점 성적은 국어 73, 영어 62, 수학 67, 국사 78, 사회 83, 물리 47, 화학 58 이었다. 과목별 가중치를 각각 2, 1.5, 3, 1, 0.7, 1.5, 1.5 라 할 때 이 학생의 가중평균 점수를 구하라.

21. 다음 자료의 중앙값을 계산하라.

x	5	10	15	20	25	30	35	40
f	2	3	7	10	11	7	5	3

22. 다음 자료의 중앙값을 계산하라.

중앙값(x)	75	85	95	105	115	125	135	145	155
도수(f)	5	27	46	73	113	63	37	20	5

23. 다음 자료의 중앙값과 최빈값을 구하라.

등급(x)	0 −10	10 −20	20 −30	30 −40	40 −50	50 −60	60 −70	70 −80	80 −90	90 −100
도수(f)	3	20	33	47	48	35	21	14	5	2

24. 다음 자료의 중앙값과 4분위 값을 구하라.

등급(x)	0 −20	20 −40	40 −60	60 −80	80 −100	100 −120	120 −140	140 −160	160 −180
도수(f)	5	8	13	17	22	15	11	8	5

25. 다음 자료의 4분위 편차를 계산하라.

등급(x)	0 −10	10 −20	20 −30	30 −40	40 −50	50 −60	60 −70	70 −80	80 −90	90 −100
도수(f)	4	8	11	16	12	9	5	3	2	0

26. 다음 자료의 기하평균을 계산하라.

x	10	20	30	40	50
f	2	5	7	4	3

27. 다음 자료의 평균과 표준편차를 계산하라.

x	31−40	41−50	51−60	61−70	71−80	81−90
f	5	14	27	34	16	4

28. 다음은 두 명의 대입 준비생 A, B 의 매달 수학 모의고사 성적이다. 누구의 성적이 더 견실한가 ?

월	1	2	3	4	5	6	7	8	9	10	11	12
A의성적(x)	57	61	42	58	53	64	71	68	74	48	51	73
B의성적(y)	83	57	92	63	85	46	87	77	54	79	61	68

29. 다음 자료에 대한 Karl Pearson 왜도계수를 구하라.

등급(x)	0 −10	10 −20	20 −30	30 −40	40 −50	50 −60	60 −70	70 −80
도수(f)	3	5	8	14	22	15	8	2

30. 다음 자료의 평균을 중심으로 하는 처음 3가지 적률(moment)을 구하라.

x	1	2	3	4	5	6	7	8	9	10
f	2	5	12	23	31	26	15	9	7	3

제 3 장
표본 조사와 추정
(Sampling and Estimation)

알아두기

3.1 표본조사

모집단(Population, Universe) – 모든 관찰 대상의 집합

유한 모집단(Finite Universe) - 소속된 요소의 개수가 유한한 모집단 (예) 어떤 학급 학생들의 체중

무한 모집단(Infinite Universe) - 소속된 요소의 개수가 무한한 모집단 (예) 대기 중 여러 위치점의 기압

☞ 표본 조사의 기본 목적 ;

일부분 만을 조사하여 모집단에 관한 가급적 많은 통계적 정보를 얻어냄

→ 최소한의 노력으로 모집단에 관한 최대한의 정보를 얻어냄

3.1.1 표본 추출(Sampling)

구성 요소 전체를 관찰하기 어려울 때, 모집단을 대표 할 수 있는 표본을 추출하여 통계적 성질을 파악
즉, 표본에서 얻은 통계량을 바탕으로 모집단의 통계적 성질(모수)을 추정함

표본추출이론(Sampling Theory) - 추출된 표본과 모집단 사이의 관계에 관한 이론,
즉, 어떤 표본 추출이 모집단을 어떻게 대표할 수 있는지에 관한 이론

가. 용어 및 기호의 의미

표본(sample) - 모집단의 유한한 부분집합

표본크기(sample size) - 표본 안에 속한 요소의 수

알아두기

표본추출법

복원추출 - 한번 추출한 표본을 모집단에 다시 넣어 다음 표본을 추출하는 방식

비복원추출 - 한번 추출한 표본은 모집단에 다시 넣지 않고 다음 표본을 추출하는 방식

통계의 모수(요소변수, **Parameter)**

모집단의 평균 및 분산 : μ, σ^2 , 표본의 평균 및 분산 : $\bar{x}$, s^2

나. 표본분포와 표준오차

표본통계량**(sample statistic)** : 모집단에서 크기 n의 표본을 임의적으로 충분히 여러 번 반복 추출하여 얻은 통계량 즉, 표본평균**(sample mean)**, 표본분산**(sample variance)**, 표본비율**(sample proportion)**

표본분포 **(sampling distribution)** : 표본통계량의 확률분포 (표본통계량도 확률변수)

(예) 표본평균(비율)의 표본분포 – '표본의 평균값(비율값)'들의 확률분포와 표준편차

표준오차**(SE, Standard Error)** :

표본통계량 확률분포의 표준편차 – '표본통계량(예: $\bar{x}_i$)'이 '모집단 통계량(예: μ)' 주변에 흩어진 정도를 나타냄

☞ 모집단 통계량을 모르는 경우 표본통계량 표본분포의 기대치 (예: $\mu_{\bar{x}}$) 와 비교

※ 비율**(proportion,** 성공률**)** : 관심있는 사건의 발생확률,
또는 모든 원소 중 특정한 속성을 가진 원소의 비율

☞ 이항분포에서 성공률 p는 아는 값, 실제로는 대부분의 경우, 표본비율로부터 추정 해야함

알아두기

3.1.2 표본분포의 통계량(sample statistics)

평균 μ, 분산 σ^2인 모집단에서 n개를 추출한 확률표본 **(random sample)** $\{X_1, X_2, \cdots, X_n\}$

→ 각 X_i는 모집단의 분포를 따르는 확률변수 → 표본평균, 표본분산, 표본비율 : 확률변수(표본분포)

가. 표본 평균(**sample mean**) : $\overline{X} = \frac{1}{n}\sum_{i=1}^{n} X_i$

1) 표본평균의 기대치(평균) : $\mu_{\overline{X}} = E(\overline{X}) = E\left(\frac{1}{n}\sum_{i=1}^{n} X_i\right) = \frac{1}{n}\left(\sum_{i=1}^{n} E(X_i)\right) = \frac{1}{n}\sum_{i=1}^{n}\mu = \mu$

2) 표본평균의 분산 : $Var(\overline{X}) = Var\left(\frac{1}{n}\sum_{i=1}^{n} X_i\right) = \sum_{i=1}^{n} Var\left(\frac{X_i}{n}\right) = \sum_{i=1}^{n}\frac{\sigma^2}{n^2} = \frac{\sigma^2}{n}$ ☞ $Var(X) = \sigma^2 \rightarrow Var(kX) = k^2\sigma^2$

3) 표본평균의 표준편차(표준오차) : $SD(\overline{X}) = SE(\overline{X}) = \sqrt{Var(\overline{X})} = \frac{\sigma}{\sqrt{n}}$

☞ n이 충분히 크면, 표본평균의 분포 : $\overline{X} \sim \mathbf{N}(\mu, \frac{\sigma^2}{n})$ ☞ 모집단이 정규분포 아니라도 성립 !

☞ $\overline{X} \sim \mathbf{A}(\cdot)$: 확률변수 $\overline{X}$가 분포 $\mathbf{A}(\cdot)$를 따름을 표시

☞ 비복원 추출의 경우 표본평균의 분산 : $Var(\overline{X}) = \frac{\sigma^2}{n}\frac{N-n}{N-1}$ (증명생략)

N이 충분히 크면 $\frac{\sigma^2}{n}\frac{N-n}{N-1} \rightarrow \frac{\sigma^2}{n}$ (복원추출에 근접)

→ 특별한 설명이 없는 한, 확률표본은 복원추출을 원칙으로 생각함

알아두기

정리 3.1.1 중심 극한 정리 (central limit theorem)

표본 평균의 확률분포에 영향을 미치는 요인;

- 표본의 크기
- 모집단의 분포

1) 모집단이 정규분포인 경우 ;

모집단의 확률변수 $X \sim N(\mu, \sigma^2)$ 이면,

임의로 추출한 크기 n 의 표본 평균 $\bar{X} = \frac{1}{n}\sum_{i=1}^{n} X_i \sim \mathbf{N}(\mu_{\bar{x}}, \sigma_{\bar{x}}^2) = \mathbf{N}\left(\mu, \frac{\sigma^2}{n}\right)$ (표본의 크기에 관계 없음)

2) 모집단이 정규분포가 아닌 경우 ;

1. 표본의 크기가 작은 경우, 표본평균의 확률분포는 쉽게 규명할 수 없음

2. (중심극한정리) 표본의 크기가 충분히 크면 ($n \geq 30$) ;

표본평균의 분포 $\bar{X} \sim \mathbf{N}(\mu_{\bar{x}}, \sigma_{\bar{x}}^2) = \mathbf{N}\left(\mu, \frac{\sigma^2}{n}\right)$

알아두기

예제 3.1. 1 표본평균의 분포

$f(x)=1/6,\ x=1,2,\cdots,6$ 인 모집단에서 크기 3 인 확률표본 $\{X_1, X_2, X_3\}$을 복원 추출할 때,

표본평균의 확률분포와 기대치(평균) 및 분산 ?

풀이 : 모 평균 $\mu=E(X)=\frac{1}{6}(1+2+3+4+5+6)=3.5$, 모 분산 $\sigma^2=E(X^2)-\mu^2=\frac{1}{6}(1+2^2+3^2+4^2+5^2+6^2)-3.5^2=2.917$

복원 추출이므로 전체도수 $N=6^3=216$, $n=3$

{표본조합} (경우의수)	도수 (f)	$\sum X_i$	$\bar{X}=\frac{1}{n}\sum X_i$	확률 (f/N)
{1,1,1}(1)	1	3	1.00	0.005
{1,1,2}(3)	3	4	1.33	0.014
{1,1,3}(3), {1,2,2}(3)	6	5	1.67	0.028
{1,1,4}(3), {1,2,3}(6), {2,2,2}(1)	10	6	2.00	0.046
{1,1,5}(3), {1,2,4}(6), {2,2,3}(3), {1,3,3}(3)	15	7	2.33	0.069
{1,1,6}(3), {1,2,5}(6), {1,3,4}(6), {2,2,4}(3), {2,3,3}(3)	21	8	2.67	0.097
{1,2,6}(6), {1,3,5}(6), {1,4,4}(3), {2,2,5}(3), {2,3,4}(6), {3,3,3}(1)	25	9	3.00	0.116
{1,3,6}(6), {1,4,5}(6), {2,2,6}(3), {2,3,5}(6), {2,4,4}(3), {3,3,4}(3)	27	10	3.33	0.125
{1,4,6}(6), {1,5,5}(3), {2,3,6}(6), {2,4,5}(6), {3,3,5}(3), {3,4,4}(3)	27	11	3.67	0.125
{1,5,6}(6), {2,4,6}(6), {2,5,5}(3), {3,3,6}(3), {3,4,5}(6), {4,4,4}(1)	25	12	4.00	0.116
{1,6,6}(3), {2,5,6}(6), {3,4,6}(6), {4,4,5}(3), {5,5,3}(3)	21	13	4.33	0.097
{2,6,6}(3), {3,5,6}(6), {4,4,6}(3), {5,5,4}(3)	15	14	4.67	0.069
{3,6,6}(3), {4,5,6}(6), {5,5,5}(1)	10	15	5.00	0.046
{4,6,6}(3), {5,5,6}(3)	6	16	5.33	0.028
{5,6,6}(3)	3	17	5.67	0.014
{6,6,6}(1)	1	18	6.00	0.005

☞ 경우의 수 ; {x,x,x} 꼴 → 1 가지, {x,x,y} 꼴 → 3 가지, {x,y,z} 꼴 → $3!=6$ 가지

표본 평균의 확률분포도

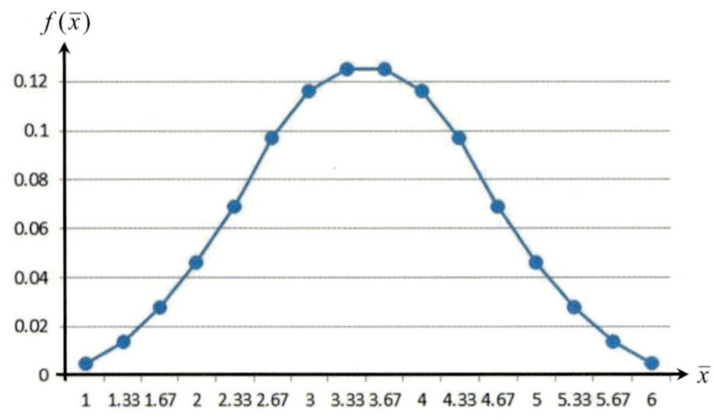

☞ 모집단 균일분포 → $n=3$ 인 표본평균의 분포는 정규분포에 접근

☞ 일반적으로, 정규분포가 아닌 모집단 → 표본이 크면 표본평균의 분포는 정규분포에 접근

표본평균의 기대치 (표본평균의 평균)

$$E(\bar{X})=\sum \bar{x}_i\, f(\bar{X}=\bar{x}_i)=3.5=\mu$$

표본평균의 분산

$$E(\bar{X}^2)=\sum \bar{x}_i^2\, f(\bar{X}=\bar{x}_i)=13.2222 \quad\Rightarrow\quad Var(\bar{X})=E(\bar{X}^2)-\left[E(\bar{X})\right]^2=13.2222-3.5^2=0.9722=\sigma^2/3$$

예제 3.1.2 표본평균의 분포 응용

어떤 학생 모집단의 수학 모의고사 성적이 평균 69, 분산 2 인 정규분포를 이룬다고 할 때,

a) 임의로 한 명을 뽑았을 때, 그 학생의 성적이 70 점 이상일 확률 ?

b) 임의로 10 명을 뽑았을 때, 이들의 평균이 70 점 이상일 확률 ?

c) 10 명의 평균이 상위 5%안에 들어가기 위한 최하 평균점수는 ?

풀이 :

a) 모집단이 $\mathbf{N}(69,2)$ 인 정규분포이므로, 임의 추출한 한 명의 점수 X 는 모집단의 분포를 따르므로,

구하는 확률 $P(X \ge 70) = P(\frac{X-69}{\sqrt{2}} \ge \frac{70-69}{\sqrt{2}}) = P(Z \ge 0.71) = 1-(0.5+0.2611) = 0.2389$

b) 표본수 $n=10$ 이므로 10 명의 표본평균 $\overline{X}$ 는 $\mathbf{N}(69,2/10) = \mathbf{N}(69,0.2)$ 인 정규분포를 따른다.

구하는 확률 $P(\overline{X} \ge 70) = P(\frac{\overline{X}-69}{\sqrt{0.2}} \ge \frac{70-69}{\sqrt{0.2}}) = P(Z \ge 2.24) = 1-(0.5+0.4875) = 0.0125$

c) 상위 5%안에 들어가기 위한 최하 점수를 $x_{\min}$ 이라하면,

$$P(\overline{X} \ge x_{\min}) = P(\frac{\overline{X}-69}{\sqrt{0.2}} \ge \frac{x_{\min}-69}{\sqrt{0.2}}) = P(Z \ge \frac{x_{\min}-69}{\sqrt{0.2}}) = P(Z \ge z_{0.05}) = 0.05$$

☞ $z_{0.05}$: 우측 꼬리확률이 5%인 경계값

$z_{0.05} = 1.645$ 이므로, $\frac{x_{\min}-69}{\sqrt{0.2}} = 1.645 \quad \rightarrow \quad x_{\min} = 1.645 \times \sqrt{0.2} + 69 = 69.74$

알아두기

나. 표본 분산(sample variance) : $s^2 = \frac{1}{n-1}\sum_{i=1}^{n}(X_i - \bar{X})^2$

1) 표본분산의 기대치 :

$$s^2 = \frac{1}{n-1}\sum_{i=1}^{n}(X_i - \bar{X})^2 = \frac{1}{n-1}\sum_{i=1}^{n}\left[(X_i - \mu) - (\bar{X} - \mu)\right]^2 = \frac{1}{n-1}\sum_{i=1}^{n}\left[(X_i - \mu)^2 - 2(\bar{X} - \mu)(X_i - \mu) + (\bar{X} - \mu)^2\right]$$

$$= \frac{1}{n-1}\left[\sum_{i=1}^{n}(X_i - \mu)^2 - 2(\bar{X} - \mu)\sum_{i=1}^{n}(X_i - \mu) + n(\bar{X} - \mu)^2\right] = \frac{1}{n-1}\left[\sum_{i=1}^{n}(X_i - \mu)^2 - 2(\bar{X} - \mu)(nX_i - n\mu) + n(\bar{X} - \mu)^2\right]$$

$$= \frac{1}{n-1}\left[\sum_{i=1}^{n}(X_i - \mu)^2 - n(\bar{X} - \mu)^2\right]$$

$$\therefore \quad E(s^2) = \frac{1}{n-1}E\left(\sum_{i=1}^{n}(X_i - \mu)^2 - n(\bar{X} - \mu)^2\right) = \frac{1}{n-1}\left(\sum_{i=1}^{n}E(X_i - \mu)^2 - nE(\bar{X} - \mu)^2\right)$$

$$= \frac{1}{n-1}\left(n\sigma^2 - nVar(\bar{X})\right) = \frac{1}{n-1}\left(n\sigma^2 - n\left(\frac{\sigma^2}{n}\right)\right) = \sigma^2$$

2) 표본 표준편차의 표준오차 : $SE[s] = \sigma / \sqrt{2n}$ **(증명생략, 예제로 확인)**

알아두기

3) 표본분산의 확률분포 :

정규모집단 $\mathbf{N}(\mu,\sigma^2)$에서 추출한 크기 n의 표본 ; $\overline{X}=\frac{1}{n}\sum_{i=1}^{n}X_i$, $s^2=\frac{1}{n-1}\sum_{i=1}^{n}(X_i-\overline{X})^2$

$\overline{X}\sim\mathbf{N}(\mu,\frac{\sigma^2}{n})$ → 표준화 표본평균 $Z_{\overline{X}}=\frac{\overline{X}-\mu}{\sigma/\sqrt{n}}\sim\mathbf{N}(0,1)$

또한, $\sum_{i=1}^{n}Z_i^2=\sum_{i=1}^{n}\left(\frac{X_i-\overline{X}}{\sigma}\right)^2=\frac{1}{\sigma^2}\sum_{i=1}^{n}\left[(X_i-\mu)-(\overline{X}-\mu)\right]^2=\frac{1}{\sigma^2}\sum_{i=1}^{n}(X_i-\overline{X})^2+\frac{n}{\sigma^2}(\overline{X}-\mu)^2$

$$=\frac{n-1}{\sigma^2}\frac{1}{n-1}\sum_{i=1}^{n}(X_i-\overline{X})^2+\left(\frac{\overline{X}-\mu}{\sigma/\sqrt{n}}\right)^2=\frac{n-1}{\sigma^2}s^2+\left(z_{\overline{X}}\right)^2$$

상호 독립인 표준정규분포 확률변수 Z_i에 대하여, $Z^2\sim\chi^2(1)$, $\sum_{i=1}^{n}Z_i^2\sim\chi^2(n)$ (χ^2분포의 성질) 이므로

⇒ 표본분산에 관련한 통계량 $V=\frac{n-1}{\sigma^2}s^2 \sim \chi^2(n-1)$

☞ 표본 분산 s^2을 이용하여 모분산 σ^2를 추정 또는 검정할 때 사용

또한, 통계량 $T=\frac{Z_{\overline{X}}}{\sqrt{V/n-1}}=\left(\frac{\overline{X}-\mu}{\sigma/\sqrt{n}}\right)\Big/\sqrt{\left(\frac{n-1}{\sigma^2}s^2\right)\Big/(n-1)}=\frac{\overline{X}-\mu}{s/\sqrt{n}}\sim\mathbf{t}(n-1)$ (t분포의 정의)

☞ 모분산 σ^2를 알지 못할 때, 표본 통계량 s^2, $\overline{X}$을 이용하여 모평균 μ를 추정 또는 검정할 때 사용

알아두기

예제 3.1.3 표본분산의 분포

예제 **1** 의 경우에서 표본 분산의 확률분포 ?

풀이 :

$\mu = 3.5$, $\sigma^2 = 2.917$, $N = 216$, $n = 3$, $s^2 = \frac{1}{n-1}\sum (X_i - \bar{X})^2$

{표본조합} (경우의수)	도수 (f)	표본분산 (s_i^2)	표본표준편차(s_i)	확률 ($f_i = f/N$)
{1,1,1} (1), {2,2,2} (1), {3,3,3} (1), {4,4,4} (1), {5,5,5} (1), {6,6,6} (1)	6	0.00	0.00	0.028
{1,1,2} (3), {2,2,3} (3), {3,3,4} (3), {4,4,5} (3), {5,5,6} (3) {1,2,2} (3), {2,3,3} (3), {3,4,4} (3), {4,5,5} (3), {5,6,6} (3)	30	0.33	0.57	0.139
{1,2,3} (6), {2,3,4} (6), {3,4,5} (6), {4,5,6} (6)	24	1.00	1.00	0.111
{1,1,3} (3), {2,2,4} (3), {3,3,5} (3), {4,4,6} (3) {1,3,3} (3), {2,4,4} (3), {3,5,5} (3), {4,6,6} (3)	24	1.33	1.15	0.111
{1,2,4} (6), {1,3,4} (6), {2,3,5} (6), {2,4,5} (6), {3,4,6} (6), {3,5,6} (6)	36	2.33	1.53	0.167
{1,1,4} (3), {1,4,4} (3), {2,2,5} (3), {2,5,5} (3), {3,3,6} (3), {3,6,6} (3)	18	3.00	1.73	0.083
{1,3,5} (6), {2,4,6} (6)	12	4.00	2.00	0.056
{1,2,5} (6), {1,4,5} (6), {2,3,6} (6), {2,5,6} (6)	24	4.33	2.08	0.111
{1,1,5} (3), {1,5,5} (3), {2,2,6} (3), {2,6,6} (3)	12	5.33	2.31	0.056
{1,3,6} (6), {1,4,6} (6)	12	6.33	2.52	0.056
{1,2,6} (6), {1,5,6} (6)	12	7.00	2.65	0.056
{1,1,6} (3), {1,6,6} (3)	6	8.00	2.83	0.028

표본 분산의 확률분포

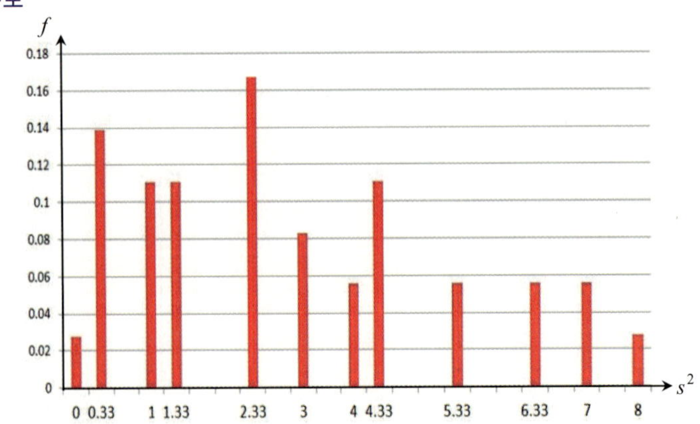

☞ 모집단의 분포가 정규분포가 아니므로, 표본분산의 분포가 $\chi^2(2)$에 근접하다고 할 수 없음 !

표본평균의 기대치(표본평균의 평균)

$$E(s^2) = \sum s_i^2 f_i = 2.917 = \sigma^2$$

표본표준편차의 표준오차 (표본표준편차의 표준편차)

$$E(s) = \sum s_i f_i = 1.559 \quad \Rightarrow \quad SE(s) = \sqrt{E(s^2) - [E(s)]^2} = \sqrt{2.917 - 1.559^2} \approx 0.697 = \frac{\sqrt{2.917}}{\sqrt{2 \times 6}} = \frac{\sigma}{\sqrt{2n}}$$

다. 표본 비율

모비율(population proportion) : $p = x/N$, N: 모집단의 전체 원소 수, x: 모집단 중 특정 속성을 가진 원소 수

표본비율(sample proportion) : $\hat{p} = \hat{x}/n$, n: 표본의 크기, $\hat{x}$: 표본 중 특정 속성을 가진 원소 수

크기 N의 모집단에서 크기 n의 표본을 추출 할 때 ;

$$X_i = \begin{cases} 1, & i\text{번째 표본이 특정한 속성을 가지는 경우} \\ 0, & \text{그렇지 않은 경우} \end{cases}$$

라고 두면, X_i의 확률분포 : $\mathrm{B}(1, p)$ → $E(X_i) = p$, $Var(X_i) = p(1-p) = pq$ $(q = 1-p)$

⇒ 확률변수 $X = X_1 + X_2 + \cdots + X_n = \sum_{i=1}^{n} X_i$: 표본 중 특정 속성을 갖는 요소 수

X_i는 독립 → $E(X) = E\left(\sum_{i=1}^{n} X_i\right) = np$, $Var(X) = Var\left(\sum_{i=1}^{n} X_i\right) = npq$ → X의 확률분포 : $\mathrm{B}(n, p)$

⇒ 표본비율 $\hat{p} = \frac{X}{n} = \frac{1}{n}\sum_{i=1}^{n} X_i$ → $E(\hat{p}) = E\left(\frac{X}{n}\right) = p$, $Var(\hat{p}) = Var\left(\frac{X}{n}\right) = \left(\frac{1}{n}\right)^2 npq = \frac{pq}{n}$

☞ 표본 n이 충분히 큰 경우($np > 5$, $nq > 5$), 표본비율 분포 → $\mathbf{N}(p, pq/n)$ 에 근사(중심극한정리)

즉, X의 분포 → $\mathbf{N}(np, npq)$ 에 근사 , $\hat{p}$의 분포 → $\mathbf{N}(p, pq/n)$ 에 근사

알아두기

예제 3.1.4 표본비율의 분포

지난 번 선거에서 42%의 지지로 당선된 후보가, 이번 선거를 앞두고 유권자 1,000 명을 임의로 선정하여 표본 여론조사를 실시할 때,

a) 430 명 이상의 지지를 받을 확률은 ?

b) 예년에 비추어 지지율 43% 이상이 당선 안전권이라 할 때, 이 후보자가 다시 당선될 확률은 ?

풀이 :

지난 번 지지율을 근거로 표본 중 지지하는 유권자 수 X 는 $n=1{,}000$, $p=0.42$ 인 **2** 항분포로 볼 수 있다.

a) 표본수가 충분하므로 X 는 $\mu=np=420$, $\sigma^2=npq=243.6$ 인 정규분포 취급 가능.

구하는 확률 $P(X\geq 430)=P(\dfrac{X-450}{\sqrt{243.6}}\geq\dfrac{430-420}{\sqrt{243.6}})=P(Z\geq 0.64)=1-(0.5+0.2389)=0.2611\approx 26.1\%$

b) 표본 내 지지율 $\hat{p}$ 는 근사적으로 정규분포

$\mathbf{N}(\ p,\dfrac{p(1-p)}{n})=\mathbf{N}(\ 0.42,\dfrac{0.42\times 0.58}{1{,}000}\ )=\mathbf{N}(\ 0.42,\ 0.0156^2)$ 로 취급 가능.

구하는 확률 $P(\hat{p}\geq 0.43)=P(\dfrac{\hat{p}-0.42}{0.0156}\geq\dfrac{0.43-0.42}{0.0156})=P(Z\geq 0.64)=1-(0.5+0.2389)=0.2611\approx 26.1\%$

☞ 이미 짐작할 수 있었던 것 처럼, 위 두 결론은 결국 같은 내용을 달리 표현한 것임 !

알아두기

3.1.3 독립인 두 표본에 관련한 통계량의 분포

독립인 2 정규분포 모집단 $N(\mu_1, \sigma_1^2)$, $N(\mu_2, \sigma_2^2)$에서 추출한 크기 n, m 의 2 표본 ,

$$\{ X_1, X_2, \cdots, X_n \}, \quad \{ Y_1, Y_2, \cdots, Y_m \}$$

가. 표본평균의 차이의 분포 ;

각 표본의 표본 평균을 $\bar{X} = \frac{1}{n}\sum_{i=1}^{n} X_i$, $\bar{Y} = \frac{1}{m}\sum_{j=1}^{m} Y_i$ 라고 하면

확률변수 $\bar{X}, \bar{Y}$ 의 분포 : $\bar{X} \sim N(\mu_1, \frac{\sigma_1^2}{n})$, $\bar{Y} \sim N(\mu_2, \frac{\sigma_2^2}{m})$, **2** 표본이 독립이므로,

$\bar{X} - \bar{Y}$ 의 분포 : $N(\mu_1 - \mu_2, \frac{\sigma_1^2}{n} + \frac{\sigma_2^2}{m})$ → 표준화 ; $Z = \frac{(\bar{X} - \bar{Y}) - (\mu_1 - \mu_2)}{\sqrt{\frac{\sigma_1^2}{n} + \frac{\sigma_2^2}{m}}} \sim N(0,1)$

☞ 평균 및 분산이 각각 (μ_1, σ_1^2), (μ_2, σ_2^2) 이며, 서로 독립인 비정규 모집단에서 추출한 **2** 표본의 경우, 중심극한정리에 의하여

표본평균 $\bar{X}, \bar{Y}$ 의 분포는 각각 $N(\mu_1, \frac{\sigma_1^2}{n})$, $N(\mu_2, \frac{\sigma_2^2}{m})$에 근접

마찬가지로, $\bar{X} - \bar{Y}$ 의 분포는 $N(\mu_1 - \mu_2, \frac{\sigma_1^2}{n} + \frac{\sigma_2^2}{m})$ 에 근접

알아두기

예제 3.1.5 다른 모집단에서 추출한 두 표본의 비교

어느 학교 학생들의 몸무게[kg] 는 남학생은 평균 70[kg], 분산 14, 여학생은 평균 48, 분산 15 의 분포를 갖는다고 한다. 남학생 200 명, 여학생 150 명을 임의 추출 했을 때 남자 표본의 평균이 여학생 표본의 평균보다 20 이상일 근사 확률은 ?

풀이 :

남학생 표본평균 $\bar{X}_1$의 근사 분포 : $\mathbf{N}(70, \frac{14}{200})$ → 표준편차 $\sigma_1 = \sqrt{\frac{14}{200}} = 0.265$

여학생 표본평균 $\bar{X}_2$의 근사 분포 : $\mathbf{N}(48, \frac{15}{150})$ → 표준편차 $\sigma_2 = \sqrt{\frac{15}{150}} = 0.316$

⇒ $\bar{X}_1 - \bar{X}_2$의 근사 분포 : $\mathbf{N}(70-48, \frac{14}{200} + \frac{15}{150}) = \mathbf{N}(22, 0.17)$ → 표준편차 $\sigma = \sqrt{0.17} = 0.412$

구하는 확률
$$P\left((\bar{X}_1 - \bar{X}_2) \geq 21\right) = P\left(\frac{(\bar{X}_1 - \bar{X}_2) - 22}{0.412} \geq \frac{21-22}{0.412}\right)$$
$$= P(Z \geq -2.43) = P(Z \leq 2.43)$$
$$= 0.5 + 0.4925 = 0.9925$$

알아두기

☞ 두 정규모집단의 분산이 같은 경우 ($\sigma_1^2 = \sigma_2^2 = \sigma^2$) ;

각 표본의 표본분산 : $s_1^2 = \frac{1}{n-1}\sum_{i=1}^{n}(X_i - \bar{X})^2$, $s_2^2 = \frac{1}{m-1}\sum_{i=1}^{m}(Y_i - \bar{Y})^2$

두 표본의 합동표본분산 (**pooled sample variance**) 을 $s_p^2 = \frac{1}{n+m-2}\left[\sum_{i=1}^{n}(X_i - \bar{X})^2 + \sum_{i=1}^{n}(Y_i - \bar{Y})^2\right]$ 로 두면 ;

$$\frac{n+m-2}{\sigma^2}s_p^2 = \frac{1}{\sigma^2}\left[\sum_{i=1}^{n}(X_i - \bar{X})^2 + \sum_{i=1}^{n}(Y_i - \bar{Y})^2\right] = \frac{1}{\sigma^2}\sum_{i=1}^{n}(X_i - \bar{X})^2 + \frac{1}{\sigma^2}\sum_{i=1}^{n}(Y_i - \bar{Y})^2$$

$$= \frac{n-1}{\sigma^2}\frac{1}{n-1}\sum_{i=1}^{n}(X_i - \bar{X})^2 + \frac{m}{\sigma^2}\frac{1}{m-1}\sum_{i=1}^{n}(Y_i - \bar{Y})^2 = \frac{n-1}{\sigma^2}s_1^2 + \frac{m-1}{\sigma^2}s_2^2$$ (즉, $s_p^2 = \frac{1}{n+m-2}\left[(n-1)s_1^2 + (m-1)s_2^2\right]$)

$\frac{n-1}{\sigma^2}s_1^2 \sim \chi^2(n-1)$, $\frac{m-1}{\sigma^2}s_1^2 \sim \chi^2(m-1)$ 이며, 서로 독립이므로 $\frac{n+m-2}{\sigma^2}s_p^2 \sim \chi^2(n+m-2)$

이때, 두 표본평균의 차이의 분포 ;

$\mathrm{N}(\mu_1 - \mu_2, \frac{\sigma_1^2}{n} + \frac{\sigma_2^2}{m}) = \mathrm{N}(\mu_1 - \mu_2, \sigma^2\left(\frac{1}{n} + \frac{1}{m}\right))$ → 표준화 ; $Z = \frac{(\bar{X} - \bar{Y}) - (\mu_1 - \mu_2)}{\sigma\sqrt{\frac{1}{n} + \frac{1}{m}}} \sim \mathrm{N}(0,1)$

앞에서 처럼, $T = \left(\frac{(\bar{X} - \bar{Y}) - (\mu_1 - \mu_2)}{\sigma\sqrt{(1/n) + (1/m)}}\right) \Big/ \sqrt{\left(\frac{n+m-2}{\sigma^2}\right)s_p^2 \Big/ (n+m-2)} = \frac{(\bar{X} - \bar{Y}) - (\mu_1 - \mu_2)}{s_p\sqrt{(1/n) + (1/m)}} \sim \mathrm{t}(n+m-2)$

알아두기

나. 모비율이 다른 2 모집단에서 추출한 2 표본의 표본비율 차이의 분포

서로 독립이며 비율이 p_1, p_2인 두 모집단에서 각각 추출한 크기 n, m인 두 확률표본 ;

n, m이 충분히 클 때, 2 표본의 표본비율의 분포 ; $\hat{p}_1 \approx \mathbf{N}\left(p_1, \frac{p_1 q_1}{n}\right)$, $\hat{p}_2 \approx \mathbf{N}\left(p_2, \frac{p_2 q_2}{m}\right)$

두 표본이 독립이므로 $\hat{p}_1 - \hat{p}_2 \approx \mathbf{N}\left(p_1 - p_2, \frac{p_1 q_1}{n} + \frac{p_2 q_2}{m}\right) \rightarrow Z = \frac{(\hat{p}_1 - \hat{p}_2) - (p_1 - p_2)}{\sqrt{\frac{p_1 q_1}{n} + \frac{p_2 q_2}{m}}} \approx \mathbf{N}(0,1)$

☞ $X \approx \mathbf{A}(\cdot)$: 확률변수 X가 확률분포 $\mathbf{A}(\cdot)$를 근사적으로 따름.

예제 3.1.6 다른 모집단에서 추출한 두 표본의 표본비율 차이

독립적인 두 생산라인의 제품 불량률은 각각 8%, 6%로 조사 되었다. 두 생산라인의 제품 1,000개 씩을 임의 추출하여 조사할 때, 불량률의 차이가 1.5% 이하일 확률은 ?

풀이 : 표본의 크기가 충분하므로 표본 비율의 차이 $\hat{p}_1 - \hat{p}_2$ 는 근사적으로

$$\mu = p_1 - p_2 = 0.08 - 0.06 = 0.02 , \quad \sigma^2 = \frac{p_1(1-p_1)}{n_1} + \frac{p_2(1-p_2)}{n_2} = \frac{0.08 \times 0.92}{1,000} + \frac{0.06 \times 0.94}{1,000} = 0.0114^2$$

인 정규분포를 따른다. 따라서, 구하는 확률 ;

$$P((\hat{p}_1 - \hat{p}_2) \le 0.015) = P\left(\frac{(\hat{p}_1 - \hat{p}_2) - 0.02}{0.0114} \le \frac{0.015 - 0.02}{0.0114}\right) = P(Z \le -0.44) = 1 - (0.5 + 0.1700) = 0.33$$

알아두기

☞ 주요 통계량의 표준오차 (요약)

통계량	표준오차
표본평균 ($\bar{X}$)	$\frac{\sigma}{\sqrt{n}}$
표본표준편차 (s)	$\frac{\sigma}{\sqrt{2n}}$
두 표본평균의 차($\bar{X}-\bar{Y}$)	$\sqrt{\frac{\sigma_1^2}{n_1}+\frac{\sigma_2^2}{n_2}}$
두 표본표준편차의 차(s_1-s_2)	$\sqrt{\frac{\sigma_1^2}{2n_1}+\frac{\sigma_2^2}{2n_2}}$
두 표본비율(성공률)의 차($\hat{p}_1-\hat{p}_2$)	$\sqrt{\frac{p_1q_1}{n_1}+\frac{p_2q_2}{n_2}}$
표본 비율 $\hat{p}$	$\sqrt{\frac{pq}{n}}$ ($p=E(\hat{p})$, 무한 모집단)

단, n : 표본의 크기 , p : 모집단 비율(성공률) , $\hat{p}$: 표본 비율 ($q=1-p$)
아래 첨자 $1, 2$: 서로 독립적인 두 개의 무작위(확률적) 표본을 표시)

☞ 표본이 큰 어떤 통계량 t에 대하여 ; $z=\frac{t-E(t)}{SE(t)}$ 는 정규분포 $\mathbf{N}(0,1)$, $E(t)$: t의 평균, $SE(t)$: 표준오차

알아두기

3.2 추정(Estimation)

모집단의 통계적 특성(모수, parameter)을 알면, 추출된 표본의 통계적 특성에 대한 확률을 구할 수 있음.
실제로는, 모집단의 확률분포나 모수를 알 수 없는 경우가 대부분임.
→ 표본의 통계적 특성을 이용하여 모집단의 통계적 특성을 추정(estimate)할 필요가 있음.

☞ 표본의 통계량은 확률변수 → 사용한 표본에 따라 추정값이 달라질 수 있음 (객관적, 합리적 표본 선정 필요)

3.2.1 추정의 종류

크기 n의 확률표본 : $X_1, X_2, \cdots, X_n$ (확률표본의 관찰값 $X_1 = x_1, X_2 = x_2, \cdots, X_n = x_n$)
추정하려는 모집단의 모수 : θ , 추정량 : $\hat{\theta}$

가. 점추정(point estimation) - 모집단의 모수 값을 직접 추정함

추정량(estimater) $\hat{\theta} = \Theta(X_1, X_2, \cdots, X_n)$ - 확률변수 , $\Theta(\cdot)$: 확률표본의 함수

추정치(estimate) $\hat{\theta} = \Theta(x_1, x_2, \cdots, x_n)$ - 추정량의 관찰(측정)값

점추정의 요건 - 치우침 없음(unbiasedness) - $E(\hat{\theta}) = \theta$

- 유효성(efficiency) - $\hat{\theta}$ 의 분산이 적을 것

- 일치성(consistency) - $\lim_{n \to \infty} \hat{\theta} = \theta$ (표본이 클수록 추정량이 모집단 모수에 수렴)

알아두기

☞ 주요 모수 추정량

모 수	추 정 량
평 균 (μ)	표 본 평 균 ($\bar{x}$)
분 산 (σ^2)	표 본 분 산 (s^2)
표준편차 (σ)	표본 표준편차 (s)
비 율 (p)	표 본 비 율 ($\hat{p}$)

※ $E(s) \neq \sigma$ (s 는 σ의 치우침이 있는 추정량)

☞ 점추정의 단점

- 일반적으로, 표본을 충분히 여러 번 추출할 수 없음 → 표본오차로 인한 점추정치 와 모수 참값간 차이 존재
- 추정의 불확실 정도를 알 수 없음

나. 구간추정(interval estimation) - 정해진 신뢰수준에서, 모집단의 모수가 포함될 것으로 믿어지는 구간을 추정함

신뢰수준(confidence level) : 일반적으로 $1-\alpha$ $(0<\alpha<1)$ 로 나타냄

구간의 상, 하한 추정량(확률변수) $l = L(X_1, X_2, \cdots, X_n)$, $u = U(X_1, X_2, \cdots, X_n)$ ⇒ $P(l<\theta<u) = 1-\alpha$ 인 l, u 추정

상,하한추정치 $\hat{u} = U(x_1, x_2, \cdots, x_n)$, $\hat{l} = L(x_1, x_2, \cdots, x_n)$

→ $\hat{l} < \theta < \hat{u}$: 모수 θ에 대한 신뢰수준 $1-\alpha$ 의 신뢰구간 (confidence interval) (신뢰구간의 중심 : 점추정치 $\hat{\theta}$)

☞ 95% (예) 신뢰구간의 의미 → 동일한 크기의 표본 100 개에서 구한 신뢰구간 중 95 개가 모수의 참값을 포함
(어떤 표본으로부터 구한 신뢰구간이 모수의 참값을 포함할 확률이 95%라는 의미가 아님)

알아두기

3.2.2 모평균의 구간추정

가. 정규분포 모집단의 분산을 아는 경우

정규분포 모집단 $\mathbf{N}(\mu,\sigma^2)$에서 추출한 크기 n의 표본으로부터 얻은 모평균 추정량 : $\hat{\mu}=\overline{X}$

추정량 $\hat{\mu}$의 표본분포 : $\mathbf{N}(\mu,\frac{\sigma^2}{n})$ → 추정량 $\hat{\mu}$의 표준오차 $SE(\hat{\mu})=\sqrt{Var(\overline{X})}=\frac{\sigma}{\sqrt{n}}$

⇒ $\hat{\mu}=\overline{X}$ 의 표준화 확률변수 $Z=\frac{\overline{X}-\mu}{\sigma/\sqrt{n}}$ 의 분포 → $\mathbf{N}(0,1)$

$$\Rightarrow\quad P\left(\left|\frac{\overline{X}-\mu}{\sigma/\sqrt{n}}\right|<z_{\alpha/2}\right)=P\left(\left|\overline{X}-\mu\right|<(z_{\alpha/2})\frac{\sigma}{\sqrt{n}}\right)$$

$$=P\left(\overline{X}-(z_{\alpha/2})\frac{\sigma}{\sqrt{n}}<\mu<\overline{X}+(z_{\alpha/2})\frac{\sigma}{\sqrt{n}}\right)=1-\alpha$$

신뢰수준 $100(1-\alpha)\,\%$ 의 오차한계 : $(z_{\alpha/2})\frac{\sigma}{\sqrt{n}}$

☞ 대표적 $z_{\alpha/2}$값 : $z_{0.05}=1.645$, $z_{0.025}=1.96$, $z_{0.005}=2.58$

⇒ 구간추정량의 상한, 하한 : $u=\overline{X}+(z_{\alpha/2})\frac{\sigma}{\sqrt{n}}$, $l=\overline{X}-(z_{\alpha/2})\frac{\sigma}{\sqrt{n}}$ ($\overline{X}=\frac{1}{n}\sum_{i=1}^{n}X_i$)

상한, 하한의 추정치 : $\hat{u}=\bar{x}+(z_{\alpha/2})\frac{\sigma}{\sqrt{n}}$, $\hat{l}=\bar{x}-(z_{\alpha/2})\frac{\sigma}{\sqrt{n}}$ ($\bar{x}=\frac{1}{n}\sum_{i=1}^{n}x_i$)

알아두기

예제 3.2.1 모평균의 점추정과 오차한계

다음 자료는 표준편차가 2 인 정규분포 모집단에서 10 개의 표본을 추출한 것이다. 이 표본을 근거로 구한 모평균에 대한 점추정과 95% 신뢰수준에서 신뢰구간과 오차한계는 ?

i	1	2	3	4	5	6	7	8	9	10
x_i	34	41	28	29	30	46	33	36	35	43

풀이

모평균의 추정치 $\hat{\mu} = \bar{x} = \frac{1}{10}\sum_{i=1}^{10} x_i = \frac{355}{10} = 35.5$

$n = 10,\ \sigma = 2$ 이므로, 95% 신뢰수준의 오차한계 ;

$$(z_{0.025})\frac{\sigma}{\sqrt{n}} = 1.96 \times \frac{2}{10} = 0.392$$

⇒ 95% 신뢰수준의 신뢰구간 ;

$$35.5 - 0.392 < \hat{\mu} < 35.5 + 0.392 \quad \rightarrow \quad 35.1 < \hat{\mu} < 35.9$$

알아두기

나. 정규분포 모집단의 분산을 모르는 경우

정규분포 모집단 $N(\mu,\sigma^2)$에서 추출한 크기 n인 표본에 대하여,

표본평균 $\overline{X}$의 표준화 확률변수 $Z=\dfrac{\overline{X}-\mu}{\sigma/\sqrt{n}}$ 의 분포 → $N(0,1)$

관련 검정 통계량 $V=\dfrac{(n-1)s^2}{\sigma^2}$ 의 분포 → $\chi^2(n-1)$

⇒ 확률변수 $T=\dfrac{Z}{\sqrt{V/(n-1)}}=\left(\dfrac{\overline{X}-\mu}{\sigma/\sqrt{n}}\right)\Big/\sqrt{\left(\dfrac{(n-1)s^2}{\sigma^2}\right)\Big/(n-1)}=\dfrac{\overline{X}-\mu}{s/\sqrt{n}}$ 의 분포 : $t(n-1)$ (t분포의 정의)

☞ 모집단의 분산을 모르는 경우 σ 대신 s를 사용하여 t분포 이용

$$\Rightarrow\ P\left(\left|\frac{\overline{X}-\mu}{s/\sqrt{n}}\right|<t_{\alpha/2}(n-1)\right)=P\left(\left|\overline{X}-\mu\right|<t_{\alpha/2}(n-1)\frac{s}{\sqrt{n}}\right)=P\left(\overline{X}-t_{\alpha/2}(n-1)\frac{s}{\sqrt{n}}<\mu<\overline{X}+t_{\alpha/2}(n-1)\frac{s}{\sqrt{n}}\right)=1-\alpha$$

신뢰수준 $100(1-\alpha)\,\%$의 오차한계 : $t_{\alpha/2}(n-1)\dfrac{s}{\sqrt{n}}$

⇒ 구간추정량의 상한, 하한 : $u=\overline{X}+t_{\alpha/2}(n-1)\dfrac{s}{\sqrt{n}}$, $l=\overline{X}-t_{\alpha/2}(n-1)\dfrac{s}{\sqrt{n}}$ ($\overline{X}=\dfrac{1}{n}\sum_{i=1}^{n}X_i$)

상한, 하한의 추정치 : $\hat{u}=\overline{x}+t_{\alpha/2}(n-1)\dfrac{s}{\sqrt{n}}$, $\hat{l}=\overline{x}-t_{\alpha/2}(n-1)\dfrac{s}{\sqrt{n}}$ ($\overline{x}=\dfrac{1}{n}\sum_{i=1}^{n}x_i$)

알아두기

예제 3.2.2 표본분산을 이용한 모분산의 추정

정규분포 $N(\mu,\sigma^2)$ 모집단에서 임의 추출한 크기 5 인 표본이 다음과 같을 때,

i	1	2	3	4	5
x_i	30	25	36	29	30

1) 모평균 μ 의 점추정치 ?

2) 모평균 μ 에 대한 95% 오차의 한계 ?

3) 모평균 μ 에 대한 신뢰도 95%의 신뢰구간 ?

풀이 : $n=5$

1) 모평균의 점추정치는 표본평균임 → $\hat{\mu}=\bar{x}=\frac{1}{5}\sum_{i=1}^{5}x_i=30$

2) 표본분산 $s^2=\frac{1}{n-1}\sum_{i=1}^{n}(x_i-\bar{x})^2=\frac{1}{4}\sum_{i=1}^{n}(x_i-30)^2=15.5$ → $s=\sqrt{15.5}=3.937$, $SE(\bar{X})=\frac{s}{\sqrt{n}}=\frac{3.937}{\sqrt{5}}=1.761$

또한, $t_{0.025}(4)=2.776$ (자유도 4 인 t 분포) 이므로 오차의 한계 $t_{0.025}(4)\cdot\frac{s}{\sqrt{n}}=2.776\times1.761=4.889$

3) $\hat{l}=\bar{x}-t_{0.025}(4)\cdot\frac{s}{\sqrt{n}}=30-4.889=25.111$, $\hat{u}=\bar{x}+t_{0.025}(4)\cdot\frac{s}{\sqrt{n}}=30+4.889=34.889$

→ 신뢰수준 95%의 모평균 신뢰구간 : $25.111<\mu<34.889$

알아두기

다. 모평균의 한쪽 신뢰구간

점추정치를 중심으로,

양쪽 신뢰구간(**two-sided confidence interval**) - (앞에서 처럼) 상,하한에 관심을 갖는 신뢰구간

한쪽 신뢰구간(**one-sided confidence interval**) - 상한 또는 하한 중 하나에 만 관심을 두는 신뢰구간
(예 ; 어떤 기기의 수명이 최소한 얼마 인가 ?)

- 모분산이 알려진 경우의 한쪽 신뢰구간 ;

$$P\left(\frac{\overline{X}-\mu}{\sigma/\sqrt{n}} < z_\alpha\right) = P\left(\mu > \overline{X} - z_\alpha \frac{\sigma}{\sqrt{n}}\right) = 1-\alpha$$

$$P\left(\frac{\overline{X}-\mu}{\sigma/\sqrt{n}} > -z_\alpha\right) = P\left(\mu < \overline{X} + z_\alpha \frac{\sigma}{\sqrt{n}}\right) = 1-\alpha$$

- 모분산이 알려져 있지 않은 경우의 한쪽 신뢰구간 ;

$$P\left(\frac{\overline{X}-\mu}{s/\sqrt{n}} < t_\alpha(n-1)\right) = P\left(\mu > \overline{X} - t_\alpha(n-1) \frac{s}{\sqrt{n}}\right) = 1-\alpha$$

$$P\left(\frac{\overline{X}-\mu}{s/\sqrt{n}} > -t_\alpha(n-1)\right) = P\left(\mu < \overline{X} + t_\alpha(n-1) \frac{s}{\sqrt{n}}\right) = 1-\alpha$$

알아두기

예제 3.2.3 한쪽 신뢰구간

어떤 전자회사에서 생산한 부품 101 개를 임의 추출하여 수명을 측정한 결과, 평균 751 일, 표준편차 25 일이라는 결과를 얻었다.

1) 과거 누적 자료를 근거로, 모집단의 표준편차를 21 일로 간주할 때, 평균수명의 95% 하한 신뢰구간은 ?

2) 모집단의 표준편차를 모른다고 할 때, 평균수명의 95% 하한 신뢰구간은 ?

풀이

1) $n=101$, $\sigma=21$, $\bar{x}=751$ 이며, $z_{0.05}=1.645$ 이므로

95% 하한 신뢰구간 ; $\mu>\bar{x}-z_{0.05}\dfrac{\sigma}{\sqrt{n}}=751-1.645\times\dfrac{21}{\sqrt{101}}=747.56$

$$\therefore\quad \mu>747.56$$

2) 모집단의 표준편차 대신, 표본의 표준편차와 t 분포를 사용하면 ;

$n=100$, $s=23$, $\bar{x}=751$, $t_{0.05}(n-1)=t_{0.05}(100)=1.66$ 이므로

95% 하한 신뢰구간 ; $\mu>\bar{x}-t_{0.05}(n-1)\dfrac{\sigma}{\sqrt{n}}=751-1.66\times\dfrac{25}{\sqrt{101}}=746.87$

$$\therefore\quad \mu>746.87$$

알아두기

라. 두 모집단간 모평균 차이의 구간추정

σ_1^2, σ_2^2 이 알려진 두 정규모집단 $\mathbf{N}(\mu_1, \sigma_1^2), \mathbf{N}(\mu_2, \sigma_2^2)$ 에서 임의 추출한 크기 n, m 의 두 표본의 관찰 값 ;

$$\{x_1, x_2, \cdots, x_n\}, \quad \{y_1, y_2, \cdots, y_m\}$$

→ 두 표본의 표본평균의 분포 ; $\bar{X} \sim \mathbf{N}(\mu_1, \frac{\sigma_1^2}{n}), \quad \bar{Y} \sim \mathbf{N}(\mu_2, \frac{\sigma_2^2}{m})$

→ $(\bar{X} - \bar{Y}) \sim \mathbf{N}(\mu_1 - \mu_2, \frac{\sigma_1^2}{n} + \frac{\sigma_2^2}{m})$ 즉, $\frac{(\bar{X} - \bar{Y}) - (\mu_1 - \mu_2)}{\sqrt{\frac{\sigma_1^2}{n} + \frac{\sigma_2^2}{m}}} \sim \mathrm{N}(0,1)$ (표준화)

→ $\mu_1 - \mu_2$ 의 점추정치 : $\bar{X} - \bar{Y}$, $SE(\bar{X} - \bar{Y}) = \sqrt{\frac{\sigma_1^2}{n} + \frac{\sigma_2^2}{m}}$

$$\rightarrow P\left(\left| \frac{(\bar{X} - \bar{Y}) - (\mu_1 - \mu_2)}{\sqrt{\frac{\sigma_1^2}{n} + \frac{\sigma_2^2}{m}}} \right| < z_{\alpha/2} \right) = P\left(\left| (\bar{X} - \bar{Y}) - (\mu_1 - \mu_2) \right| < z_{\alpha/2} \sqrt{\frac{\sigma_1^2}{n} + \frac{\sigma_2^2}{m}} \right)$$

$$= P\left((\bar{X} - \bar{Y}) + z_{\alpha/2} \sqrt{\frac{\sigma_1^2}{n} + \frac{\sigma_2^2}{m}} < (\mu_1 - \mu_2) < (\bar{X} - \bar{Y}) + z_{\alpha/2} \sqrt{\frac{\sigma_1^2}{n} + \frac{\sigma_2^2}{m}} \right) = 1 - \alpha$$

알아두기

☞ 분산의 크기는 모르지만 두 정규 모집단의 분산이 같다는 사실을 아는 경우 즉, $\sigma_1^2 = \sigma_2^2 = \sigma^2$;

두 모집단에서 추출한 크기 n, m 의 두 표본의 합동표본분산 ;

$$s_p^2 = \frac{1}{n+m-2}\left[\sum_{i=1}^{n}(X_i - \overline{X})^2 + \sum_{i=1}^{n}(Y_i - \overline{Y})^2\right] = \frac{1}{n+m-2}\left[(n-1)s_1^2 + (m-1)s_2^2\right]$$

이때, $T = \dfrac{(\overline{X}-\overline{Y})-(\mu_1-\mu_2)}{s_p\sqrt{\dfrac{1}{n}+\dfrac{1}{m}}} \sim \mathbf{t}(n+m-2)$ (**3.1 절 참조**)

→ $\mu_1 - \mu_2$ 의 점추정치 : $\overline{X}-\overline{Y}$, $SE(\overline{X}-\overline{Y}) = s_p\sqrt{\dfrac{1}{n}+\dfrac{1}{m}}$

$$\rightarrow P\left(\left|\frac{(\overline{X}-\overline{Y})-(\mu_1-\mu_2)}{s_p\sqrt{(1/n)+(1/m)}}\right| < t_{\alpha/2}(n+m-2)\right) = P\left(\left|(\overline{X}-\overline{Y})-(\mu_1-\mu_2)\right| < t_{\alpha/2}(n+m-2)s_p\sqrt{\frac{1}{n}+\frac{1}{m}}\right)$$

$$= P\left((\overline{X}-\overline{Y}) - t_{\alpha/2}(n+m-2)s_p\sqrt{\frac{1}{n}+\frac{1}{m}} < (\mu_1-\mu_2) < (\overline{X}-\overline{Y}) + t_{\alpha/2}(n+m-2)s_p\sqrt{\frac{1}{n}+\frac{1}{m}}\right) = 1-\alpha$$

☞ 두 모집단의 분산이 같다는 사실을 알지만, 분산의 크기를 모를 때,

합동표본분산과 t 분포를 이용하여 두 모평균의 차이를 추정함.

알아두기

예제 3.2.4 두 모집단의 평균의 차이

A, B 두 지역의 자동차용 휘발유 값(원) 차이를 알기 위하여, 각각 14개, 17개 주유소를 표본조사 한 결과, 표본평균은 각각 2,010, 1,880, 표본분산은 각각 1,156 , 1,444 였다. 휘발유가격은 정규분포를 이룬다고 가정한다.

(1) 과거 기록을 근거로 두 지역의 휘발유 값 분산이 900, 6,400 이라고 할 때, 두 지역간 휘발유 평균가격 차이에 대한 90% 신뢰구간은 ?

(2) 과거기록을 믿을 수 없어, 두 모집단의 분산을 같다고 볼 때, 휘발유 평균가격 차이의 90% 신뢰구간은 ?

풀이 : 표본평균 $\bar{X}_A, \bar{X}_B$ 의 추정치 : $\bar{x}_A = 2{,}010,\ \bar{x}_B = 1{,}880$

따라서, 모평균의 차이 $\mu_A - \mu_B$ 의 점추정치 : $\hat{\mu}_A - \hat{\mu}_B = \bar{x}_A - \bar{x}_B = 2{,}010 - 1{,}880 = 130$

(1) $n = 14,\ m = 17$, $\sigma_A^2 = 900,\ \sigma_B^2 = 1{,}600$ 이므로 $SE(\bar{X}_A - \bar{X}_B) = \sqrt{(\sigma_A^2 / n + (\sigma_A^2 / m)} = \sqrt{(900/14) + (6{,}400/17)} = 21.0$

또한, $z_{\alpha/2} = z_{0.05} = 1.645$ 따라서, 하한 및 상한 추정치 : $\hat{l} = 130 - 1.645 \times 21.0 = 95.46$, $\hat{u} = 130 + 1.645 \times 21.0 = 164.55$

→ 90% $(\alpha = 0.1)$ 신뢰구간 : $95.46 < (\mu_A - \mu_B) < 164.55$

(1) 두 표본의 합동표본분산 $s_p^2 = \dfrac{1}{n+m-2}\left[(n-1)s_1^2 + (n-1)s_2^2\right] = \dfrac{1}{14+17-2}(13 \times 1{,}156 + 16 \times 1{,}444) = 36.26^2$

→ $SE(\bar{X}_A - \bar{X}_B) = s_p\sqrt{(1/n) + (1/m)} = 36.26\sqrt{(1/14) + (1/17)} = 13.09$, 또한, $t_{\alpha/2}(n+m-2) = t_{0.05}(29) = 1.699$

따라서, 하한 및 상한 추정치 : $\hat{l} = 130 - 1.699 \times 13.09 = 107.76$, $\hat{u} = 130 + 1.699 \times 13.09 = 152.24$

→ 90% $(\alpha = 0.1)$ 신뢰구간 : $107.76 < (\mu_A - \mu_B) < 152.24$

알아두기

3.2.3 모분산의 추정

가. 표본분산을 이용한 모분산의 구간추정

정규모집단 $X \sim \mathbf{N}(\mu, \sigma^2)$에서 추출한 크기 n의 확률표본의 표본분산 $s^2 = \frac{1}{n-1}\sum_{i=1}^{n}(X_i - \overline{X})^2$

1) 모분산 σ^2의 추정 : $E(s^2) = \sigma^2$ 이므로, 표본분산 s^2을 이용함

2) 모 표준편차의 추정 : $E(s) < \sigma$ 이지만, $n \geq 10$ 이면 $E(s) \approx \sigma$ 이므로 표본분산 s 이용 가능.

$$V = \frac{(n-1)s^2}{\sigma^2} \sim \chi^2(n-1)$$ 이므로,

$\chi^2(n-1)$ 분포에서 왼쪽, 오른쪽 꼬리확률이 $\alpha/2$인 경계값을 각각 $\chi^2_{(1-\alpha/2)}(n-1)$, $\chi^2_{\alpha/2}(n-1)$라 하면

$$P\left(\chi^2_{(1-\alpha/2)}(n-1) < \frac{(n-1)s^2}{\sigma^2} < \chi^2_{\alpha/2}(n-1)\right) = P\left(\frac{(n-1)s^2}{\chi^2_{\alpha/2}(n-1)} < \sigma^2 < \frac{(n-1)s^2}{\chi^2_{(1-\alpha/2)}(n-1)}\right) = 1-\alpha$$

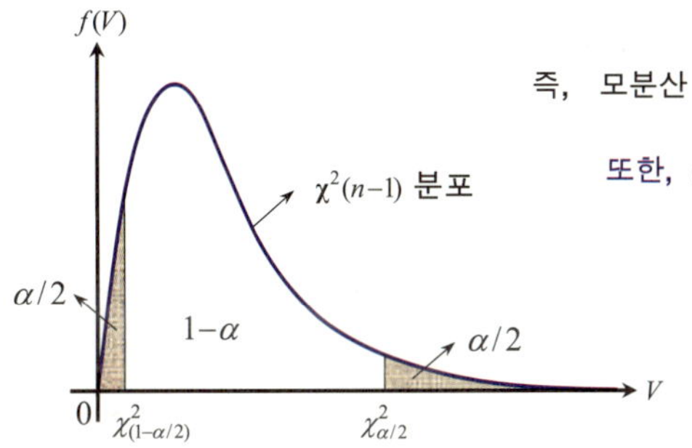

즉, 모분산 σ^2에 대한 $100(1-\alpha)\%$ 신뢰구간 : $\frac{(n-1)s^2}{\chi^2_{\alpha/2}(n-1)} < \sigma^2 < \frac{(n-1)s^2}{\chi^2_{(1-\alpha/2)}(n-1)}$

또한, $n \geq 10$일 때, 모 표준편차 σ에 대한 $100(1-\alpha)\%$ 신뢰구간 ;

$$s\sqrt{\frac{(n-1)}{\chi^2_{\alpha/2}(n-1)}} < \sigma < s\sqrt{\frac{(n-1)}{\chi^2_{(1-\alpha/2)}(n-1)}}$$

알아두기

나. 두 모집단 간 모분산의 대소 관계 추정

☞ 두 모집단 간 모분산의 크기 비교는 보통 '분산의 비 (σ_1^2/σ_2^2)'를 이용함.

독립인 두 정규 모집단 $\mathbf{N}(\mu_1,\sigma_1^2), \mathbf{N}(\mu_2,\sigma_2^2)$에서 크기 n, m의 두 표본을 임의 추출할 때, 각 각

표본분산이 s_1^2, s_2^2 이면 , $U=\dfrac{(n-1)s_1^2}{\sigma_1^2} \sim \chi^2(n-1)$, $V=\dfrac{(m-1)s_2^2}{\sigma_2^2} \sim \chi^2(m-1)$

따라서 , $F=\dfrac{U/(n-1)}{V/(m-1)}=\dfrac{s_1^2/\sigma_1^2}{s_2^2/\sigma_2^2} \sim \mathbf{F}(n-1, m-1)$ (**F** 분포의 정의)

$\mathbf{F}(n-1, m-1)$ 분포에서, 왼쪽, 오른쪽 꼬리확률이 각각 $\alpha/2$ 인 경계값 ; $f_{(1-\alpha/2)}(n-1,m-1)$, $f_{\alpha/2}(n-1,m-1)$

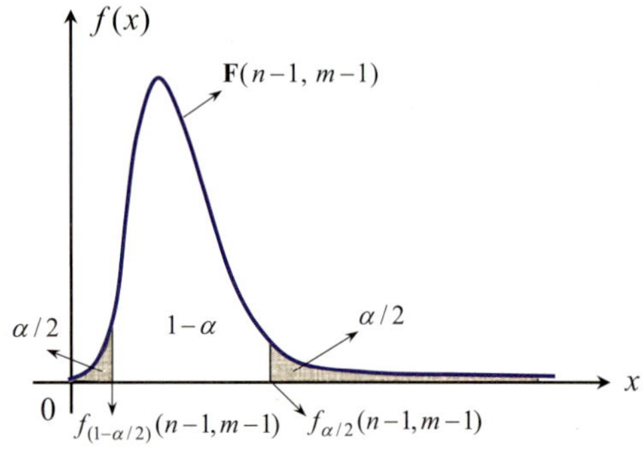

$$\Rightarrow P\left(f_{(1-\alpha/2)}(n-1,m-1) < \frac{s_1^2/\sigma_1^2}{s_2^2/\sigma_2^2} < f_{(1-\alpha/2)}(n-1,m-1) \right)$$

$$= P\left(\frac{s_1^2/s_2^2}{f_{(1-\alpha/2)}(n-1,m-1)} < \frac{\sigma_1^2}{\sigma_2^2} < \frac{s_1^2/s_2^2}{f_{\alpha/2}(n-1,m-1)} \right) = 1-\alpha$$

→ 모분산 비에 대한 $100(1-\alpha)\%$ 신뢰구간 ;

$$\frac{s_1^2/s_2^2}{f_{(1-\alpha/2)}(n-1,m-1)} < \frac{\sigma_1^2}{\sigma_2^2} < \frac{s_1^2/s_2^2}{f_{\alpha/2}(n-1,m-1)}$$

알아두기

예제 3.2.5 모분산의 구간추정

다음 표본은 정규분포를 이루는 모집단에서 추출한 것이다.

i	1	2	3	4	5	6	7	8	9	10
x	25	36	30	29	34	28	32	29	27	31

1) 모분산의 점추정값 ?

2) 모분산에 대한 **95%** 신뢰구간 ?

풀이

1) 표본의 크기 $n = 10$

$$\bar{x} = \frac{1}{n}\sum_{i=1}^{n} x_i = 30.1 \;,\quad s^2 = \frac{1}{n-1}\sum_{i=1}^{n}(x_i - \bar{x})^2 = \frac{1}{9}\sum_{i=1}^{10}(x_i - 30.1)^2 = 10.77$$

따라서, 모분산의 점추정값 : $\hat{\sigma}^2 = s^2 = 10.77$

2) $n = 10$ 이므로 $V = \dfrac{(n-1)s^2}{\sigma^2} \sim \chi^2(9)$ $\rightarrow$ $\chi^2_{0.025}(9) = 19.02$, $\chi^2_{0.975}(9) = 2.70$

따라서, σ^2에 대한 95% 신뢰구간 ; $\dfrac{9\times 10.77}{19.02} < \sigma^2 < \dfrac{9\times 10.77}{2.70}$ $\rightarrow$ $5.10 < \sigma^2 < 35.9$

알아두기

예제 3.2.6 모분산 비의 구간추정

어느 집단의 남녀 키의 분포를 조사하기 위하여 남녀 각각 21 명, 16 명을 임의 선정하여 표본조사를 한 결과, 남자와 여자 키의 표준편차는 각각 5.2[cm], 4.0[cm] 였다면, 남자와 여자의 모분산 비에 대한 90%신뢰구간은 ?

풀이

표본의 크기 $n=21, m=16$, $s_1^2=5.2$, $s_2^2=4.0$ $\rightarrow$ $\dfrac{s_1^2}{s_1^2}=\dfrac{5.2}{4.0}=1.3$

자유도 $n-1=20,\ m-1=15$ 인 $\mathbf{F}(20,15)$ 분포에서

$$f_{0.05}(20,15)=2.33,\quad f_{0.95}(20,15)=\frac{1}{f_{0.05}(15,20)}=\frac{1}{2.20}=0.45$$

☞ $f_{1-\alpha}(n,m)=\dfrac{1}{f_\alpha(m,n)}$

따라서, 모분산 비에 대한 90% 신뢰구간의 하한 및 상한 ;

$$\hat{l}=\frac{s_1^2/s_2^2}{f_{0.05}(20,15)}=\frac{1.3}{2.33}=0.558,\qquad \hat{u}=\frac{s_1^2/s_2^2}{f_{0.95}(20,15)}=\frac{1.3}{0.45}=2.889$$

$$\rightarrow\quad 0.558<\frac{\sigma_1^2}{\sigma_2^2}<2.889$$

알아두기

3.2.4 모비율의 추정

가. 모집단의 비율 추정

특정 속성을 가진 원소의 비율이 p 인 모집단에서 크기 n 의 표본을 임의 추출할 때,
표본 중 특정 속성을 가진 원소의 수 $X \sim \mathrm{B}(n,p)$ (3.1 절)

n 이 충분히 큰 경우 ($np>5$, $n(1-p)5$) ; $X \approx \mathrm{N}(np, npq)$ (중심극한 정리)

모비율 p 의 추정량 $\hat{p}=\dfrac{X}{n} \approx \mathrm{N}\left(p, \dfrac{pq}{n}\right)$ → 표준화 $Z=(\hat{p}-p)\Big/\sqrt{\dfrac{pq}{n}} \approx \mathrm{N}(0,1)$

$$\Rightarrow P\left(\left|(\hat{p}-p)\Big/\sqrt{\frac{pq}{n}}\right|<z_{\alpha/2}\right)=P\left(-z_{\alpha/2}\sqrt{\frac{pq}{n}}<\hat{p}-p<z_{\alpha/2}\sqrt{\frac{pq}{n}}\right)=P\left(\hat{p}-z_{\alpha/2}\sqrt{\frac{pq}{n}}<p<\hat{p}+z_{\alpha/2}\sqrt{\frac{pq}{n}}\right)=1-\alpha$$

→ $\hat{p}$ 의 표준오차 $SE(\hat{p})=\sqrt{\dfrac{pq}{n}}$, n 이 충분히 크면, $p \approx \hat{p}=\dfrac{x}{n}$ (x : X 의 관측치) → $SE(\hat{p}) \approx \sqrt{\dfrac{\hat{p}\hat{q}}{n}}$

→ 모비율 p 의 $100(1-\alpha)\%$ 양쪽 신뢰구간 ; $\hat{p}-z_{\alpha/2}\sqrt{\dfrac{\hat{p}\hat{q}}{n}}<p<\hat{p}+z_{\alpha/2}\sqrt{\dfrac{\hat{p}\hat{q}}{n}}$

☞ $100(1-\alpha)\%$ 의 한쪽 신뢰구간

하한 신뢰구간 : $P\left(\hat{p}-z_{\alpha}\sqrt{\dfrac{\hat{p}\hat{q}}{n}}<p\right)=1-\alpha$, 상한 신뢰구간 : $P\left(p<\hat{p}+z_{\alpha}\sqrt{\dfrac{\hat{p}\hat{q}}{n}}\right)=1-\alpha$

알아두기

나. 두 모집단의 비율 차이 추정

서로 독립이며 모비율이 p_1, p_2 인 두 모집단에서 크기 n, m 의 표본을 임의 추출할 때,

각각, 표본비율 $\hat{p}_1, \hat{p}_2$, 특정 속성을 갖는 원소 수의 관측치 $X = x, Y = y$ 라 하면,

$$\hat{p}_1 = \frac{x}{n} \approx \mathrm{N}\left(p_1, \frac{p_1 q_1}{n}\right), \quad \hat{p}_2 = \frac{y}{m} \approx \mathrm{N}\left(p_2, \frac{p_2 q_2}{n}\right) \quad (\ q_1 = 1 - p_1,\ q_2 = 1 - p_2\ )$$

두 모집단이 독립이므로, $\hat{p}_1 - \hat{p}_2 \approx \mathrm{N}\left(p_1 - p_2, \frac{p_1 q_1}{n} + \frac{p_2 q_2}{m}\right)$

→ 표준화 확률변수 $Z = \dfrac{(\hat{p}_1 - \hat{p}_2) - (p_1 - p_2)}{\sqrt{\frac{p_1 q_1}{n} + \frac{p_2 q_2}{m}}} \cong \dfrac{(\hat{p}_1 - \hat{p}_2) - (p_1 - p_2)}{\sqrt{\frac{\hat{p}_1 \hat{q}_1}{n} + \frac{\hat{p}_2 \hat{q}_2}{m}}} \approx \mathrm{N}(0, 1)$

따라서 $\hat{p}_1 - \hat{p}_2$ 의 표준오차 $SE(\hat{p}_1 - \hat{p}_2) \approx \sqrt{\frac{\hat{p}_1 \hat{q}_1}{n} + \frac{\hat{p}_2 \hat{q}_2}{m}}$

$$\Rightarrow P\left(\left|\frac{(\hat{p}_1 - \hat{p}_2) - (p_1 - p_2)}{\sqrt{\frac{\hat{p}_1 \hat{q}_1}{n} + \frac{\hat{p}_2 \hat{q}_2}{m}}}\right| < z_{\alpha/2}\right) = P\left(-z_{\alpha/2}\sqrt{\frac{\hat{p}_1 \hat{q}_1}{n} + \frac{\hat{p}_2 \hat{q}_2}{m}} < (p_1 - p_2) - (\hat{p}_1 - \hat{p}_2) < +z_{\alpha/2}\sqrt{\frac{\hat{p}_1 \hat{q}_1}{n} + \frac{\hat{p}_2 \hat{q}_2}{m}}\right)$$

$$= P\left((\hat{p}_1 - \hat{p}_2) - z_{\alpha/2}\sqrt{\frac{\hat{p}_1 \hat{q}_1}{n} + \frac{\hat{p}_2 \hat{q}_2}{m}} < (p_1 - p_2) < (\hat{p}_1 - \hat{p}_2) + z_{\alpha/2}\sqrt{\frac{\hat{p}_1 \hat{q}_1}{n} + \frac{\hat{p}_2 \hat{q}_2}{m}}\right) = 1 - \alpha$$

→ 모비율 차이 $p_1 - p_2$ 의 $100(1-\alpha)\%$ 신뢰구간 ;

$$(\hat{p}_1 - \hat{p}_2) - z_{\alpha/2}\sqrt{\frac{\hat{p}_1 \hat{q}_1}{n} + \frac{\hat{p}_2 \hat{q}_2}{m}} < (p_1 - p_2) < (\hat{p}_1 - \hat{p}_2) + z_{\alpha/2}\sqrt{\frac{\hat{p}_1 \hat{q}_1}{n} + \frac{\hat{p}_2 \hat{q}_2}{m}}$$

알아두기

예제 3.2.7 표본비율을 이용한 모비율의 추정

어떤 회사에서 새로 개발한 조명램프의 신뢰성을 알아보기 위하여 500 개를 임의 추출하여 4,500 시간 동안 사용하였을 때, 그 때까지 정상적으로 동작한 것은 487 개였다. 이 표본조사 결과를 바탕으로,

1) 이 램프이 4,500 시간 이상 정상적으로 작동할 비율 p 의 추정값 **?**

2) 모비율 p 에 대한 95% 신뢰구간은 **?**

3) 신뢰수준을 90%로 할 때, 모비율 p 는 얼마 이상이라고 볼 수 있는가 **?**

풀이 :

1) 모비율 p 의 추정값 $\hat{p} = \frac{x}{n} = \frac{487}{500} = 0.974$.

2) 추정치 표준오차 $SE(\hat{p}) = \sqrt{\frac{\hat{p}(1-\hat{p})}{n}} = \sqrt{\frac{0.974 \times (1-0.974)}{500}} = 0.0071$, $z_{0.025} = 1.96$

→ 95% 오차한계 ; $z_{0.025} \times SE(\hat{p}) = 1.96 \times 0.0071 = 0.0139$

따라서, 모비율 p 에 대한 95% 신뢰구간 ; $0.974 - 0.0139 < p < 0.974 + 0.0139$ → $0.960 < p < 0.988$

3) $1-\alpha = 0.9$ ($z_{0.1} = 1.28$) 일 때, 한쪽 신뢰구간 $P\left(\hat{p} - z_{\alpha}\sqrt{\frac{\hat{p}(1-\hat{p})}{n}} < p\right) = 1-\alpha$ 의 하한을 구하는 것이므로,

$\hat{l} = \hat{p} - z_{0.1}\sqrt{\frac{\hat{p}(1-\hat{p})}{n}} = 0.974 - 1.28 \times 0.0071 = 0.965$ → $0.965 < p$

알아두기

예제 3.2.8 두 모집단 비율의 차이 추정

예제 7 의 경우와 비교하기 위하여, 다른 회사에서 개발한 같은 규격의 조명램프 400 개를 임의 추출하여 같은 실험을 했을 때 정상적으로 동작한 것은 342 개였다.

1) 두 회사 제품의 비율 차이 $p_1 - p_2$ 의 추정값 ?

2) $p_1 - p_2$ 에 대한 95% 신뢰구간은 ?

풀이 :

1) 2 번째 모집단 비율 p_2 의 추정값 : $\hat{p}_2 = \frac{y}{m} = \frac{342}{400} = 0.855$.

따라서 $p_1 - p_2$ 의 추정치 : $\hat{p}_1 - \hat{p}_2 = 0.974 - 0.855 = 0.119$

2) 추정치 표준오차 $SE(\hat{p}_1 - \hat{p}_2) = \sqrt{\frac{\hat{p}_1\hat{q}_1}{n} + \frac{\hat{p}_2\hat{q}_2}{m}} = \sqrt{\frac{0.974 \times 0.026}{500} + \frac{0.855 \times 0.145}{400}} = 0.0190$,

또한, $z_{0.025} = 1.96$ → 95% 오차한계 ; $z_{0.025} \times SE(\hat{p}_1 - \hat{p}_2) = 1.96 \times 0.019 = 0.0372$

따라서, 모비율 p 에 대한 95% 신뢰구간 ;

$$0.119 - 0.0372 < p_1 - p_2 < 0.119 + 0.0372 \quad \rightarrow \quad 0.0818 < p < 0.156$$

알아두기

3.2.5 표본의 크기 추정

너무 적으면, 모집단의 통계적 특성을 추정할 때 불확실성 증가,

너무 크면, 모집단의 통계적 특성을 추정할 때 불확실성은 감소하지만 비경제적 !

→ 원하는 신뢰수준과 오차한계(신뢰구간의 길이)에 맞는 '효율적인 표본의 크기' 검토가 필요함

가. 모집단 평균 추정을 위한 표본의 크기

정규모집단에서 추출한 크기 n 인 표본의 경우, 모평균 μ 에 대한 $100(1-\alpha)$ % 신뢰수준에서 ;

신뢰구간 : $\bar{x} - z_{\alpha/2}\dfrac{\sigma}{\sqrt{n}} < \mu < \bar{x} + z_{\alpha/2}\dfrac{\sigma}{\sqrt{n}}$ → 신뢰구간의 길이 = 2 x 오차의 한계 : $L = 2z_{\alpha/2}\dfrac{\sigma}{\sqrt{n}}$

따라서, 신뢰구간의 길이가 L_0 를 넘지 않도록 하려면, $2z_{\alpha/2}\dfrac{\sigma}{\sqrt{n}} \le L_0$ → $n \ge 4\left(\dfrac{z_{\alpha/2}}{L_0}\sigma\right)^2$

모분산을 알지 못하는 경우, $100(1-\alpha)$ % 신뢰구간 ; $\bar{x} - t_{\alpha/2}(n-1)\dfrac{s}{\sqrt{n}} < \mu < \bar{x} + t_{\alpha/2}(n-1)\dfrac{s}{\sqrt{n}}$

신뢰구간의 길이를 L_0 이하로 하려면 $L = 2t_{\alpha/2}(n-1)\dfrac{\sigma}{\sqrt{n}} \le L_0$ → $n \ge 4\left(\dfrac{t_{\alpha/2}(n-1)}{L_0}s\right)^2$

☞ 이 경우 n 을 결정하려면, $t_{\alpha/2}(n-1)$ 을 알아야 하는 어려움이 있지만 ;
근사적으로, 이미 조사된 표본조사 결과를 이용하거나, $n \ge 30$ 일 때는
$t_{0.05}(n-1) \le 1.7$, $t_{0.025}(n-1) \le 2.1$, $t_{0.005}(n-1) \le 2.8$ 이므로 최대값 사용

알아두기

예제 3.2.9 모평균 추정을 표본의 크기

어떤 1.5V 건전지 제품에 대한 출력전압의 평균값을 알아보기 위하여, 임의로 선정한 21 개 표본을 조사한 결과 평균값에 대한 95%신뢰구간이 (1.480, 1.512) 였다. 95%신뢰구간의 길이를 0.02 보다 작게 하려면 표본은 최소한 몇 개 더 필요한가 ?

풀이

표본의 크기 $n=21$, 신뢰수준 $1-\alpha=0.95$ ($\alpha=0.05$)

조사된 95%신뢰구간의 길이 $L=1.510-1.482=0.028$, 또한 $t_{\alpha/2}(n-1)=t_{0.025}(20)=2.086$ 이므로,

$$0.028=2\cdot t_{\alpha/2}(n-1)\frac{s}{\sqrt{n}}=\frac{2\cdot(2.086)s}{\sqrt{21}} \quad \rightarrow \quad s=0.031$$

따라서, 95%신뢰구간의 길이를 $L_0=0.02$ 이하로 하려면,

$$n\geq 4\cdot\left(\frac{t_{\alpha/2}(n-1)\cdot s}{L_0}\right)^2=4\cdot\left(\frac{2.086\times 0.031}{0.02}\right)^2=41.8$$

즉, $n=42$ 개 → 최소한 21 개의 표본이 더 필요함.

알아두기

☞ 두 모집단 평균의 차이를 추정을 하는 경우 ;

독립인 두 정규 모집단 $\mathbf{N}(\mu_1, \sigma_1^2), \mathbf{N}(\mu_2, \sigma_2^2)$ 에서 추출한 크기 n, m 의 두 표본으로부터 얻은 모평균 차이 $\mu_1 - \mu_2$ 에 대한 $100(1-\alpha)$ % 신뢰구간,

$$(\bar{x}-\bar{y}) - z_{\alpha/2}\sqrt{\frac{\sigma_1^2}{n}+\frac{\sigma_2^2}{m}} < (\mu_1 - \mu_2) < (\bar{x}-\bar{y}) + z_{\alpha/2}\sqrt{\frac{\sigma_1^2}{n}+\frac{\sigma_2^2}{m}}$$

→ $100(1-\alpha)$ % 신뢰구간의 길이 $L = 2\cdot z_{\alpha/2}\sqrt{\frac{\sigma_1^2}{n}+\frac{\sigma_2^2}{m}}$ → $n = m$ 이면 $L = 2\cdot z_{\alpha/2}\sqrt{\frac{\sigma_1^2+\sigma_2^2}{n}}$

⇒ $100(1-\alpha)$ % 신뢰구간의 길이를 L_0 이하로 하려면 ;

$$n = m \ge \frac{4\cdot z_{\alpha/2}^2(\sigma_1^2+\sigma_2^2)}{L_0^2}$$

모분산을 알지 못하는 경우, 앞에서 처럼 표본 분산 이용하여 ;

$$n = m \ge \frac{4\cdot t_{\alpha/2}^2(2n-2)(s_1^2+s_2^2)}{L_0^2}$$

☞ 이 경우도 $t_{\alpha/2}(2n-2)$ 값은 앞의 경우와 같이 근사적으로 처리 한다.

알아두기

나. 모집단의 비율 추정을 위한 표본의 크기

모비율 p 에 대한 $100(1-\alpha)$ % 신뢰구간 ; $\hat{p}-z_{\alpha/2}\sqrt{\dfrac{\hat{p}(1-\hat{p})}{n}} < p < \hat{p}+z_{\alpha/2}\sqrt{\dfrac{\hat{p}(1-\hat{p})}{n}}$

→ $100(1-\alpha)$ % 신뢰구간의 길이 $L = 2\cdot z_{\alpha/2}\sqrt{\dfrac{\hat{p}(1-\hat{p})}{n}}$

⇒ $100(1-\alpha)$ % 신뢰구간의 길이를 L_0 이하로 하려면, $2\cdot z_{\alpha/2}\sqrt{\dfrac{\hat{p}(1-\hat{p})}{n}} \le L_0$ 따라서, $n \ge 4\cdot z_{\alpha/2}^2 \dfrac{\hat{p}(1-\hat{p})}{L_0^2}$

여기서, $\hat{p}$는 표본조사를 실시하기 전에는 알 수 없는 값이므로,

i) 근사적으로 과거의 경험이나 그 이전에 실시된 조사를 통하여 얻어진 값 $\hat{p}=\overline{p}$를 사용하거나,

ii) 우변의 분자 $\hat{p}(1-\hat{p}) = -\hat{p}^2+\hat{p} = -(\hat{p}-\frac{1}{2})^2+\frac{1}{4} \le \frac{1}{4}$ 의 최대값을 사용하여, $n \ge \dfrac{z_{\alpha/2}^2}{L_0^2}$

예제 **3.2.10** 모 비율 추정을 위한 표본의 크기

대통령 후보 지지도에 대한 오차 범위 ±2.5%에서 신뢰수준 95%의 신뢰구간을 얻고자 한다면, 여론조사를 실시해야 할 최소한의 인원 수는 ?

풀이

원하는 신뢰구간의 길이 : $L_0 = 2\times 0.025 = 0.05$, 또한 $z_{\alpha/2} = z_{0.025} = 1.96$

따라서, $n \ge \left(\dfrac{z_{\alpha/2}}{L_0}\right)^2 = \left(\dfrac{1.96}{0.05}\right)^2 = 1{,}536.6$ 즉, $n = 1{,}537$ 명 이상

알아두기

3장 연습문제

1. 어떤 지역의 에너지수요[Mw]는 매일 확률 0.6으로 1만큼 오르거나 확률 0.4로 1만큼 내린다고 하자. 기준일의 수요가 300일 때 90일 후의 수요 $X = 300 + \sum_{i=1}^{90} X_i$에 대하여
   (1) $E(X_i)$를 구하여라.
   (2) $Var(X_i)$를 구하여라.
   (3) 중심극한정리를 이용하여, 90일 후의 수요가 330 이상일 확률을 구하여라.

2. 다음은, 같은 종류의 부품이 담긴 자루 A, B에서 임의로 표본을 추출하여 무게[g]를 조사한 자료이다. 두 자루에 담긴 부품의 무게는 각기 정규분포로 가정한다.

자루 A	$n = 12,\ \bar{x} = 56,\ s_X^2 = 25$
자루 B	$m = 10,\ \bar{y} = 53,\ s_Y^2 = 34$

   (1) 두 표본의 모분산이 같이 32라 할 때, 합동표본분산이 15.3보다 작을 확률의 근사값을 구하라.
   (2) 두 표본에 대한 합동표본분산을 구하라.
   (3) 두 모평균이 동일하다 할 때, 자루 A의 평균이 자루 B의 평균보다 3.1[g] 이상 크지 않을 확률의 근사값을 구하라.
   (4) 모분산이 각각 $\sigma_A^2 = 30$, $\sigma_B^2 = 32$이라할 때, B의 표본분산이 A의 표본분산의 3.1배 보다 클 확률의 근사값을 구하라.

3. 확률질량함수가 $f(0) = 0.7$, $f(1) = 0.3$인 모집단으로부터 크기 2인 표본을 임의 추출할 때, 표본평균의 확률분포와 기댓값 그리고 분산을 구하라.

4. 두 정규모집단 $\mathrm{N}(250, 30)$, $\mathrm{N}(220, 7)$에서 각각 크기 60과 50인 표본을 임의로 추출하였을 때, 두 표본평균의 차가 29와 32 사이일 확률을 구하라.

5. $X_i \sim \mathrm{N}(50, 144)$, $i = 1, 2, \cdots, 225$에 대하여 표본평균이 어떤 상수 k보다 클 확률이 0.90일 때, k를 구하라.

6. 3개의 표본 X_1, X_2, X_3에 대하여

   $E(X_1) = \mu,\ Var(X_1) = 3,\quad E(X_2) = \mu,\ Var(X_2) = 5,\quad E(X_3) = \mu,\ Var(X_3) = 10$

   일 때, 다음과 같은 3가지의 추정량을 생각한다.

$$\widehat{\mu_1} = \frac{1}{3}(X_1 + X_2 + X_3), \qquad \widehat{\mu_2} = \frac{1}{4}(X_1 + 2X_2 + X_3), \qquad \widehat{\mu_3} = \frac{1}{5}(X_1 + 2X_2 + 3X_3)$$

(1) 각 추정량의 편의(bias)를 구하여 편의성 여부를 판정하라.
(2) 각 추정량의 분산을 구하고, 최소분산 불편추정량을 구하여라.

7. 독립인 두 정규모집단 $N(\mu_1, 16)$와 $N(\mu_2, 9)$로부터 각각 크기 25과 36인 표본을 추출하여 표본평균 $\bar{x} = 17.0$, $\bar{y} = 15.5$을 얻었다.
   (1) 모평균 차의 점추정값 및 확률변량 $(\overline{X} - \overline{Y})$의 표준오차($SE$: standard error)를 구하라.
   (2) $\left|(\overline{X} - \overline{Y}) - (\mu_1 - \mu_2)\right|$에 대한 95% 오차한계 및 $(\mu_1 - \mu_2)$에 대한 95% 신뢰구간을 구하라.

8. 일반적으로 월요일은 주 중 다른 날에 비해 제조업 작업능률이 낮은 것으로 알려져 있다. 어떤 자동차 조립공정에서 월요일의 결함율은 7%이고, 다른 요일의 결함율은 5%라고 한다. 이를 확인하기 위하여 월요일에 조립된 110대와 다른 요일에 조립된 150대를 임의 선정하여 조사할 때, 월요일 조립 자동차가 다른 요일 조립 자동차보다 결함율이 3.5% 이상일 확률을 구하라.

9. 다음은, 같은 종류의 부품이 담긴 자루 A, B에서 임의로 표본을 추출하여 무게[g]를 조사한 자료이다. 두 자루에 담긴 부품의 무게는 분산이 같은 정규분포를 이룬다.

자루 A	$n = 12$, $\bar{x} = 56$, $s_X^2 = 25$
자루 B	$m = 10$, $\bar{y} = 53$, $s_Y^2 = 34$

   (1) 두 모평균 차의 점추정값을 구하라.
   (2) 확률변량 $(\overline{X} - \overline{Y})$의 90%오차한계 및 $(\mu_A - \mu_B)$에 대한 90%신뢰구간을 구하라.

10. 모평균 μ_X, μ_Y 인 두 정규모집단으로부터 각각 크기 11, 16인 표본을 임의로 추출하여 $\bar{x} = 432$, $\bar{y} = 451$와 $s_X = 5$, $s_Y = 7$인 결과를 얻었다. 모평균의 차 $(\mu_X - \mu_Y)$에 대한 95% 신뢰구간을 구하라.

11. 평균값이 μ이고 표준편차 $\sigma = 7.2$인 어떤 확률분포에 대하여, μ를 추정하려고 한다.
   (1) 모집단을 정규분포로 가정하고, 36개를 임의로 추출한 표본평균이 $\bar{x} = 110$ 이었다. μ에 대한 95% 신뢰구간을 구하여라.
   (2) 모집단을 분포를 알 수 없다고 생각하고, 표본의 크기를 100으로 했을 때 표본평균이 $\bar{x} = 108$ 이었다. μ에 대한 95% 근사 신뢰구간을 구하라.

12. 총선의 한 후보자가 자신의 지지율을 알아보기 위하여 유권자 1,200명을 임의로 선정하여 여론조사를 실시한 결과 그 중 594명의 지지를 받았다면,

(1) 전체 유권자의 지지율을 추정하라.

(2) 표본비율 $\hat{p}$의 표준오차를 구하라.

(3) $|\hat{p}-p|$에 대한 95%오차한계 및 전체 유권자의 지지율에 대한 95%신뢰구간을 구하라.

13. 지금까지의 생산경험을 바탕으로 두께의 표준편차가 4.2[mm]라고 알고 있는 특수강판의 평균두께를 추정하려 한다. 95%신뢰구간의 길이가 1.0[mm]이하가 되도록 하려면, 표본의 크기를 최소한 얼마로 해야 하는가 ?

14. 다음 표본에 대한 모분산의 95% 신뢰구간을 구하여라.

3.3	5.1	3.9	0.8	2.1	3.2	1.6	3.2	1.8	2.4
1.3	2.0	4.2	1.5	1.6	3.5	2.3	1.9	3.6	0.7

15. 낱 개당 무게의 평균이 57[mg], 표준편차가 24[mg]로 알려진 모집단에서 임의로 500개를 선정했을 때,

(1) 표본의 평균이 59[mg] 이상일 근사확률을 구하라.

(2) 표본의 평균이 56[mg] 이하일 근사확률을 구하라.

16. 평균 $\mu=68$, 표준편차 $\sigma=12$인 정규 모집단에서 크기 n인 표본을 임의로 추출하여, $E(\overline{X})=72$과 $Var(\overline{X})=0.96$를 얻었다고 한다. 표본의 크기 n와 표본의 합(S)을 구하여라.

17. 다음 표본 A, B 는 분산이 같고, 평균은 각각 $\mu_1=72.0$, $\mu_2=68.4$인 두 정규모집단에서 임의추출한 것이다. 표본평균의 차($\overline{X}-\overline{Y}$)가 t_0 보다 클 확률이 5%가 되는 t_0값을 구하라.

표본 A	$n=17$, $\overline{x}=72.8$, $s_1=4.0$
표본 B	$m=10$, $\overline{y}=68.0$, $s_2=4.4$

18. 다음 표본 A, B 는 분산이 같은 두 정규모집단에서 임의로 추출한 것이다. 표본평균 차의 관측값 $\hat{\delta}=\overline{x}-\overline{y}$ 와 모평균의 차 $\delta=\mu_x-\mu_y$ 의 편차가 t_0보다 작을 확률이 95%가 되는 t_0를 구

하라. 또한 그 때의 모평균의 차 δ의 범위를 구하라.

표본 A	$n=17,\quad \overline{x}=45.3,\quad s_1=1.4$
표본 B	$m=25,\quad \overline{y}=47.5,\quad s_2=0.6$

19. 과거 기록을 바탕으로 옥외 변압기 결함의 72%는 그 원인이 번개에 의한 것이라고 하자. 결함이 발생한 변압기 211개를 조사했을 때 번개에 의한 결함이 157개 이상일 확률을 구하라.

20. 어느 지역에서 A 후보자는 그 지역의 유권자를 상대로 51%의 지지율을 얻고 있다고 하자. 무작위 500명의 유권자를 대상으로 여론조사를 했을 때, A 후보자의 지지율이 49%이하일 확률을 구하여라.

21. 어떤 통계조사에 따르면 20세 이상 남성과 여성 중 흡연 비율은 각각 38.2%와 27.3%라고 한다. 20세 이상 남성 500명과 여성 450명을 무작위 선정하여 조사했을 때, 남성과 여성의 흡연비율의 차가 10%이하일 확률을 구하라.

22. 우리나라 대도시 주거형태에 대한 무작위 여론조사를 실시하여, 16,542 가구가 다음과 같이 응답하였다. 이 결과를 바탕으로, 우리나라 주거형태의 비율을 유형별로 추정하라.

자기 소유	전 세	월 세
6,593	8,279	1,670

23. $E(X_1)=\mu$, $E(X_2)=\mu$, $Var(X_1)=4$, $Var(X_2)=9$ 라 할 때,

(1) $\hat{\mu}=\dfrac{1}{2}(X_1+X_2)$의 분산을 구하라.

(2) $\hat{\mu}_1=\alpha X_1+(1-\alpha)X_2$의 분산을 최소로 하는 상수 α를 구하라.

24. 크기 25인 표본에서 $\sum_{i=1}^{25} x_i = 1,880$, $\sum_{i=1}^{20} x_i^2 = 131,635$ 라 할 때, 모집단의 평균과 분산을 점추정하라.

25. p를 모수로 갖는 이항분포로부터 추출한 확률표본 $X_1, X_2, \cdots, X_{10}$이라 할 때,

(1) $\hat{p}=\overline{X}/10$가 모수 p에 대한 불편추정량임을 밝혀라.

(2) 관찰된 표본이 아래와 같을 때, 모수 p에 대한 불편추정값을 구하라.

x	4 8 3 5 1 6 2 9 4 7

26. 어떤 제품의 무게[g]는 정규분포를 따른다고 한다. 25개를 임의 선정한 표본에 대한 평균이 74, 분산이 4.12였다면, 실제 모집단의 평균무게 μ에 대한 95% 신뢰구간을 구하라.

27. 어떤 정규모집단으로부터 크기 16인 확률표본을 추출하여 $\overline{x}=67.3$와 $s^2=9.0$인 결과를 얻었을 때, 모평균 μ에 대한 90%, 95%, 99% 신뢰구간을 구하라.

28. 표준편차가 4, 5로 알려진 두 정규모집단으로부터 각각 크기 15, 13인 확률표본을 추출하였을 때, 표본평균이 각각 65.2, 59.8이라면, 모평균의 차 ($\mu_1-\mu_2$)에 대한 95% 신뢰구간을 구하라.

29. 분산이 같은 두 정규모집단에서, 임의로 표본을 추출하여 다음 결과를 얻었다.

표본 A	$n=25$, $\overline{x}=67.5$, $s_1=0.53$
표본 B	$m=17$, $\overline{y}=65.2$, $s_2=1.20$

(1) 두 모집단 평균값의 차 ($\mu_1-\mu_2$)에 대한 점추정값을 구하라.

(2) ($\mu_1-\mu_2$)에 대한 95% 신뢰구간을 구하라.

(3) 95% 신뢰수준에서 ($\mu_1-\mu_2$)에 대한 최대오차를 구하라.

30. 모집단의 표준편차가 11.2, 9.0인 두 정규분포에서, 각각 크기 13, 90인 표본을 임의로 추출하여 표본평균 113.2, 101.0 을 얻었다. 모집단 평균의 차에 대한 95% 신뢰구간을 구하라.

31. 어느 해 대학 졸업자 1,000명을 임의로 조사한 결과 473명이 취업이 결정된 것으로 나타났다. 이 결과를 바탕으로 대졸자 취업률에 대한 90% 신뢰구간을 구하라.

(1) 전체 20대 여성의 취업률에 대한 추정값을 구하여라.

(2) 표준오차를 구하여라.

(3) 90% 오차한계를 구하여라.

(4) 20대 여성의 취업률에 대한 90% 신뢰구간을 구하여라.

32. 무작위로 선정한 미혼 직장인 1, 093명(남 481명, 여 612명)을 대상으로 정부의 출산 장려정책의 지지율을 조사한 결과, 267명의 남성과 236명의 여성이 지지하였다고 할 때, 남성과 여성의 지지율의 차 (p_1-p_2)에 대한 95% 신뢰구간을 구하라.

제 4 장
유의성 검정(Test of Significance)

4.1 유의성 검정(Significance Test)의 개념

표본조사를 이용한 추정을 근거로 얻어진 특정 명제나 주장에 대한 진위여부를 판정하는 작업.

표본조사의 결과로부터 다음 사항을 검정함 1) 관찰된 통계량과 이론적(가설적) 모수 값 과의 편차
2) 2개의 표본 통계의 편차의 유의성 여부

4.1.1가설검정(hypothesis testing)

표본통계량의 관찰값을 바탕으로 '모수(parameter)에 관한 어떤 주장(가설)' 의 타당성을 판정

(예) 우리나라 100세 이상 노령인구의 체중 평균이 '$65[kg]$ 이하'라고 발표했을 때, 그 타당성을 검증.

가. 용어 및 기호의 의미

귀무가설(Null hypothesis) H_0 : 타당성을 입증해야 할 가설(주장)

대립가설(Alternative hypothesis) H_1 : 귀무가설을 부정하는 가설

☞ 귀무가설 및 대립가설의 형태(예)

검정형태	귀무가설	대립가설
양측검정	$H_0 : \mu = 65[kg]$	$H_1 : \mu \neq 65[kg]$
우측검정	$H_0 : \mu \leq 65[kg]$	$H_1 : \mu > 65[kg]$
좌측검정	$H_0 : \mu \geq 65[kg]$	$H_1 : \mu < 65[kg]$

채택(accept) - H_0이 타당하여 H_0를 선택함 , 기각(reject) - H_1이 타당하여 H_0를 버림

임계값(기각값 , critical value) = 유의값(significant value) - H_0를 채택과 기각 영역을 구분하는 통계량의 경계값

채택영역(acceptance region) - H_0를 채택하는 범위,

기각영역(rejection region, critical region) - H_0를 기각하는 범위

유의수준(level of significance) = 위험수준(level of risk) - 통계량(확률변량)이 기각영역에 놓일 확률

알아두기

나. 표본추출 오차

표본추출 이론의 주 목적 - 표본의 결과로부터 모집단의 모수에 관한 유효한 결론 도출

→ 표본조사로부터 얻은 검정통계량(**test statistic**)을 바탕으로 가설의 선택여부를 결정함

제 **1** 종 오류 : H_0가 참일 때 H_0를 기각 (H_1를 채택)

오류의 크기(확률) = 유의수준 ; $\alpha = P(\{H_0 \text{기각}\}|\{H_0 : \text{참}\})$ → 생산자 위험(**producer's risk**)

즉, 유의수준은 제 **1** 종 오류를 일으킬 확률

제 **2** 종 오류 : H_0가 거짓(H_1가 참)일 때 H_0를 채택

오류의 크기(확률) ; $\beta = P(\{H_0 \text{채택}\}|\{H_1 : \text{참}\})$ → 소비자자 위험(**consumer's risk**)

실제 / 검정결과	H_0 참	H_1 참
H_0 채택	옳은 결정	제 **2** 종 오류
H_1 채택	제 **1** 종 오류	옳은 결정

☞ 유의값(임계값, 기각값) 은 '유의수준' 과 '대립가설의 형태(양측, 단측)' 에 영향을 받음.

알아두기

4.1.2 유의값

☞ 통계량 t에 대응하는 표본이 큰 경우,

$z = \dfrac{t - E(t)}{SE(t)}$ 는 평균 0 , 분산 1 인 정규분포

→ z값은 귀무가설에 대한 검정통계량(test statistic)

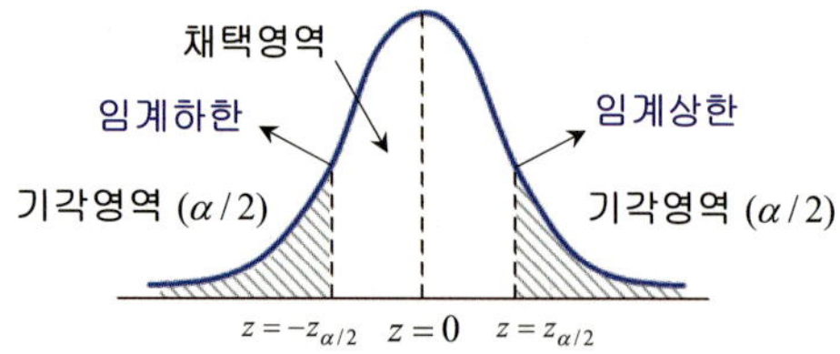

양측 검정

가. 양측검정 : 유의수준 α에 대한 검정통계량의 임계(기각)값 z_α

→ $P(|z| > z_{\alpha/2}) = \alpha$

→ $P(z > z_{\alpha/2}) + P(z < -z_{\alpha/2}) = \alpha$ (정규분포, 좌우대칭)

→ $P(z > z_{\alpha/2}) = \alpha/2$, $P(z < -z_{\alpha/2}) = \alpha/2$

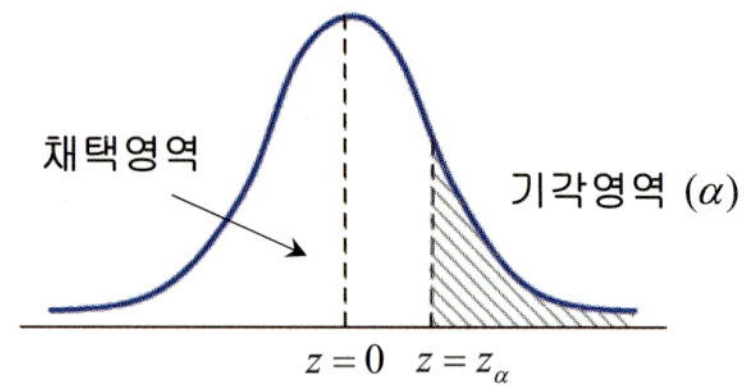

우측 검정

나. 우측검정 : 유의수준 α에 대한 검정통계량의 임계(기각)값 z_α

→ $P(z > z_\alpha) = \alpha$

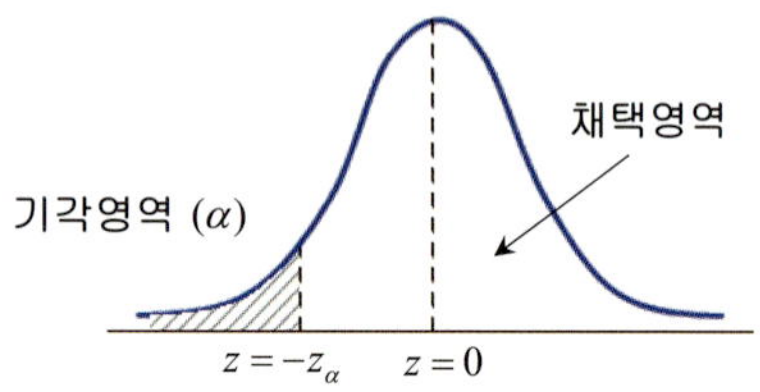

좌측 검정

다. 좌측검정 : 유의수준 α에 대한 검정통계량의 임계(기각)값 z_α

→ $P(z < -z_\alpha) = \alpha$

알아두기

☞ 자주 쓰이는 유의수준에 따른 임계값(기각값)

유의수준	1%(0.01)	5%(0.05)	10%(0.1)
양측검정	$\lvert z_{\alpha/2}\rvert = 2.58$	$\lvert z_{\alpha/2}\rvert = 1.96$	$\lvert z_{\alpha/2}\rvert = 1.645$
우측검정	$z_\alpha = 2.33$	$z_\alpha = 1.645$	$z_\alpha = 1.28$
좌측검정	$z_\alpha = -2.33$	$z_\alpha = -1.645$	$z_\alpha = -1.28$

☞ 가설 검정 순서

1) 귀무가설 설정

2) 대립가설 설정 – 검정형태 (양측, 단측) 결정

3) 유의수준 선정 - 추정의 신뢰성을 고려, 적절한 유의수준 선택

4) 귀무가설에 대한 검정통계량 $z = \dfrac{t - E(t)}{SE(t)}$ 계산

5) 비교 및 결론

☞ 양측검정의 경우, $|z| > z_{\alpha/2}$ → H_0 기각 → 결론 : 가설과 심각한 차이가 있음

$|z| < z_{\alpha/2}$ → H_0 채택 → 결론 : 가설과 큰 차이가 없음

알아두기

☞ 검정의 종류와 가설의 형태 (요약)

μ : 검정 대상 통계량 (예 : 모집단 평균값), μ_0 : 비교 기준값

Z : 검정통계량 (예 : 표준화 정규분포 변량), α : 유의수준 ($1-\alpha$: 신뢰수준)

z_α^l , z_α^u : 검정통계량의 유의수준 좌, 우측 임계값

검정의 형태	H_0의 형태	H_1의 형태	H_0 기각영역의 형태
양측검정	$\mu = \mu_0$	$\mu \neq \mu_0$	$Z < z_{\alpha/2}^l$ 또는 $z_{\alpha/2}^u < Z$ (양측 꼬리 확률)
우측(상단)검정	$\mu \le \mu_0$	$\mu > \mu_0$	$z_\alpha^u < Z$ (우측 꼬리 확률)
좌측(하단)검정	$\mu \ge \mu_0$	$\mu < \mu_0$	$Z < z_\alpha^l$ (좌측 꼬리 확률)

☞ 검정통계량의 확률분포가 좌우대칭인 경우 ; $|z_{\alpha/2}^l| = |z_{\alpha/2}^u| = z_{\alpha/2}$ (기각영역 $|Z| > z_{\alpha/2}$)

예제 4.1.1 가설검정 (양측검정)

'초등학교 2 학년 학생의 키[cm]는 평균 112.5, 표준편차 5.5 인 정규분포' 라는 발표를 확인하기 위하여, 무작위 추출한 32 명의 표본이 다음과 같을 때, 유의수준을 5%로 한 타당성 검정 ?

116	89	97	132	129	126	105	86	102	87	152	79	104	92	146	131
139	102	105	108	76	134	78	118	97	124	111	99	107	97	159	93

풀이

1) 가설의 설정 및 검정형태 결정

귀무가설 $H_0 : \mu = 112.5$, 대립가설 $H_1 : \mu \neq 112.5$ → 양측검정

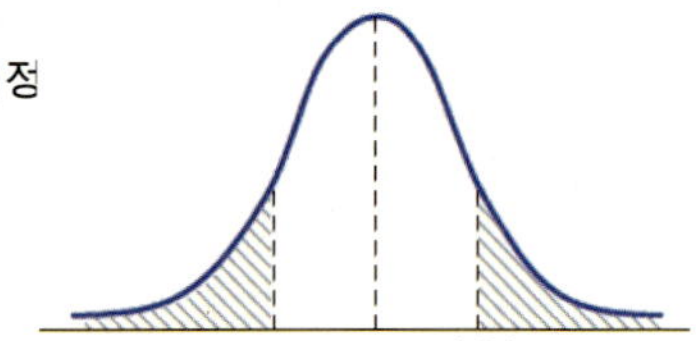

2) 유의수준 $\alpha = 0.05$에 해당하는 임계(기각)값 및 기각영역의 결정

$P(z > z_{\alpha/2}) = 0.05/2$ → $z_{\alpha/2} = 1.96$ (정규분포 표)

⇒ 채택영역 : $-1.96 \le z \le 1.96$, 기각영역 : $z < -1.96$ 또는 $1.96 < z$

3) 검정통계량 계산

검정통계량은 키의 평균값 → $\mu = 112.5$, $\sigma = 5.5$ (가설), $n = 32$, 표본 평균 $\bar{x} = \frac{1}{n}\sum x_i = \frac{3,520}{32} = 110$

→ $z_c = \frac{t - E(t)}{SE(t)} = \frac{\bar{x} - \mu}{\sigma / \sqrt{n}} = \frac{110 - 112.5}{5.5 / \sqrt{32}} = -2.57$ (z_c : 계산된 z 값)

4) 의사 결정(결론)

$z_c = -2.57$ 가 기각영역 내에 있으므로 H_0 기각 → 유의수준 5%로 발표결과를 인정할 수 없음

알아두기

예제 4.1.2 가설검정 (좌측검정)

어떤 승용차의 연비[km/l]가 최소한 16.2 이라는 자동차회사의 발표를 확인하기 위하여, 50 대를 임의로 추출하여 연비를 조사한 결과, 연비의 평균값이 15.2 였다. 현재까지 조사된 과거 자료에 의한 승용차 연비의 표준편차는 2.7 이라는 사실을 받아들일 때, 유의수준을 5%로 한 타당성 검정 ?

풀이

1) 가설의 설정 및 검정형태 결정

귀무가설 $H_0 : \mu \geq 16.2$, 대립가설 $H_1 : \mu < 16.2$ → 좌측검정

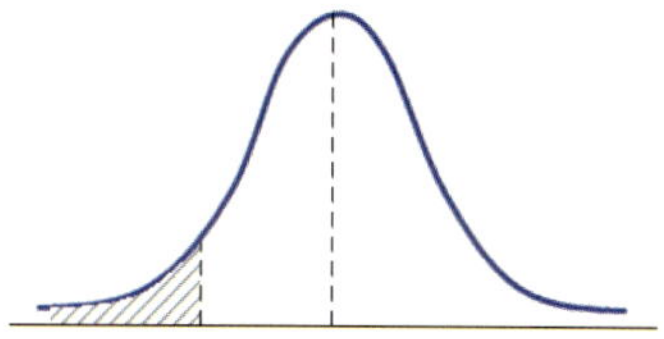

2) 유의수준 $\alpha = 0.05$에 해당하는 임계(기각)값 및 기각영역의 결정

$P(z < -z_\alpha) = 0.05$ → $-z_\alpha = -1.645$ (정규분포 표)

⇒ 채택영역 : $-1.645 \leq z$, 기각영역 : $z < -1.645$

3) 검정통계량 계산

검정통계량은 연비의 평균값 → $\mu = 16.2$, $\sigma = 2.7$, $n = 50$, 표본 평균 $\bar{x} = 15.2$

$$\rightarrow \quad z_c = \frac{t - E(t)}{SE(t)} = \frac{\bar{x} - \mu}{\sigma / \sqrt{n}} = \frac{15.2 - 16.2}{2.7 / \sqrt{50}} = -2.62$$

4) 의사 결정(결론)

$z_c = -2.62$ 가 기각영역 내에 있으므로 H_0 기각 → 유의수준 5%로 회사의 주장을 인정할 수 없음

알아두기

4.2 큰 표본에 대한 유의성 검정

4.2.1 평균값 검정

가. 단일 모집단의 평균값에 대한 유의성 검정

크기가 N 이며 평균과 분산이 μ, σ^2 인 큰 모집단에서 추출한,

크기가 n 의 무작위 표본(확률표본) $x_1, x_1, \cdots, x_n$ → 확률표본의 평균($\bar{x}$)의 표준오차(SE) ; $\sigma / \sqrt{n}$

모집단 평균과 표본 평균 사이의 차이가 유의할 만한 것인지 여부를 확인
또는, 어떤 표본이 어느 모집단에서 추출한 것인지 여부를 확인

표본평균과 모평균 사이에 차이가 없다는 가설에 대한 검정 통계량 ; $z = \dfrac{\bar{x} - \mu}{\sigma / \sqrt{n}}$

모집단의 표준편차 σ를 모르는 경우 ; $z = \dfrac{\bar{x} - \mu}{s / \sqrt{n}}$, s : 표본의 표준편차

☞ 유의수준 α, 임계값 $z_{\alpha/2}$ → $|z| = \left|\dfrac{\bar{x} - \mu}{\sigma / \sqrt{n}}\right| < |z_{\alpha/2}|$ (양측검정)

모평균 μ의 한계 ; $|\bar{x} - \mu| < |z_{\alpha/2}| \dfrac{\sigma}{\sqrt{n}}$: 신뢰한계(confidence limit, fiducial limit)

(예) 5% 유의수준 (95% 신뢰한계) ; $\bar{x} - 1.96 \dfrac{\sigma}{\sqrt{n}} < \mu < \bar{x} + 1.96 \dfrac{\sigma}{\sqrt{n}}$

1% 유의수준 (99% 신뢰한계) ; $\bar{x} - 2.58 \dfrac{\sigma}{\sqrt{n}} < \mu < \bar{x} + 2.58 \dfrac{\sigma}{\sqrt{n}}$

알아두기

예제 4.2.1 평균 값 검정

임의 추출한 어느 부품 표본 500개의 평균무게[g]가 3.7 이였다. 이 표본이 평균 3.5, 표준편차 2.4 인 모집단으로부터 추출된 것이라고 말할 수 있는가 ?

풀이 ; $H_0 : \bar{x} = 3.5$ (표본의 평균이 모집단과 같다), $H_1 : \bar{x} \neq 3.5$ (양측검정)

$$n = 500, \ \bar{x} = 3.7, \ \mu = 3.5, \ \sigma = 2.4 \ \rightarrow \ z = \frac{\bar{x} - \mu}{\sigma / \sqrt{n}} = \frac{3.7 - 3.5}{2.4 / \sqrt{500}} = 1.863$$

$|z| = 1.863 < 1.96$ (5% 유의수준 채택영역) → 5% 유의수준, 표본은 모집단에서 추출된 것이라 할 수 있음.

예제 4.2.2 평균 값 검정

임의 추출한 표본 200개의 평균무게[g]가 6.3였다. 모집단의 표준편차를 0.5로 할 때, 5% 유의수준에서 모집단의 평균이 6.0이라는 주장을 검정하고, 모집단 평균의 99%신뢰한계를 구하라.

풀이 ; $H_0 : \mu = 6.0$ (모집단과 표본의 평균은 큰 차이가 없다), $H_1 : \mu \neq 6.0$ (양측검정)

$$n = 200, \ \bar{x} = 6.3, \ \mu = 6.0, \ \sigma = 0.5 \ \rightarrow \ z = \frac{\bar{x} - \mu}{\sigma / \sqrt{n}} = \frac{6.3 - 6.0}{0.5 / \sqrt{200}} = 8.485$$

$|z| = 8.485 > 1.96$ (5% 유의수준 기각영역) → 5% 유의수준, 모집단의 평균은 6.0[g]과 유의할 만큼 차이가 있음.

모집단 평균의 99% 신뢰 한계 : $6.3 - 2.58\frac{0.5}{\sqrt{200}} < \mu < 6.3 + 2.58\frac{0.5}{\sqrt{200}} \ \rightarrow \ 6.208 < \mu < 6.391$

알아두기

나. 큰 표본 간 평균값 차이의 유의성 검정

평균 및 분산 μ_1, σ_1^2 인 모집단에서 추출한 크기 n 인 표본의 평균, 표준편차 : $\bar{x}_1, s_1$

평균 및 분산 μ_2, σ_2^2 인 모집단에서 추출한 크기 m 인 표본의 평균, 표준편차 : $\bar{x}_2, s_2$

표본 간 평균 값 차이를 검정하기 위한 검정통계량 ; $z = \dfrac{\bar{x}_1 - \bar{x}_2}{\sqrt{\dfrac{\sigma_1^2}{n} + \dfrac{\sigma_2^2}{m}}}$

두 표본이 같은 모집단에서 추출되었다는 귀무가설 즉, $\mu_1 = \mu_2 = \mu$, $\sigma_1 = \sigma_2 = \sigma$ 인 경우는

검정통계량 ; $z = \dfrac{\bar{x}_1 - \bar{x}_2}{\sigma\sqrt{\dfrac{1}{n} + \dfrac{1}{m}}}$

☞ σ_1, σ_2 이 주어지지 않은 경우 (표본이 충분히 큰 경우 이므로)

1) $\sigma_1 \neq \sigma_2$ 일 때 검정통계량 ; $z = (\bar{x}_1 - \bar{x}_2) \Big/ \sqrt{\dfrac{s_1^2}{n} + \dfrac{s_2^2}{m}}$

2) $\sigma_1 = \sigma_2 = \sigma$ 일 때 검정통계량 ; $\sigma = \dfrac{ns_1^2 + ms_2^2}{n+m}$, $z = (\bar{x}_1 - \bar{x}_2) \Big/ \sqrt{\dfrac{ns_1^2 + ms_2^2}{n+m}\left(\dfrac{1}{n} + \dfrac{1}{m}\right)}$

알아두기

예제 4.2.3 평균값 차이 검정

두 개의 자루에 담긴 같은 부품의 무게[g]를 조사하였다. 한 자루에서 임의 추출한 100 개의 평균및 표준편차는 110, 15 이고, 다른 자루에서 임의 추출한 150 개의 평균 및 표준편차는 105, 12 였다. 제품의 평균무게가 자루에 따라 유의할 만큼의 차이가 있다라고 말할 수 있는가 ?

풀이 ; $H_0 : \bar{x}_1 = \bar{x}_2$(차이가 없다), $H_1 : \bar{x}_1 \neq \bar{x}_2$ (양측검정)

$n = 100,\ m = 150,\ \bar{x}_1 = 110,\ \bar{x}_2 = 105,\ s_1 = 15,\ s_2 = 12 \quad \rightarrow \quad z = \dfrac{\bar{x}_1 - \bar{x}_2}{\sqrt{\dfrac{s_1^2}{n} + \dfrac{s_2^2}{m}}} = \dfrac{110 - 105}{\sqrt{\dfrac{15^2}{100} + \dfrac{12^2}{150}}} = 2.79$

$|z| = 2.79 > 1.96$ (5% 유의수준 기각영역) → 5% 유의수준, 자루에 따라 유의할 만한 평균값의 차이가 있다.

예제 4.2.4 평균값 차이 검정

남녀 집단의 지적 능력 조사결과 다음과 같다. 두 집단 간 평균 성적 차이가 있다고 말할 수 있는가 ?

(남자) 인원 : 70, 평균성적 : 77, 표준편차 : 10 (여자) 인원 : 100, 평균성적 : 75, 표준편차 : 12

풀이 ; $H_0 : \bar{x}_1 = \bar{x}_2$, $H_1 : \bar{x}_1 \neq \bar{x}_2$ (양측검정)

$z = \dfrac{\bar{x}_1 - \bar{x}_2}{\sqrt{\dfrac{s_1^2}{n} + \dfrac{s_2^2}{m}}} = \dfrac{77 - 75}{\sqrt{\dfrac{10^2}{70} + \dfrac{12^2}{100}}} = 1.18 \quad \rightarrow \quad |z| = 1.18 < 1.96$ (5% 유의수준 채택영역)

→ 5% 유의수준, 남녀 집단간 평균 성적의 차이는 없다고 말할 수 있음.

알아두기

4.2.2 표준편차 검정

가. 두 모집단간 표준편차의 차이에 대한 유의성 검정

분산 σ_1^2 인 모집단에서 추출한 크기 n 인 표본의 표준편차 : s_1

분산 σ_2^2 인 모집단에서 추출한 크기 m 인 표본의 표준편차 : s_2

두 모집단이 같다 ($\sigma_1 = \sigma_2$)는 귀무가설에서

표본 간 표준편차 차이를 검정하기 위한 검정통계량 ;

$$z = \frac{s_1 - s_2}{\sqrt{\frac{\sigma_1^2}{2n} + \frac{\sigma_2^2}{2m}}}$$

☞ σ_1, σ_2이 알려지지 않은 경우 ;

$$z = \frac{s_1 - s_2}{\sqrt{\frac{s_1^2}{2n} + \frac{s_2^2}{2m}}}$$

알아두기

예제 4.2.5 표준편차 차이 검정

어느 두 지역 성인 남자 키[cm]에 대한 표본조사 결과가 다음과 같다.

(지역 A)	인원: 1,000	평균 키 : 162.6	표준편차 : 6.2
(지역 B)	인원: 1,200	평균 키 : 162.3	표준편차 : 6.0

두 지역간 표준편차 차이는 유의할 만 한가 ?

풀이

$H_0 : \sigma_1 = \sigma_2$, $H_0 : \sigma_1 \neq \sigma_2$ (양측검정)

$n_1 = 1{,}000,\ n_2 = 1{,}200,\ \bar{x}_1 = 162.6,\ \bar{x}_2 = 162.3,\ s_1 = 6.2,\ s_2 = 6.0$

$$\rightarrow \quad z = \frac{s_1 - s_2}{\sqrt{\dfrac{s_1^2}{2n_1} + \dfrac{s_2^2}{2n_2}}} = \frac{6.2 - 6.0}{\sqrt{\dfrac{6.2^2}{2\times 1{,}000} + \dfrac{6.0^2}{2\times 1{,}200}}} = 1.08$$

☞ 표본이 큰 경우, $\sigma_1 \approx s_1$, $\sigma_2 \approx s_2$

→ $|z| = 1.08 < 1.96$ (5% 유의수준 채택영역)

→ 5% 유의수준에서 두 집단간 표준편차 차이는 없다

알아두기

예제 4.2.6 표준편차 차이 검정

남녀 집단 간 학력 비교 조사 결과가 다음과 같다. 남녀간 학력의 표준편차 차이는 유의할 만 한가 ?

(남자) 인원 : 93 평균성적 : 71.2 표준편차 : 11.7

(여자) 인원 : 108 평균성적 : 74.0 표준편차 : 10.0

풀이

$H_0 : \sigma_1 = \sigma_2$, $H_0 : \sigma_1 \neq \sigma_2$ (양측검정)

$n = 93, m = 121$, $s_1 = 11.7$, $s_2 = 10.0$

$$\rightarrow \quad z = \frac{s_1 - s_2}{\sqrt{\frac{s_1^2}{2n} + \frac{s_2^2}{2m}}} = \frac{11.7 - 10.0}{\sqrt{\frac{11.7^2}{2 \times 93} + \frac{10.0^2}{2 \times 108}}} = 1.553$$

☞ 표본이 큰 경우 $\sigma_1 \approx s_1$, $\sigma_2 \approx s_2$

→ $|z| = 1.553 < 1.96$ (5% 유의수준 채택영역)

→ 5% 유의수준에서 남녀 집단 간 학력 표준편차 차이는 없다

알아두기

4.2.3 비율 검정

가. 단일 모집단의 비율에 대한 유의성 검정

x : 일정 성공확률 p ($q=1-p$: 실패확률)인 실험을 n번 반복 시행할 때 성공횟수

→ 기대치(평균) $E(x)=np$, 분산 $V(x)=npq$

$\hat{p}=x/n$: 관찰(표본) 성공률

$$\rightarrow \quad E(\hat{p})=E(x/n)=\frac{1}{n}E(x)=\frac{1}{n}\cdot np=p, \qquad V(\hat{p})=V(x/n)=\frac{1}{n^2}V(x)=\frac{1}{n^2}\cdot npq=\frac{pq}{n}$$

$$SE(\hat{p})=\sqrt{\frac{pq}{n}} \qquad \Rightarrow \qquad z=\frac{\hat{p}-E(\hat{p})}{SE(\hat{p})}=\frac{\hat{p}-p}{\sqrt{pq/n}}$$ (표본과 모집단 비율의 차이 검정통계량)

☞ **1)** 관측된 비율 $\hat{p}$이 존재할 범위 : $|p-\hat{p}|<|z_{\alpha/2}|\sqrt{pq/n}$, $z_{\alpha/2}$: 유의수준 α일 때 양측검정 임계값

2) p를 모를 때 ; $|p-\hat{p}|<|z_{\alpha/2}|\sqrt{\hat{p}\hat{q}/n}$

3) 유의수준 α가 주어지지 않은 경우, 일반적으로 안전하게 3σ 한계 (0.26%) 사용

알아두기

예제 4.2.7 비율 검정

어떤 동전을 500 번 던져 앞이 231 번 나왔다면, 이 결과로부터 '이 동전의 앞과 뒤가 나올 확률은 동등하다'라는 가설을 검정하라.

풀이

귀무가설 $H_0 : p = 0.5$ (성공확률과 실패확률이 같다)

대립가설 $H_1 : p \neq 0.5$ (성공확률과 실패확률은 다르다) → 양측검정

$n = 500$, $x = 231$ (성공 횟수) → 관측 성공 비율 $\hat{p} = \frac{x}{n} = \frac{231}{500} = 0.462$

또한, 모집단 성공비율 $p = 0.5 = q$ (실패확률)

⇒ H_0 에 대한 검정통계량 ; $|z_c| = \left|\frac{\hat{p} - p}{\sqrt{pq/n}}\right| = \left|\frac{0.462 - 0.5}{\sqrt{0.5 \times 0.5 / 500}}\right| = 1.70$

→ $|z_c| = 1.70 < 1.96$: 유의수준 5% 채택영역 → 유의수준 5% 로 가설은 타당함

알아두기

예제 **4.2.8** 비율 검정

어떤 제품의 불량률이 5% 미만이라는 제조업자의 주장에 대하여, 무작위 700 개를 추출했을 때 불량이 49 개 였다. 제조업자의 주장을 검정하라.

풀이

귀무가설 $H_0 : p < 0.05$, 대립가설 $H_1 : p \geq 0.05$ → 우측검정

$n = 700$, $x = 49$ **(불량 수)** → 관측 불량 비율 $\hat{p} = \frac{x}{n} = \frac{49}{700} = 0.07$

또한, 모집단 불량률 $p = 0.05$ **(가설),** $q = 1 - p = 0.95$

⇒ H_0 에 대한 검정통계량 ; $z_c = \frac{0.07 - 0.05}{\sqrt{0.04 \times 0.95 / 700}} = 2.43$

→ $z_c = 2.43 > 1.645$ **:** 유의수준 5% 기각영역 → 유의수준 5% 로 제조업자의 주장은 수용 불가.

☞ $z_c = 2.43 > 2.33$: 유의수준 1% 기각영역 → 유의수준 1% 로도 제조업자의 주장은 수용 불가.

알아두기

예제 4.2.9 불량율 신뢰 범위

같은 제품이 들어 있는 보관함에서 무작위 500개를 추출했을 때 30개가 불량이었다. 불량률이 4% 미만이라는 제조업자의 주장에 대하여, 이 보관함에 들어 있는 제품에 대한 불량률의 95% 신뢰범위를 구하라.

풀이

귀무가설 $H_0 : p < 0.04$, 대립가설 $H_1 : p \ge 0.04$ → 우측검정

$n = 500$, $x = 30$ (불량 수) → 관측 불량 비율 $\hat{p} = \frac{x}{n} = \frac{30}{500} = 0.06$

또한, 모집단 불량률 $p = 0.04$ (가설), $q = 1 - p = 0.96$

⇒ H_0 에 대한 검정통계량 ; $z_c = \frac{0.06 - 0.04}{\sqrt{0.04 \times 0.96 / 500}} = 2.282$

→ $z_c = 2.282 > 1.645$: 유의수준 5% 기각영역 → 유의수준 5%로 불량률은 제조업자의 주장(4%)보다 크다.

불량률의 95% 신뢰범위 ; 유의수준 5% 양측검정 임계값 $z_{\alpha/2} = 1.96$

$$|p - \hat{p}| < |z_{\alpha/2}|\sqrt{\hat{p}\hat{q}/n} = 1.96\sqrt{0.06 \times 0.94 / 500} = 0.0208 \quad \rightarrow \quad 0.0392 < p < 0.0808$$

알아두기

나. 두 모집단의 비율 차이의 검정

X_1, X_2 : 다른 2 모집단에서 추출한 크기 n, m인 표본 , $\hat{p}_1, \hat{p}_2$: 표본 X_1, X_2의 표본 비율

2 모집단의 비율에 큰 차이가 없다는 귀무가설 H_0 : $p_1 - p_2 = 0$ 에 대한 검정 통계량 ;

$$z = \frac{\hat{p}_1 - \hat{p}_2}{\sqrt{pq\left(\frac{1}{n} + \frac{1}{m}\right)}}, \quad \text{여기서}, \; p = \frac{np_1 + mp_2}{n+m} \approx \frac{n\hat{p}_1 + m\hat{p}_2}{n+m}, \; q = 1 - p$$

예제 4.2.10 비율의 변화

소비세를 인상 전 임의 추출된 980 명 중에 784 명이 녹차 소비자였으며, 소비세 인상 후에는 임의 추출된 1,120 명 중에 812 명이 녹차 소비자였다. 소비세 인상으로 인하여 녹차 소비율이 크게 줄었다고 말할 수 있는가 ?

풀이 ; $n = 980,\ m = 1{,}120$, $\hat{p}_1 = \frac{x_1}{n} = \frac{784}{980} = 0.8,\ \hat{p}_2 = \frac{x_2}{m} = \frac{812}{1{,}120} = 0.725$

$p = \frac{\hat{p}_1 n + \hat{p}_2 m}{n+m} = \frac{x_1 + x_2}{n+m} = \frac{1{,}596}{2{,}100} = 0.76,\ q = 1 - 0.76 = 0.24$, $H_0 : p_1 = p_2$, $H_1 : p_1 > p_2$ (우측검정)

검정통계량 $z_c = \frac{\hat{p}_1 - \hat{p}_2}{\sqrt{pq(1/n + 1/m)}} = \frac{0.8 - 0.725}{\sqrt{0.76 \times 0.24(1/980 + 1/1{,}120)}} = 4.015$

$z_c = 4.015 > 2.33$ (유의수준 1% 임계치) → H_0 기각 → 소비세 인상 후 소비율은 중요하게 감소

알아두기

☞ 두 집단간 모비율 편차 ($p_1 - p_2 = \delta_0$)의 검정

귀무가설 : $H_0 : p_1 - p_2 = \delta_0$

대립가설 : $H_0 : p_1 - p_2 \neq \delta_0$

검정통계량 :

$$z = \frac{(\hat{p}_1 - \hat{p}_2) - \delta_0}{\sqrt{\frac{\hat{p}_1\hat{q}_1}{n} + \frac{\hat{p}_2\hat{q}_2}{m}}}, \quad \hat{q}_i = 1 - \hat{p}_i$$

(☞ 제 3 장 3.2.4 절 나. 항 참조)

예제 4.2.11 모집단 간 비율의 차이

2개의 큰 모집단에서 흡연자의 비율은 각각 32%, 28%로 조사되었다. 두 모집단에서 각각 1,200 명, 1,000 명을 임의 추출하여 비교하면, 2 모집단간 비율의 차이를 알 수 없다는 주장의 타당성을 검정하라.

풀이 ;

$n=1{,}200,\ m=1{,}000$, $p_1=0.32$ (모집단 1 의 비율) , $q_1=0.68$, $p_2=0.28$ (모집단 2 의 비율) , $q_2=0.72$

$H_0:\ \hat{p}_1=\hat{p}_2$ (표본 비율이 같아, 모집단의 비율차이를 알 수 없다)

$H_1:\ p_1 \neq p_2$ (우측검정)

H_0 대한 검정 통계량 $z_c=\dfrac{p_1-p_2}{\sqrt{\dfrac{p_1q_1}{n}+\dfrac{p_2q_2}{m}}}=\dfrac{0.32-0.28}{\sqrt{\dfrac{0.32\times0.68}{1{,}200}+\dfrac{0.28\times0.72}{1{,}000}}}=2.044$

$1.96<z_c=2.044$ → 유의수준 5% 의 기각영역 → 유의수준 5%로 H_0 기각

→ 유의수준 5% 로는 위 표본조사에서 모집단의 비율 차이를 발견할 수 있다.

한편, $z_c=2.044<2.58$ → 유의수준 1% 의 채택영역 → 유의수준 1%로 H_0 채택

→ 유의수준 1% 로는 위 표본조사에서 모집단의 비율 차이를 발견할 수 없다.

알아두기

예제 **4.2.12** 모집단 간 비율의 차이

같은 제품을 생산하는 두 공장에서 각각 700, 850 개를 임의 추출 했을 때, 불량률이 각각 3%, 2% 였다. 처음 공장이 **2** 번째 공장보다 우수하다고 할 수 있는 가?

풀이 ;

$n = 700,\ m = 850$, $p_1 = 0.03$ (공장 **1** 의 불량률) , $q_1 = 0.97$, $p_2 = 0.02$ (공장 **2** 의 불량률) , $q_2 = 0.98$

$H_0 :\ p_1 = p_2$ (두 공장의 불량률은 유의할 만한 차이가 없다)

$H_1 :\ p_1 < p_2$ (우측검정)

H_0 대한 검정 통계량

합성표본의 불랼률 $p = \dfrac{p_1 n + p_2 m}{n+m} = \dfrac{0.03 \times 700 + 0.02 \times 850}{700 + 850} = 0.0245,\quad q = 1 - p = 0.9755$

검정통계량 $z_c = \dfrac{p_1 - p_2}{\sqrt{pq\left(\dfrac{1}{n} + \dfrac{1}{m}\right)}} = \dfrac{0.03 - 0.02}{\sqrt{0.0245 \times 0.9755\left(\dfrac{1}{700} + \dfrac{1}{850}\right)}} = 1.267$

$z_c = 1.267 < 1.645$ → 유의수준 5% 의 채택영역 → 유의수준 5%로 H_0 채택

→ 유의수준 5% 로는 두 공장의 성능에는 유의할 만한 차이가 없다.

알아두기

4.3 작은 표본에 대한 유의성 검정

표본의 크기 ≤ 30 ; ' 작은 표본 ' → 표본 확률 분포를 정규분포로 가정하기 어렵다.
또한, 표본오차를 계산할 때, 표본의 모수(평균값, 표준편차)를 모집단 모수의 근사값으로 사용할 수 없음.

4.3.1 t- 검정 (t-test)

가. t- 검정의 개요

표본의 크기 ≤ 30, 모집단 표준편차를 모를 때, 't- 분포'를 이용한 유의성 검정 ;

검정 통계량 ; $t = \dfrac{\bar{x} - \mu}{s / \sqrt{n}}$ 여기서, $s^2 = \dfrac{1}{n-1} \sum (x - \bar{x})^2$

→ 자유도(df , degree of freedom) $n-1$ 의 't- 분포'를 따름

1) t- 검정의 용도

i) 모집단의 가설적(이론적) 평균 μ와 표본평균 $\bar{x}$간 유의할 만한 차이가 있는지 여부 검정
ii) 2개의 표본 평균 간 유의성 검정
iii) 관찰된 편상관(partial correlation) 및 중상관(multiple correlation) 계수 유의성 검정

2) t의 임계값 (자유도 r의 t- 분포 에서) ; t_α

유의수준 α에서 , 양측검정 ; $P(|t| > t_{\alpha/2}) = \alpha$ → $P(|t| < t_{\alpha/2}) = 1 - \alpha$

알아두기

나. 표본 평균에 대한 유의성 t - 검정

모집단의 분산이 알려지지 않은 경우, 정규 모집단으로부터 추출된 '표본의 평균'이 주장된 '모집단의 평균'과 유의할 만큼 차이가 있는 가를 검정함

귀무가설 $H_0 : \bar{x} = \mu$

검정 통계량 $t = \dfrac{\bar{x}-\mu}{s/\sqrt{n}}$, $s^2 = \dfrac{1}{n-1}\sum_{i=1}^{n}(x_i - \bar{x})^2$: 표본분산

모평균의 신뢰한계 ;

자유도 $n-1$에서 유의수준 α로 t의 임계값이 $t_{\alpha/2}$ 일 때,

$\left|\dfrac{\bar{x}-\mu}{s/\sqrt{n}}\right| < t_{\alpha/2}$ 이면, 귀무가설 H_0 채택

→ $\bar{x} - t_{\alpha/2} s\sqrt{n} < \mu < \bar{x} + t_{\alpha/2} s\sqrt{n}$

☞ 95% 신뢰한계 (5% 유의수준) ; $\bar{x} - t_{0.025} s\sqrt{n} < \mu < \bar{x} + t_{0.025} s\sqrt{n}$

99% 신뢰한계(1% 유의수준) ; $\bar{x} - t_{0.005} s\sqrt{n} < \mu < \bar{x} + t_{0.005} s\sqrt{n}$

알아두기

예제 4.3.1 작은 표본의 평균값 검정

크기가 16 인 표본의 평균은 54, 평균값을 기준으로 계산한 편차 제곱의 합은 195 라 할 때, 이 표본은 평균이 52 인 모집단에서 추출된 것으로 볼 수 있는가 ? 또한, 모평균의 95%, 99% 신뢰한계를 구하라.

풀이

H_0 : $\mu = 52$, H_0 : $\mu \neq 52$ (양측검정)

$n = 16$, $\bar{x} = 54$, $\mu = 52$, $s = \sqrt{\dfrac{\sum (x-\bar{x})^2}{n-1}} = \sqrt{\dfrac{195}{16-1}} = 3.61$. 자유도 $r = n - 1 = 15$

검정통계량 $t = \dfrac{\bar{x}-\mu}{s/\sqrt{n}} = \dfrac{54-52}{3.61/\sqrt{16}} = 2.216$

$|t| = 2.216 > 1.753$ (자유도 15, 유의수준 5%의 기각영역) → H_0 기각

→ 유의수준 5%로 모평균은 56 이 아니다.

모평균의 신뢰한계 ;

95% 신뢰한계(5% 유의수준) ; $54 - 1.753 \times \dfrac{3.61}{\sqrt{16}} < \mu < 54 + 1.753 \times \dfrac{3.61}{\sqrt{16}}$ → $52.418 < \mu < 55.582$

99% 신뢰한계(1% 유의수준) ; $54 - 2.602 \times \dfrac{3.61}{\sqrt{16}} < \mu < 54 + 2.602 \times \dfrac{3.61}{\sqrt{16}}$ → $51.652 < \mu < 56.348$

알아두기

예제 4.3.2 작은 표본의 평균값 검정

다음은 어느 전구 제품 중에서 임의 10 개에 대한 유효 수명을 실험한 결과이다. 이러한 실험결과를 바탕으로 유의수준 5%에서 이 전구 제품의 수명이 '4 천 2 백시간' 이라는 주장을 받아 들일 수 있겠는가 ?

4.3 3.9 5.2 3.8 4.6 4.2 4.3 5.4 4.9 4.4 (단위 ; 천 시간)

풀이

H_0 : $\mu = 4.2$, H_0 : $\mu \neq 4.2$ (양측검정) , $n=10$, 자유도 $r=n-1=9$

x_i	4.3	3.9	5.2	3.8	4.6	4.2	4.3	5.4	4.9	4.4	45
$x_i-\bar{x}$	-0.2	-0.6	0.7	-0.7	0.1	-0.3	-0.2	0.9	0.4	-0.1	(계)
$(x_i-\bar{x})^2$	0.04	0.36	0.49	0.49	0.01	0.09	0.04	0.81	0.16	0.01	2.50

$$\bar{x} = \frac{1}{n}\sum x_i = \frac{45}{10} = 4.5 \quad , \quad s = \sqrt{\frac{1}{n-1}\sum (x_i - \bar{x})^2} = \sqrt{\frac{2.50}{9}} = 0.527$$

검정통계량 $t = \dfrac{\bar{x}-\mu}{s/\sqrt{n}} = \dfrac{4.5-4.2}{0.527/\sqrt{10}} = 1.80$

$|t| = 1.80 < 2.26$ (자유도 9, 유의수준 5%의 채택영역) → H_0 채택

→ 유의수준 5%로 전구의 수명(모평균)은 4 천 2 백시간이라고 말할 수 있다.

알아두기

다. 정규 모집단에서 추출된 2 표본 평균의 차이 t- 검정

각각의 크기가 n, m인 2개의 표본 x, y가 평균값이 각각 μ_1, μ_2인 두 개의 다른 정규 모집단에서 추출된 것인지 여부를 검정함. 단 두 정규 모집단의 분산은 같다고 가정 ($\sigma_1 = \sigma_2 = \sigma$)

귀무가설 $H_0 : \mu_1 \neq \mu_2$ (두 표본의 모집단은 다르다)

검정 통계량 ; $t = \dfrac{\bar{x} - \bar{y}}{s\sqrt{\dfrac{1}{n} + \dfrac{1}{m}}}$ (자유도 $n+m-2$ 의 t- 분포)

☞ 1) 두 표본의 표준편차 s_1, s_2가 주어지는 경우,

$$s = \sqrt{\frac{(n-1)s_1^2 + (m-1)s_2^2}{n+m-2}} \quad \text{즉,} \quad s = \sqrt{\frac{\sum(x_1 - \bar{x}_1)^2 + \sum(x_2 - \bar{x}_2)^2}{n+m-2}}$$

☞ 알아두기 참조

2) x, y간 상관이 있는 경우($n = m$), 단일 표본 취급 (결레 t- 검정) ;

표본 : $d_i = x_i - y_i$, $\bar{d} = \bar{x} - \bar{y}$, $s = \sqrt{\dfrac{1}{n-1}\sum\left(d_i - \bar{d}\right)^2}$

검정통계량 $t = \dfrac{\bar{d}}{s/\sqrt{n}}$ 또는 $t = \dfrac{\bar{d}}{s/\sqrt{n-1}}$

알아두기

☞ 두 표본의 표준편차 s_1, s_2가 주어지며 $n=m$ 인 경우,

$$s = \sqrt{\frac{(n-1)s_1^2 + (m-1)s_2^2}{n+m-2}} = \sqrt{\frac{(n-1)s_1^2 + (n-1)s_2^2}{2(n-1)}} = \sqrt{\frac{s_1^2 + s_2^2}{2}}$$

검정 통계량 ; $t = \dfrac{\bar{x} - \bar{y}}{s\sqrt{\dfrac{1}{n} + \dfrac{1}{m}}} = \dfrac{\bar{x} - \bar{y}}{\sqrt{\dfrac{s_1^2 + s_2^2}{2}}\sqrt{\dfrac{2}{n}}} = \dfrac{\bar{x} - \bar{y}}{\sqrt{\dfrac{s_1^2 + s_2^2}{n}}}$ (자유도 $2n-2$ 의 t- 분포)

예제 4.3.3 작은 표본의 평균 차이 검정

다음은 2 종의 전구 표본에 대한 내용 년한 시험 결과이다. **1** 종이 **2** 종보다 수명이 길다고 말할 수 있는가 **?**

종 류	표본 크기	표본 평균(시간)	표본 표준편차
1 종	9	1,571	38
2 종	10	1,430	42

풀이

H_0 : $\mu_1 = \mu_2$ (**2** 종의 전구의 평균수명은 같다) ,

H_1 : $\mu_1 > \mu_2$ (**1** 종이 **2** 종보다 평균 수명이 길다) → 우측검정

$$s = \sqrt{\frac{(n-1)s_1^2 + (m-1)s_2^2}{n+m-2}} = \sqrt{\frac{8\times 38^2 + 9\times 42^2}{9+10-2}} = 40.17$$

검정통계량 $t = \dfrac{\bar{x}-\bar{y}}{s\sqrt{\dfrac{1}{n}+\dfrac{1}{m}}} = \dfrac{1{,}571-1{,}430}{40.17\sqrt{\dfrac{1}{9}+\dfrac{1}{10}}} = 7.64$, 자유도 $r = 9+10-2 = 17$

$|t| = 7.64 > 1.740$ (자유도 17, 우측검정 유의수준 5% 기각영역) → H_0 기각

→ 유의수준 5%로 **1** 종의 수명이 **2** 종보다 유의할 만큼 길다.

알아두기

예제 4.3.4 작은 표본의 평균 차이 검정

표준편차가 3.0, 4.72 인 두 정규 모집단에서 각각 12 개, 15 개를 추출했을 때 표본평균이 각기 21.7, 19.8 이었다면, 이로부터 두 모집단의 평균이 같은지 여부를 유의수준 5%에서 검정하라

풀이

$H_0 : \mu_1 = \mu_2$ (두 모집단의 평균은 같다),

$H_1 : \mu_1 \neq \mu_2$ → 양측검정

$n=12,\ m=15,\ \bar{x}_1 = 21.7,\ \bar{x}_2 = 19.8$, $s_1 = 3.0,\ s_2 = 4.7$

$$s = \sqrt{\frac{(n-1)s_1^2 + (m-1)s_2^2}{n+m-2}} = \sqrt{\frac{11 \times 3.0^2 + 14 \times 4.7^2}{12+15-2}} = 4.04$$

검정통계량 $t = \dfrac{\bar{x}_1 - \bar{x}_2}{s\sqrt{\dfrac{1}{n} + \dfrac{1}{m}}} = \dfrac{20.3 - 18.6}{4.04\sqrt{\dfrac{1}{12} + \dfrac{1}{15}}} = 1.214$, 자유도 $r = 12 + 15 - 2 = 25$

$|t| = 1.214 < 2.060$ (자유도 25, 양측검정 유의수준 5% 채택영역) → H_0 채택

→ 유의수준 5%로 두 모집단의 평균은 유의할 만큼 다르지 않다.

알아두기

예제 4.3.5 작은 표본의 평균 차이 검정

임의 추출한 육군병사 6명의 키[cm]는 175, 180, 160, 173, 165, 183 였고, 임의 추출한 9명의 해군병사의 키는 185, 175, 155, 180, 168, 165, 157, 183, 178 이었다. 육군의 평균키가 해군보다 크다고 말할 수 있는가 ?

풀이

$H_0 : \mu_1 = \mu_2$ (2 모집단의 평균은 같다), $H_1 : \mu_1 > \mu_2$ → 우측검정

$n_1 = 6,\ n_2 = 9$, $\bar{x}_1 = \frac{1}{6}\sum x_1 = 172.7$, $\bar{x}_2 = \frac{1}{9}\sum x_2 = 171.8$,

$\sum (x_1 - \bar{x}_1)^2 = 387.0$, $\sum (x_2 - \bar{x}_2)^2 = 981.0$ → $s = \sqrt{\frac{387+981}{6+9-2}} = 10.26$

검정통계량 $t = \frac{\bar{x}_1 - \bar{x}_2}{s\sqrt{\frac{1}{n}+\frac{1}{m}}} = \frac{172.7-171.8}{10.26\sqrt{\frac{1}{6}+\frac{1}{9}}} = 0.161$, 자유도 $r = 6+9-2 = 13$

$|t| = 0.161 < 1.77$ (자유도 13, 우측검정 유의수준 5% 채택영역) → H_0 채택

→ 유의수준 5%로 두 모집단의 평균은 유의할 만큼 다르지 않다.
즉, 육군병사은 해군병사보다 유의할 만큼 크다고 할 수 없다.

알아두기

예제 4.3.6 상관이 있는 표본의 평균 차이 검정

다음은 어떤 9명 학생에 대하여 한달 간 기억증진보조제 투약 전후의 기억능력을 조사한 자료다.
이로부터 기억능력 증진에 보조제 투약의 영향이 있었다고 말할 수 있는가 ?

번 호	1	2	3	4	5	6	7	8	9	10
투약 전(x)	14	6	10	11	6	3	5	17	15	12
투약 후(y)	16	7	9	12	6	5	4	21	17	11

풀이 ; 2 표본이 한 학생에 대한 투약 전후의 것이므로 x, y 사이에는 상관이 있으므로 결레 t- 검정 이용.

$H_0 : \mu_1 = \mu_2$ (투약 전후 영향이 없다), $H_1 : \mu_1 \neq \mu_2$ → 양측검정, 자유도 10-1=9

번 호	1	2	3	4	5	6	7	8	9	10	계
$d = x - y$	-2	-1	1	-1	0	-2	1	-4	-2	1	-9
d^2	4	1	1	1	0	4	1	16	4	1	23

$n=10$, $\bar{d} = \frac{1}{10}\sum d_i = \frac{-9}{10} = -0.9$, $s = \sqrt{\frac{1}{n-1}\sum (d_i - \bar{d})^2} = \sqrt{\frac{1}{n-1}\sum d_i^2 - \frac{n}{n-1}\bar{d}^2} = \sqrt{\frac{23}{9} - \frac{10}{9} \times 0.9^2} = 1.287$,

→ 검정통계량 $t = \frac{\bar{d}}{s/\sqrt{n}} = \frac{-0.9}{1.287/\sqrt{10}} = 2.21$

$|t| = 2.21 < 2.262$ (자유도 9, 양측검정 유의수준 5% 채택영역) → H_0 채택

알아두기

예제 4.3.7 작은 표본의 평균 차이 검정

다음 두 개의 독립적인 표본이 평균이 같은 모집단으로부터 추출한 것이라고 말할 수 있는가 ?

표본 1 (x)	28	32	22	38	25	30	33	22	23	15
표본 2 (y)	31	40	29	41	34	23	23	38	15	18

풀이

$H_0 : \mu_1 = \mu_2$ (두 모집단의 평균은 같다), $H_1 : \mu_1 \neq \mu_2$ → 양측검정

$n = m = 10$, $\bar{x} = \frac{1}{10}\sum x_1 = \frac{269}{10} = 26.9$, $\bar{y} = \frac{1}{10}\sum y_i = \frac{292}{10} = 29.2$, 자유도 $10+10-2=18$

$\sum(x_i - \bar{x})^2 = 408.9$, $\sum(y_i - \bar{y})^2 = 763.6$ → $s = \sqrt{\frac{\sum(x_i - \bar{x})^2 + \sum(y_i - \bar{y})^2}{n+m-2}} = \sqrt{\frac{408.9+763.6}{10+10-2}} = 8.07$

검정통계량 $t = \frac{\bar{x} - \bar{y}}{s\sqrt{\frac{1}{n}+\frac{1}{m}}} = \frac{26.9-29.2}{8.07\sqrt{\frac{1}{10}+\frac{1}{10}}} = -0.637$

$|t| = 0.637 < 2.1$ (자유도 18, 우측검정 유의수준 5% 채택영역) → H_0 채택

→ 유의수준 5%로 두 모집단의 평균은 유의할 만큼 다르지 않다.
즉, 두 표본은 평균값이 같은 모집단에서 추출된 것이라고 말할 수 있다.

알아두기

4.3.2 카이제곱 검정(Chi-Square Test)

가. 카이제곱 (χ^2)검정의 개요

이론확률과 관찰확률의 차이를 검정함.

(예) '동전을 던졌을 때 앞이 나올 확률(0.5)' 과 '총 시행횟수와 앞이 나온 횟수의 비(n/N)' 를 비교 검정

카이제곱 검정은 χ^2 분포를 이용하며, 이 때 ;

검정통계량 : $\chi^2 = \sum_{i=1}^{n} \frac{(O_i - E_i)^2}{E_i}$

O_i, $i = 1, 2, \cdots, n$: 관찰(실험) 도수, E_i, $i = 1, 2, \cdots, n$: 대응하는 이론(가설) 도수

$\sum O_i = \sum E_i = N$: 전체 도수, 자유도 : $n-1$

☞ χ^2 : 이론확률과 관찰확률의 차이의 척도 – 차이가 클수록 χ^2 값이 큼

$\chi^2 = 0$: 관찰도수와 이론 도수 일치. $\chi^2 > 0$: 관찰도수와 이론 도수 일치하지 않음.

☞ 카이제곱 검정의 이용범위 ;

1) 적합도(goodness of fit) 2) 속성간의 독립성 3) 모집단 분산의 독립적 추정 간의 동질성
4) 모집단 분산의 가설(이론) 값 5) 모집단 상관계수의 독립적 추정 간 동질성

알아두기

나. 카이제곱 검정의 전제 조건

1) N (전체도수) 가 큰 수 이어야 함 ($N \geq 50$)

2) 칸도수(cell frequency)는 너무 작지 않아여 함 ($O_i \geq 5$, 또는 가급적 $O_i \geq 10$)

   $O_i < 10$ 인 경우 적절한 군 재분류 필요 (자유도는 재분류 후의 관찰 군 수 기준)

3) 칸도수에 관련한 제약조건은 선형(linear)이어야 함

☞ 이론 도수 $E_i < 5$ 인 경우, 'Yate 의 보정' 필요

→ 5 보다 작은 칸도수에 0.5 를 더하고, 다른 칸도수를 전체도수가 변하지 않도록 알맞게 조정

다. 자유도

$v = n - k$, n : 전체 관찰군의 수 , k : 관찰에 부과된 독립된 제약조건의 수

1) 자료가 "n" 개(또는 군)으로 주어진 경우 ; $n-1$

2) 이항분포 적합(fit)인 경우 ; $n-1$

3) 프와송 분포 적합인 경우 ; $n-2$ (프와송 분포의 모수를 구할 때 필요한 값 : 전체도수, 산술평균)

4) 정규분포 적합의 경우 ; $n-3$ (정규분포의 모수를 구할 때 필요한 값 : 전체도수, 평균, 표준편차)

알아두기

다. 적합도 검정을 위한 카이제곱 검정

경험적 분포(표본자료에서 얻어진 분포)가 이론적 분포(이항, 프와송, 정규 분포 등)와 어떻게 적합하는지 확인

검정통계량 값 $\chi^2 < \chi_\alpha^2$ (유의수준 α의 임계값) → 적합성(goodness of fit) 인정(양호)

$\chi^2 > \chi_\alpha^2$ (유의수준 α의 임계값) → 적합성(goodness of fit) 불인정(불량)

예제 4.3.8 도수분포 적합성 검정

다음이 주사위를 여러 번 던진 시행의 결과라면, 이 주사위가 치우침이 없는지(균등 도수분포) 여부를 검정하라.

주사위 눈	1	2	3	4	5	6	계
발생 빈도수(O_i)	65	37	35	47	62	64	312

풀이

귀무가설 H_0 : 치우침 없음 (균등 도수 분포) 즉, 가설(기대) 도수 $E_i = \frac{312}{6} = 52,\ i = 1, 2, \cdots, 6$

자유도 : $n - 1 = 6 - 1 = 5$

검정통계량 $\chi^2 = \sum \frac{(O_i - E_i)^2}{E_i} = \sum \frac{(O_i - 52)^2}{52} = 17.23$

$\chi^2 = 17.23 > 11.09$ (자유도 5, 유의수준 5%의 기각영역) → H_0 기각

→ 이 주사위는 치우침이 있다 (균등 도수분포라고 할 수 없다) 즉, 6 면이 고르지 못하다.

알아두기

예제 4.3.9 도수분포 적합성 검정

다음은 4 자녀 가족 500 가구에 대한 자녀의 남녀 성비 별 가구수 조사 자료이다. 이 자료가 남녀 출생비율이 같은 (즉, $p=q=0.5$) 2 항분포를 따르는지 여부를 검정하라.

남 자(r)	0	1	2	3	4	계
여 자($4-r$)	4	3	2	1	0	
가구 수(O_i)	20	110	178	142	62	512

풀이

귀무가설 H_0 : 남녀 출생확률이 같은 이항분포를 따른다. 자유도 : $n-1=5-1=4$ (이항분포)

이항분포를 따르고 남녀 출생비율이 같다면, 남자가 r 명일 기대 가구수

남자가 $r=i-1$ 명일 기대 가구수 $E_i = n(r) = N \cdot P_2(r) = 512 \times {}_4C_r \left(\frac{1}{2}\right)^r \left(\frac{1}{2}\right)^{4-r} = \frac{512}{2^4} \times {}_4C_r = 32 \times {}_4C_r$

$i=r+1$	1	2	3	4	5	계
기대 가구 수(E_i)	32	128	182	128	32	512

검정통계량 $\chi^2 = \sum \frac{(O_i - E_i)^2}{E_i} = 37.71$

$\chi^2 = 37.71 > 9.49$ (자유도 4, 유의수준 5%의 기각영역) → H_0 기각

→ 위 자료는 남녀 출생비율이 같은 이항분포를 따른다 할 수 없다.

알아두기

예제 4.3.10 도수분포 적합성 검정

같은 양이 담긴 50 개의 부품상자가 있다. 다음과 같은 상자 별 불량품 조사자료가 프와송분포를 따르는지 검정하라.

불량 품 수(x_i)	0	1	2	3	4	5	계
포장 수(O_i)	6	13	14	11	4	2	50

풀이

귀무가설 H_0 : 조사자료는 프와송분포를 따른다. 자유도 : $n-2=6-2=4$ (프와송분포)

주어진 자료에서 평균을 구하면 $\bar{x}=\dfrac{\sum x_i f_i}{\sum f_i}=\dfrac{100}{50}=2$

프와송분포의 평균을 자료의 평균으로 두면 $m=\bar{x}=2$,

프와송 분포에서 변량이 $r=i-1$ 일 기대도수 ; $E_i=n(r)=N\cdot P_p(r)=N\cdot e^{-m}\cdot\dfrac{m^r}{r!}=50\times e^{-2}\cdot\dfrac{2^r}{r!}$

$i=r+1$	1	2	3	4	5	6	계
기대 상자 수(E_i)	6.77	13.53	13.53	9.02	4.51	1.80	50

검정통계량 $\chi^2=\sum\dfrac{(O_i-E_i)^2}{E_i}=0.639$ → $\chi^2=0.639<9.49$ (자유도 4, 유의수준 5%의 채택영역)

→ H_0 채택 → 위 자료는 프와송 분포를 따른다고 할 수 있다.

알아두기

예제 **4.3.11** 도수분포 적합성 검정

이론에 의하면 콩은 **G1, G2, G3, G4** 4 종으로 구분되며 그 비율은 9:3:3:1 이라 한다. 한 실험에서 800 개의 콩을 분류한 결과 각각 440, 158, 144, 58 개였다면, 이 실험 결과가 이론을 뒷받침한다고 할 수 있는가 ?

풀이

귀무가설 H_0 : 조사자료는 이론을 뒷받침한다. 자유도 : $n-1=4-1=3$

이론에 의한 기대수를 구하면 ;

$$E_1=800\times\frac{9}{16}=450,\quad E_2=800\times\frac{3}{16}=150,\quad E_3=800\times\frac{3}{16}=150,\quad E_4=800\times\frac{1}{16}=50$$

비교 정리하면,

실험 도수(O_i)	440	158	144	58
기대 도수(E_i)	450	150	150	50

검정통계량 $\chi^2=\sum\frac{(O_i-E_i)^2}{E_i}=2.169$ → $\chi^2=2.169<7.815$ (자유도 3, 유의수준 5%의 채택영역)

→ H_0 채택 → 위 자료는 이론을 뒷받침하고 있다.

알아두기

라. 독립성 검정을 위한 카이제곱 검정

카이제곱검정을 이용하면, 두 종류의 속성 간 관련성 여부를 검정할 수 있음.

☞ 검정방법 → 귀무가설 : 두 속성은 독립적 , χ^2_α : 해당 자유도 카이분포에서 유의수준 α 일때 임계값

검정통계량 $\chi^2 < \chi^2_\alpha$; 가설 채택 (두 속성간 상관성 없음, 독립적)

$\chi^2 > \chi^2_\alpha$; 가설 기각 (두 속성 상관성 있음)

1) 분할표**(contingency table)** – 상관성을 검정하려는 두 속성의 표본도수를 2 차원으로 배치한 표

속성 A 의 계급(r 개) ; $A_1, A_2, \cdots, A_r$, 속성 B 의 계급(s 개) ; $B_1, B_2, \cdots, B_s$

$n(A_i),\ n(B_j),\ n(A_iB_j)$; 속성 A_i, B_j, $A_i \cap B_j$ 을 갖는 도수(표본수) → $\sum_i^r n(A_i) = \sum_j^s n(B_j) = N$; 전체 도수

B \ A	A_1	A_2	…	A_r	계
B_1	$n(A_1B_1)$	$n(A_2B_1)$	…	$n(A_rB_1)$	$n(B_1)$
B_2	$n(A_1B_2)$	$n(A_2B_2)$	…	$n(A_rB_2)$	$n(B_2)$
…	…	…	…	…	…
B_s	$n(A_1B_s)$	$n(A_2B_s)$	…	$n(A_rB_s)$	$n(B_s)$
계	$n(A_1)$	$n(A_2)$		$n(A_r)$	N

☞ $n(A_iB_j)$: 칸 도수 (**cell frequency**)

알아두기

2) 귀무가설 H_0 : 두 속성은 서로 독립

귀무가설에 따른 이론(기대) 칸도수(**cell frequency**)의 계산 ;

$$P(A_iB_j) = P(A_i)\cdot P(B_j) = \frac{n_E(A_iB_j)}{N}$$ (A, B 는 서로 독립)

$$P(A_i) \approx \frac{n(A_i)}{N}, \quad P(B_j) \approx \frac{n(B_j)}{N} \quad \rightarrow \quad n_E(A_iB_j) = N\cdot P(A_i)\cdot P(B_j) \approx N\cdot\frac{n(A_i)}{N}\cdot\frac{n(B_j)}{N} = \frac{n(A_i)\cdot n(B_j)}{N}$$

☞ i 열 j 행 기대 칸 도수 = (i 열 도수 합 × j 행 도수 합) ÷ 전체도수

3) 검정통계량 $$\chi^2 = \sum_{i=1}^{r}\sum_{j=1}^{s}\frac{\left(n(A_iB_j) - n_E(A_iB_j)\right)^2}{n_E(A_iB_j)}$$ → 자유도 $v = (r-1)\cdot(s-1)$ 의 χ^2- 분포를 따름

☞ 분할표가 2×2 인 경우

i) 칸 도수

a	b
c	d

$$\rightarrow \quad \chi^2 = \frac{(a+b+c+d)(ad-bc)^2}{(a+b)(c+d)(b+d)(a+c)} = \frac{N(ad-bc)^2}{(a+b)(c+d)(b+d)(a+c)}$$

$Q = \dfrac{ad-bc}{ad+bc}$: 관련 계수 (**coefficient of association**), 독립 → $Q=0$, 즉 $\dfrac{a}{b} = \dfrac{c}{d}$

ii) Yate 보정 : 칸도수 **>** 기대도수 → (칸 도수 **- 0.5**), 칸도수 **<** 기대도수 → (칸 도수 **+ 0.5**),

$$\Rightarrow \quad \chi^2 = \frac{N\left(\pm(ad-bc) - (1/2)N\right)^2}{(a+b)(c+d)(b+d)(a+c)}$$, $Q>0$; **(+)** , $Q<0$; **(-)**

알아두기

예제 4.3.12 속성의 독립성 검정

다음은 눈동자 색갈의 유전성 여부를 확인하기 위한 표본조사 자료이다. 아버지와 아들 간 눈동자 색갈이 연관성이 있는지 검정하라.

아버지 \ 아들	갈 색	검 정	계
갈 색	264	21	285
검 정	85	130	215
계	349	151	500

풀이 ; 귀무가설 H_0 : 아버지와 아들 간 눈동자 색갈은 관련이 없다.

가설에 따른 기대 칸 도수 계산 ; 자유도 $v=(r-1)\times(s-1)=1\times1=1$

아버지 \ 아들	갈 색	검 정	계
갈 색	$349\times285/500=199.0$	$151\times285/500=86.0$	285.0
검 정	$349\times215/500=150.0$	$151\times215/500=65.0$	215.0
계	349.0	151.0	500.0

→ $\chi^2=\frac{(264-199)^2}{199}+\frac{(21-86)^2}{86}+\frac{(85-150)^2}{150}+\frac{(130-65)^2}{65}=163.5$, 또는 $\chi^2=\frac{500\times(264\times130-85\times21)^2}{349\times151\times285\times215}=163.9$

→ $\chi^2=163.5>3.841$ (자유도 **1** 카이제곱 분포 , 유의수준 **5%** 기각 영역)

⇒ H_0 기각 → 아버지와 아들 간 눈동자 색갈 관련 있다.

알아두기

예제 4.3.13 속성의 독립성 검정

다음은 어떤 제조 공장의 교대근무조에 따른 불량제품 표본도수 조사 자료이다. 불량제품의 수가 교대근무조와 관련이 있는지 검정하라.

교대 근무조 \ 제품상태	우 량	불 량	계
낮 근무조	680	30	710
저녁 근무조	645	35	680
밤 근무조	750	40	790
계	2,075	105	2,180

풀이 ; 귀무가설 H_0 : 불량품의 수는 교대 근무조와 관련 없다. 자유도 ; $v=(r-1)\times(s-1)=(2-1)\times(3-1)=2$

가설에 따른 기대 칸 도수 계산 ;

교대근무조 \ 제품상태	우 량	불 량	계
낮 근무조	$2{,}075\times 710/2{,}180=675.8$	$105\times 710/2{,}180=34.2$	710.0
저녁 근무조	$2{,}075\times 680/2{,}180=647.2$	$105\times 680/2{,}180=32.8$	680.0
밤 근무조	$2{,}075\times 790/2{,}180=752.0$	$105\times 790/2{,}180=38.0$	790.0
계	2,075.0	105.0	2,180.0

$\Rightarrow \quad \chi^2=\sum_{i=1}^{2}\sum_{j=1}^{3}\frac{(O_{ij}-E_{ij})^2}{E_{ij}}=0.808 \quad \rightarrow \quad \chi^2=0.808<5.991$ (자유도 **2** 카이제곱 분포 , 유의수준 **5%** 채택 영역)

$\rightarrow$ H_0 채택 $\rightarrow$ 제품의 불량률은 교대 근무조와 관련 없다.

알아두기

4.3.3 F- 검정 (F- Test, Snedecor Variance Ratio Test)

모집단의 분산에 대한 2개의 추정(estimate)이 유의할 만큼 다른지 여부를 검정,

또는, 2개의 표본이 같은 분산을 갖는 정규 모집단에서 추출된 것인지 여부를 검정

두 표본의 크기 및 분산 ; n, m , s_1^2, s_2^2

→ 모집단 분산 추정값 ; $\hat{\sigma}_1^2 = s_1^2 = \frac{1}{n-1}\sum(x_1 - \bar{x}_1)^2$, $\hat{\sigma}_2^2 = s_2^2 = \frac{1}{m-1}\sum(x_2 - \bar{x}_2)^2$,

추정의 자유도 ; $\nu_1 = n-1$, $\nu_2 = m-1$

F- 검정은 F- 분포를 이용하며,

귀무가설 H_0 : $\sigma_1^2 = \sigma_2^2 = \sigma^2$, 검정통계량 : $F = \frac{\hat{\sigma}_1^2}{\hat{\sigma}_2^2}$

F_α : 유의수준 α에서 F분포(자유도 ν_1, ν_2) 의 임계값, $P(F > F_\alpha) = \alpha$

☞ F- 검정 의 전제 가정 ;

표본의 모집단은 정규분포, 표본은 무작위 독립적, $F \geq 1$ (추정치 중 큰 값을 분자로 함)

알아두기

예제 4.3.14 작은 표본의 평균 차이 검정

다음 두개의 독립적인 표본이 평균이 같은 모집단으로부터 추출한 것이라고 말할 수 있는가 ?

표본 1 (x_1)	16	27	18	17	25	14	29	28	20	23
표본 2 (x_2)	23	15	13	20	17	22	24	18		

풀이 ; 두 독립 표본이 같은 정규분포에서 추출된 것임을 확인하기 위해서는 분산 및 평균 차이 검정 필요

i) F-검정에 의한 분산 차이 검정

$H_0 : \sigma_1^2 = \sigma_2^2$, $H_1 : \sigma_1^2 \neq \sigma_2^2$, $n = 10,\ m = 8$, 자유도 $v_1 = 9,\ v_2 = 7$

$\bar{x}_1 = \frac{1}{n}\sum x_1 = 21.7$, $\bar{x}_2 = \frac{1}{m}\sum x_2 = 19.0$, $\hat{\sigma}_1^2 = \frac{1}{n-1}\sum (x_1 - \bar{x}_1)^2 = \frac{264.1}{9} = 29.34$, $\hat{\sigma}_2^2 = \frac{1}{m-1}\sum (x_2 - \bar{x}_2)^2 = \frac{108}{7} = 15.42$

검정통계량 $F = \frac{\hat{\sigma}_1^2}{\hat{\sigma}_2^2} = \frac{29.34}{15.42} = 1.90$ → $|F| = 1.90 < 3.68$ (자유도 분자 9, 분모 7, 유의수준 5% 채택영역)

→ 유의수준 5%에서 두 모집단의 분산은 같다

ii) t-검정에 의한 평균 차이 검정(양측검정)

$H_0 : \mu_1 = \mu_2$, $H_1 : \mu_1 \neq \mu_2$, 자유도 $n + m - 2 = 10 + 8 - 2 = 16$

$s = \sqrt{\frac{\sum (x_1 - \bar{x}_1)^2 + \sum (x_2 - \bar{x}_2)^2}{n+m-2}} = \sqrt{\frac{264.1 + 108.0}{16}} = 4.82$ → 검정통계량 $t = \frac{\bar{x}_1 - \bar{x}_2}{s\sqrt{\frac{1}{n} + \frac{1}{m}}} = \frac{21.7 - 19.0}{4.82\sqrt{\frac{1}{10} + \frac{1}{8}}} = 1.181$

→ $|t| = 1.181 < 2.12$ (자유도 16, 유의수준 5% 채택영역) → 유의수준 5%에서 두 모집단의 평균은 같다

⇒ 유의수준 5%에서 두 표본은 같은 모집단에서 추출한 것이다.

알아두기

예제 4.3.15 작은 표본의 평균 차이 검정

확률적 표본 자료가 다음과 같을 때, 이 2 표본은 같은 모집단으로부터 추출한 것이라고 말할 수 있는가 ?

	크기	표본평균	표본분산
표본 1 (x_1)	14	430	38
표본 2 (x_2)	25	455	41

풀이 ; 2 독립 표본이 같은 정규분포에서 추출된 것임을 확인하기 위해서는 분산 및 평균 차이 검정 필요

i) F-검정에 의한 분산 차이 검정

$H_0 : \sigma_1^2 = \sigma_2^2$, $H_1 : \sigma_1^2 \neq \sigma_2^2$, $n_1 = 14,\ n_2 = 25$, $s_1^2 = 38,\ s_2^2 = 41$, 자유도 $v_1 = 13,\ v_2 = 24$

$\hat{\sigma}_1^2 = s_1^2 = 38$, $\hat{\sigma}_2^2 = s_2^2 = 41$ → $\hat{\sigma}_2^2 > \hat{\sigma}_1^2$

→ 검정통계량 $F = \dfrac{\hat{\sigma}_2^2}{\hat{\sigma}_1^2} = \dfrac{41}{38} = 1.079$ → $F = 1.079 < 1.98$ (자유도 분모 13, 분자 24, 유의수준 5% 채택영역)

→ 유의수준 5%에서 두 모집단의 분산은 같다

ii) t-검정에 의한 평균 차이 검정

$H_0 : \mu_1 = \mu_2$, $H_1 : \mu_1 \neq \mu_2$, $\bar{x}_1 = 430$, $\bar{x}_2 = 455$, 자유도 $n + m - 2 = 14 + 25 - 2 = 37$

$s = \sqrt{\dfrac{(n-1)s_1^2 + (m-1)s_2^2}{n+m-2}} = \sqrt{\dfrac{13 \times 38 + 24 \times 41}{14 + 25 - 2}} = 6.32$ → 검정통계량 $t = \dfrac{\bar{x}_1 - \bar{x}_2}{s\sqrt{\dfrac{1}{n} + \dfrac{1}{m}}} = \dfrac{430 - 455}{6.32\sqrt{\dfrac{1}{14} + \dfrac{1}{25}}} = -11.85$

→ $|t| = 11.85 > 2.02$ (자유도 37, 유의수준 5% 기각영역) → 유의수준 5%에서 두 모집단의 평균은 다르다

⇒ 유의수준 5%에서 두 표본은 같은 모집단에서 추출한 것이라 할 수 없다.

알아두기

4.3.4 작은 표본의 상관계수 검정

작은 표본에 대한 상관계수의 유의성 검정

r : 표본의 상관계수 , ρ : 모집단의 상관계수

귀무가설 H_0 : $r=\rho$ (표본의 상관계수는 모집단의 상관계수와 같다)

검정 통계량 $z=\dfrac{(\tanh^{-1} r-\tanh^{-1}\rho)}{2\cdot SE(r)}$, $SE(r)=1/\sqrt{n-3}$ → z -분포(정규분포)를 따름

☞ $\tanh^{-1} h=\log_e\left(\dfrac{1+h}{1-h}\right)$

$$\rightarrow \quad z=\frac{(\tanh^{-1} r-\tanh^{-1}\rho)}{2\cdot SE(r)}=\frac{\left(\log_e\dfrac{1+r}{1-r}-\log_e\dfrac{1+\rho}{1-\rho}\right)}{2/\sqrt{n-3}}$$

$$=1.1513\sqrt{n-3}\left(\log\frac{1+r}{1-r}-\log\frac{1+\rho}{1-\rho}\right)$$

☞ $|z|>1.96$ 이면, 유의수준 **5%** 에서, 상관계수의 차이는 유의할 만한 것임.

$|z|<1.96$ 이면, 유의수준 **5%** 에서, 표본은 상관계수 ρ 인 모집단에서 추출한 것임.

알아두기

예제 4.3.16 상관계수의 유의성 검정

크기가 20 인 표본의 상관계수가 $r=0.55$ 라면, 가설적(이론) 상관계수 $\rho=0.8$에 대한 유의성을 검정하라.

풀이

귀무가설 : H_0 : $r=\rho$ (표본의 상관계수는 모집단의 상관계수와 같다)

검정통계량 $z=1.1513\sqrt{n-3}\left(\log\frac{1+r}{1-r}-\log\frac{1+\rho}{1-\rho}\right)=1.1513\sqrt{20-3}\left(\log\frac{1+0.55}{1-0.55}-\log\frac{1+0.8}{1-0.8}\right)=-0.926$

→ $|z|=0.926<1.96$ (유의수준 5% 채택영역) → 표본은 상관계수 $\rho=0.8$인 모집단에서 추출한 것이다.

예제 4.3.17 상관계수의 유의성 검정

크기가 20 인 표본의 상관계수가 $r=0.5$, 모집단 상관계수 가 $\rho=0.4$ 라면, 그 차이는 유의할 만한 것인가?

풀이

귀무가설 : H_0 : $r=\rho$ (표본의 상관계수는 모집단의 상관계수와 같다)

검정통계량 $z=1.1513\sqrt{n-3}\left(\log\frac{1+r}{1-r}-\log\frac{1+\rho}{1-\rho}\right)=1.1513\sqrt{20-3}\left(\log\frac{1+0.5}{1-0.5}-\log\frac{1+0.4}{1-0.4}\right)=0.517$

→ $|z|=0.517<1.96$ (유의수준 5% 채택영역) → 표본은 상관계수 $\rho=0.4$인 모집단에서 추출한 것이다.

알아두기

4장 연습문제

1. 어느 제조회사는 자사 제품 중 A제품이 B제품보다 8% 더 많이 팔리고 있다고 발표하였다. 임의로 선정한 200명을 중 42명이 A제품을 더 선호하였으며, 임의로 선정한 100명의 다른 표본에서는 18명이 B제품을 더 선호하였다. 제조회사의 발표를 5% 유의수준에서 검정하라.

2. 어느 형광램프 제조화사의 주장에 의하면, 자사 제품의 수명이 12,500[시간] 이상이라고 한다. 이 주장을 확인하기 위하여 49개를 임의로 수거하여 조사한 결과, 평균 12,360[시간], 표준편차 645[시간]이었다. 유의수준 $\alpha = 0.05$에서 검정하라.

3. 어떤 난수 발생 프로그램을 이용하여 숫자 '0'과 '1'을 임의로 7,500개를 생성한 결과, 3,825개의 숫자 '0'이 나왔다고 한다. 이 난수발생 프로그램은 '0'과 '1'이 나올 확률이 동등하게 설계되었다는 주장에 대하여, 유의수준 5%와 10%에서 양측 검정하라.

4. 분산이 2.25로 알려진 정규모집단의 평균(μ)에 대한 가설 $H_0 : \mu = 50$, $H_1 : \mu \neq 50$를 검정하기 위하여, 임의로 20개를 추출하여 조사한 결과, $\overline{x} = 49.2$을 얻었다.

   (1) 유의수준 $\alpha = 0.1$ 및 $\alpha = 0.01$에서 귀무가설 H_0을 채택할 수 있는 Z-검정통계량의 범위를 구하라.
   (2) 검정통계량의 관찰값을 구하고, 유의수준 $\alpha = 0.1$ 및 $\alpha = 0.01$에서 기각 또는 채택 여부를 밝혀라.

5. 물류창고에 저장된 대량의 동일 제품 중에서 임의로 700개를 추출하여 조사한 결과, 그 중 82개가 불량품이었다. 불량률이 10% 이하라는 화주의 주장을 95% 신뢰수준에서 검정하라.

6. 특수 판유리를 생산하는 어느 회사에서 자사 제품의 평균두께는 7[mm]라고 주장한다. 이러한 주장을 검정하기 위하여 같은 제품 31개의 판유리를 임의 수거하여 조사한 결과 평균 6.9[mm], 표준편차 0.21[mm]를 얻었다. 정규분포를 가정할 때, 유리두께의 평균에 대하여 유의수준 0.05와 0.01에서 검정하라.

7. 어떤 전구제품은 평균수명 32,000[시간]을 보장하고 있으며 표준편차는 3,240[시간]이다. 이를 확인하기 위하여, 제품의 95% 이상이 보장된 수명보다 2.5% 이상 짧지 않다는 점을 보이려고 한다면, 표본의 크기를 최소한 얼마로 해야 하는가 ?

8. A, B 두 회사에서 생산하는 같은 종류의 제품에 대한 평균수명[시간]의 차이를 조사하기 위하여, 각각 49개 씩을 임의 추출하여 조사한 결과 다음과 같았다. 두 회사에서 제품의 평균수명에 차이가 있는지 유의수준 5%에서 검정하라.

제 품	표본 평균	표본 표준편차
A	12,360	645
B	12,100	680

9. 크기가 1,500인 표본의 평균은 167.3이고, 크기가 2,200인 표본의 평균은 169.2이다. 이 두 표본이 표준편차가 7.2인 같은 모집단에서 추출된 것이라고 할 수 있는 지, 유의수준 1%에서 검정하라.

10. 가전제품용 소형 전기 모터의 평균수명을 조사하였다. 무작위로 선정한 크기 12개 표본의 평균은 19,800[시간]이고 표준편차는 5,750[시간]이었다. 역시 무작위로 선정한 크기 17개의 다른 표본의 평균은 17,500[시간]이고 표준편차는 5,440[시간]이었다. 5% 유의수준에서 두 표본의 평균 간 차이가 있는지 검정하라.

11. 같은 제품을 생산하는 A, B 두 공장의 불량률을 비교하기 위하여 표본조사를 실시한 결과, A공장 제품은 1,183개 중 32개가 불량이었고, B공장 제품은 994개 중 35개가 불량이었다. 두 공장의 불량률이 같다고 말할 수 있는지, 유의수준 5%에서 검정하라.

12. 같은 제품을 생산하는 두 공정의 일간 생산량을 10일 동안 조사하였다. 일간 생산량의 평균은 각각 680과 720이며, 표준편차는 각각 34와 25이었다. 유의수준 5%에서 두 공정의 생산량에 차이가 있는지를 검정하라.

13. 다음 두 독립 표본으로부터, 모분산이 유의할 만큼 다른지 5% 유의수준에서 검정하라.

표본 1	23	26	23	31	21	22	20	24	29	
표본 2	28	31	32	28	35	33	28	30	26	21

14. 다음은 어느 지역에서 지난해 1년 동안 주 중 발생한 교통사고 건수를 조사한 것이다. 유의수준 5%에서 주 중 요일별 사고 건수가 동일한가를 검정하라.

월	화	수	목	금	합계
98	65	67	61	86	377

15. 어느 지역 주민의 주간 식료비 지출 조사에서, 무작위로 선정한 A시장 이용자 500명의 주간 식료비 지출은 34,000[원]이며 표준편차는 5,200[원]이었다. 역시 무작위로 선정한 B시장 이

용자 480명의 평균은 27,200[원]이며 표준편차는 5,850[원]이었다. 1% 유의수준에서 두 집단의 주간 식품지출 평균이 같은 지 여부를 검정하라.

16. 크기가 9, 13인 두 개의 무작위 표본의 각각 2.1과 1.8이었다. 이 두 표본이 같은 표준편차를 갖는 정규 모집단에서 추출된 것으로 볼 수 있는지 5% 유의수준에서 검정하라.

17. 어느 가전제품 생산라인에서 남,녀 근로자 간의 작업능률이 동일한지 알아보기 위하여, 남녀 근로자 각각 13, 11명을 임의로 선정하여 작업량을 조사한 결과, 남자 근로자의 표준편차는 3.2대이고, 여자 근로자의 표준편차는 2.6대였다. 남,녀 간 작업량의 모분산에 차이가 있는지 유의수준 10%에서 검정하여라.

18. 무작위로 추출한 크기가 18인 표본의 평균은 24이며, 표준편차는 3이다. 이 표본이 평균 27인 정규분포에서 나온 것이라는 가설을 유의수준 5%에서 검정하라.

19. 다음 두 표본이 같은 모집단에서 나온 것인지를 유의수준 5%에서 검정하라.

표본 1	16	28	25	29	23	17	20	27	18	27
표본 2	15	21	21	14	16	19	15	18	23	

20. 같은 학년 A, B 반이 같은 시험을 치었다. A반은 45명이며 평균 73, 표준편차 8이었다. B반은 52명이며 평균 77, 표준편차 10이었다. 두 반의 성적 차이가 있다고 말 할 수 있는지 유의수준 1%에서 검정하라.

21. 암기력 증진을 위하여 고안된 두 가지의 프로그램 A, B의 효과를 비교하려 한다. 다음은 두 프로그램을 두 표본 집단에 독립적으로 실행하여 암기력이 개선된 결과[%]를 조사한 것이다. 두 프로그램의 효과가 유의할 만큼 차이가 있는지 유의수준 5%에서 검정하라.

프로그램 A	5	7	7	2	5	13	3	10	6	8
프로그램 B	6	4	2	8	11	1	5	7		

22. 어떤 고정밀 금속 베어링 51개의 직경을 조사하여 평균 19.997[mm], 표준편차 0.0114[mm]의 결과를 얻었다. 이 제품의 직경이 20[mm]라고 할 수 있는지 5%유의수준에서 검정하라.

23. 모집단의 평균이 0.63보다 크지 않다는 주장을 확인하기 위하여 크기 51의 표본조사 결과, 표본평균 0.633, 표준편차가 0.007을 얻었다. 유의수준 1% 및 10%에서 주장의 채택 여부를 검정하라.

24. 서로 독립인 두 정규모집단의 평균이 같다는 주장을 확인하기 의하여, 각각 크기 12, 17인 표본을 임의 추출하여 다음 결과를 얻었다. 95% 신뢰수준에서 모집단의 평균이 같다는 주장을 검정하라.

	표본의 크기	표본평균	표본표준편차
표본 1	12	705	18
표본 2	17	690	13

25. 우리나라 남자아기 출생율이 52%라는 주장을 확인하기 위하여, 무작위 선정한 27명의 신생아 출생신고 기록를 조사한 결과 그 중 15명이 남자아이였다. 유의수준 5%에서 이 주장의 채택여부를 검정하라.

26. 독립된 두 모집단에서 각각 크기 22, 27인 표본을 임의 추출했을 때, 특정한 성질을 가진 개체의 수가 각각 9, 13 이었다.

(1) 두 표본비율 $\hat{p}_1$, $\hat{p}_2$을 구하라.

(2) $\hat{p}_1 - \hat{p}_2$ 에 대한 99% 신뢰구간을 구하여라.

(3) 모집단 비율이 같은지 유의수준 1%에서 검정하라.

28. 어떤 정규 모집단에서 크기 17인 표본을 추출하여 조사한 결과 표본분산이 0.8 이었다. 모분산이 0.7보다 크다고 할 수 있는지 5% 유의수준에서 검정하라.

29. 다음은 두 종류의 벼 품종 A, B를 각각 독립적인 5개 지역에 시험 재배하여 단위 면적당 쌀 수확량을 조사한 것이다. 두 품종 간 수확량의 평균과 분산에 차이가 있는지 유의수준 5%에서 조사하라.

품종 A	332	344	359	326	346
품종 B	327	336	345	337	328

30. 다음 표본자료의 모집단 분산이 동일한지 유의수준 5%에서 검정하라.

A	72	150	163	99	112	75	81	123	77	198
B	101	125	52	123	88	128	60	72	132	169

알기 쉽게 간추린 **실용 확률과 통계**

연 습 문 제 풀 이

1장 연습문제 풀이

1. 표본공간 S라 두면 $n(S) = 6 \times 6 = 36$이며, 두 사건 A 와 B 의 경우의 수는,
   $A = \{(1,6),(2,5),(3,4),(4,3),(5,2),(6,1)\}$ 이므로 $n(A) = 6$,
   B 는 전체에서 6이 한 번도 안 나오는 경우의 수를 제외한 것이므로 $n(B) = 36 - 5 \times 5 = 11$
   또한, $A \cup B = \{(1,6),(6,1)\}$ 이므로 $n(A \cap B) = 2$
   따라서, $n(A \cup B) = n(A) + n(B) - n(A \cap B) = 6 + 11 - 2 = 15$

$$\therefore \ P(A \cup B) = \frac{15}{36}, \quad P(A \cap B) = \frac{2}{36} = \frac{1}{18}$$

2. 한번 던질 때 "1" 또는 "2" 가 나오는 성공확률은 $\frac{2}{6} = \frac{1}{3}$, 실패확률은 $1 - \frac{1}{3} = \frac{2}{3}$
   (1) $\frac{1}{3}$ (2) $\left(\frac{2}{3}\right)\left(\frac{2}{3}\right)\left(\frac{1}{3}\right) = \frac{4}{27}$ (3) $\left(\frac{2}{3}\right)^{n-1}\left(\frac{1}{3}\right) = \frac{2^{n-1}}{3^n}$

3. (1) $S = \{1,2,3,\cdots\}$ 무한 이산 공간 (2) $S = [-20, 40]$, 유한 연속 공간
   (3) $S = [0, \infty)$, 무한 연속 공간

4. 여자를 W, 남자를 M, 기업가를 B 로 나타내면, $P(W) = 0.2$, $P(B) = 0.1$, $P(W \cap B) = 0.04$
   (1) M 은 W 의 여사상이므로 $P(M) = 1 - P(W) = 0.8$,
   (2) $P(M \cap B) = P(B) - P(W \cap B) = 0.04$
   (3) $P(W \cup B) = P(W) + P(B) - P(W \cap B) = 0.26$

5. (1) ${}_5P_5 = 5! = 120$
   (2) ${}_5P_3 = 60$
   (3) ${}_5C_1 \times {}_5C_1 \times {}_5C_1 = 5^3 = 125$
   (4) ${}_5C_3 = \frac{5!}{3!\,2!} = 10$

6. 각 사건에 대한 경우의 수를 찾아보면,

$$A = \left\{ \begin{matrix} (1,1)\,(1,3)\,(1,5)\,(2,2)\,(2,4)\,(2,6)\,(3,1)\,(3,3)\,(3,5) \\ (4,2)\,(4,4)\,(4,6)\,(5,1)\,(5,3)\,(5,5)\,(6,2)\,(6,4)\,(6,6) \end{matrix} \right\},$$

$$B = \{(3,1)(3,2)(3,3)(3,4)(3,5)(3,6)\}, \quad C = \{(1,5)(2,4)(3,3)(4,2)(5,1)\}$$

   (1) 두 눈의 합이 6인 사건은 합이 짝수인 사건의 부분집합이므로 $A \cup C = A$
   (2) 마찬가지로 $A \cap C = C$
   (3) $B \cap C = \{(3,3)\}$

(4) $(A\cap B)=\{(3,1)(3,3)(3,5)\}$, $\overline{C}=\{$두눈의 합이 6이 아닌것$\}$ 이므로

$(A\cap B)\cap\overline{C}=\{(3,1)(3,5)\}$

(5) $A\cup B\cup C=\begin{Bmatrix}(1,1)(1,3)(1,5)(2,2)(2,4)(2,6)(3,1)(3,2)(3,3)(3,4)(3,5)\\(3,6)(4,2)(4,4)(4,6)(5,1)(5,3)(5,5)(6,2)(6,4)(6,6)\end{Bmatrix}$

(6) $A\cap B\cap C=\{(3,3)\}$

7. 노란 구슬을 Y, 파란 구슬을 B로 나타내면,

(1) $P(Y,Y)+P(B,B)=\frac{3}{10}\times\frac{2}{9}+\frac{7}{10}\times\frac{6}{9}=\frac{8}{15}$

(2) $P(Y,B)+P(B,Y)=\frac{3}{10}\times\frac{7}{9}+\frac{7}{10}\times\frac{3}{9}=\frac{7}{15}$ 또는, 2개의 색깔이 다른 것은

2개의 색이 같아지는 것의 여사상이므로 $P(Y,B)+P(B,Y)=1-\frac{8}{15}=\frac{7}{15}$

8. A를 3의 배수, B를 4의 배수라고 하자. A에 해당하는 경우의 수는 초항이 3, 등차 3인 등차수열로 표시할 수 있으므로, A에 속하는 자연수의 갯수를 n이라 하면,

$$3+(n-1)3\le 300\ ,\quad n\le\frac{250-3}{3}+1=83.3\qquad\therefore\ n=83$$

$$\therefore\ P(A)=\frac{83}{250}$$

마찬가지로, B에 속하는 자연수의 갯수를 m이라 하면,

$$4+(n-1)4\le 300\ ,\quad m\le\frac{250-4}{4}+1=62.5\qquad\therefore\ m=62$$

$$\therefore\ P(B)=\frac{62}{250}$$

$A\cap B$는 3과 4의 공배수 즉, 12의 배수이다. 따라서 $A\cap B$에 속하는 자연수의 개수를 l이라하면,

$$12+(n-1)12\le 300\ ,\quad m\le\frac{250-12}{12}+1=20.8\qquad\therefore\ l=20$$

$$\therefore\ P(A\cap B)=\frac{20}{250}$$

따라서, 구하는 확률은

$$P(A\cup B)=P(A)+P(B)-P(A\cap B)=\frac{83}{250}+\frac{62}{250}-\frac{20}{250}=\frac{125}{250}=\frac{1}{2}$$

9. 하나의 스위치가 닫힐 확률을 $q=0.1$라 하면, 열리지 않을 확률 $p=1-q=0.9$

(1) 스위치 두 개가 모두 닫혀있는 경우의 여사상이므로 $1-(p\times p)=1-0.9^2=0.19$

(2) 스위치 두 개가 모두 열릴 확률이므로 $q\times q=0.1^2=0.01$

10. (1) 3개 모두 빨간색일 확률은 $\frac{5}{10}\times\frac{4}{10}\times\frac{3}{10}=\frac{3}{50}$

(2) 차례로 노란색, 파란색, 빨간색일 확률은 $\frac{2}{10}\times\frac{3}{9}\times\frac{5}{8}=\frac{1}{24}$

(3) 순서에 상관없이 모든 색깔이 1개씩 나올 확률은 $\frac{{}_2C_1\times{}_3C_1\times{}_5C_1}{{}_{10}C_3}=\frac{1}{4}$

11. 한 제품이 각 공장에서 나올 사상을 A, B, C 제품 하나가 불량품일 사상을 D 라 하면,

(1) $P(D)=P(D|A)P(A)+P(D|B)P(B)+P(D|C)P(C)$

$=0.02\times0.5+0.03\times0.3+0.05\times0.2=0.029$

(2) $P(A|D)P(D)=P(D|A)P(A)$

$\therefore\ P(A|D)=P(D|A)P(A)/P(D)=0.02\times0.5/0.029=0.345$

마찬가지로, $P(B|D)=P(D|B)P(B)/P(D)=0.03\times0.3/0.029=0.310$

따라서, $P(A|D)+P(B|D)=0.345+0.310=0.655$

12. $P(A)=\frac{23}{100},\ P(B)=\frac{17}{100},\ P(C)=\frac{12}{100},$

$P(A\cap B)=\frac{7}{100},\ P(B\cap C)=\frac{4}{100},\ P(A\cap C)=\frac{9}{100},$

$P(A\cap B\cap C)=\frac{3}{100}$

어느 신문도 구독하지 않을 확률은, 1가지 이상을 구독할 확률의 여사상이므로,
구하는 확률은,

$1-P(A\cup B\cup C)$

$=1-\{P(A)+P(B)+P(C)-P(A\cap B)-P(A\cap C)-P(C\cap A)+P(A\cap B\cap C)\}$

$=1-\left(\frac{23}{100}+\frac{17}{100}+\frac{12}{100}-\frac{7}{100}-\frac{4}{100}-\frac{9}{100}+\frac{3}{100}\right)=1-\frac{35}{100}=\frac{13}{20}$

13. 각 스위치가 닫힐 확률은 $P(\mathrm{S1})=0.95,\ P(\mathrm{S2})=0.90,\ P(\mathrm{S3})=0.80$
A,B 간 연결될 확률은 각 스위치는 독립적이므로,

$$\begin{aligned}P(\mathrm{S1}\cap(\mathrm{S2}\cup\mathrm{S3})&=P(\mathrm{S1})\times P(\mathrm{S2}\cup\mathrm{S3})=P(\mathrm{S1})\times P(\mathrm{S2}\cup\mathrm{S3})\\&=P(\mathrm{S1})\times[P(\mathrm{S2})+P(\mathrm{S3})-P(\mathrm{S2}\cap\mathrm{S3})]\\&=0.95\times[0.90+0.85-0.90\times0.85]=0.936\end{aligned}$$

14. (1) 무한급수 $\sum_{x=1}^{\infty}\frac{1}{x}$은 발산하므로 확률변수 X에 대하여 $\sum_{x=1}^{\infty}f(x)=\sum_{x=1}^{\infty}\frac{k}{x}=k\sum_{x=1}^{\infty}\frac{1}{x}=1$을 만족하는 양의 상수 k가 존재하지 않는다.

(2) 무한급수 $\sum_{x=1}^{\infty}\frac{1}{x^2}$은 수렴한다. 그 수렴값을 M이라 하면 $k=\frac{1}{M}$은 확률변수 X에 대하여 $\sum_{x=1}^{\infty}f(x)=\sum_{x=1}^{\infty}\frac{k}{x^2}=k\sum_{x=1}^{\infty}\frac{1}{x^2}=1$을 만족한다.

15. (1) $\int_{9.8}^{10.2}[2.58-k(x-10.0)^2]dx=[2.58x-\frac{k}{3}(x-10.0)^3]_{9.8}^{10.2}=1$

$\therefore\ 2.58(0.4)-\frac{k}{3}[(0.2)^3-(-0.2)^3]=1\ ,\quad \therefore\ k=6$

확률밀도함수 $f(x)=2.58-6(x-10.0)^2$는 $x=10.0$을 중심으로 좌우 대칭이므로

$\bar{x}=10.0$

(2) 밀도함수가 평균값 $\bar{x}=10.0$ 을 중심으로 대칭인 점을 이용하면,

$P(9.9\le X\le 10.1)=2\int_{9.9}^{10.0}[2.58-6(x-10.0)^2]dx=2[2.58x-2(x-10.0)^3]_{9.9}^{10.0}=0.512$

16. (1) $\overline{X}=\int_0^1 xf(x)dx=\int_0^1 7.5x^3(1-x^2)dx=7.5\left[\frac{1}{4}x^4-\frac{1}{6}x^6\right]_0^1=0.625$

(2) $F(x)=\int_0^x \tau f(\tau)d\tau=\int_0^x 7.5\tau^2(1-\tau^2)dx=7.5\left[\frac{1}{3}\tau^3-\frac{1}{5}\tau^5\right]_0^x=0.5x^3(5-3x^2),$

$0\le x\le 1$

(3) $P(0.60<x\le 0.65)=F(0.65)-F(0.60)=0.513-0.423=0.090$

17. $P(B)=2P(A)$, A와 B가 독립적이므로 $P(A\cap B)=P(A)P(B)=8/100=0.08$,

따라서 $P(A)P(B)=2[P(A)]^2=0.08\quad \therefore\ P(A)=\sqrt{0.08/2}=0.2,\ P(B)=2\times0.2=0.4$

그러므로, $P(\overline{A}\cap\overline{B})=P(\overline{A\cup B})=P(S-(A\cup B))=1-P(A\cup B))$

$=1-[P(A)+P(B)-P(A\cap B)]$

$=1-[P(A)+P(B)-P(A)P(B)]$ (A, B 독립)

$=[1-P(A)][1-P(B)]=(1-0.2)(1-0.4)=0.48$

18. (1) 하나만 불량품일 확률 $P(D^1)=P(D|A)P(\overline{D}|B)+P(\overline{D}|A)P(D|B)$

$=0.07\times(1-0.05)+(1-0.07)\times0.05=0.113$

(2) $P(A|D)=\frac{P(A|D)P(\overline{D}|B)}{P(D^1)}=\frac{0.07\times0.95}{0.113}=0.589$

19. (1) $\int_{-\infty}^{\infty}\frac{k}{1+x^2}dx=k\tan^{-1}x\Big|_{-\infty}^{\infty}=k\pi=1$ (적분공식 참조) $\therefore\ k=\frac{1}{\pi}$

(2) $P[1/\sqrt{3}\le x\le 1]=\frac{1}{\pi}\int_{1/\sqrt{3}}^{1}\frac{dx}{1+x^2}=\frac{1}{\pi}[\tan^{-1}x]_{1/\sqrt{3}}^{1}=\frac{1}{\pi}\left[\frac{\pi}{4}-\frac{\pi}{6}\right]=\frac{1}{12}$

20. $f(x)=k(15+x)^{-2}$ 이라 두면, $\int_0^{45}k(15+x)^{-2}dx=1\quad \therefore\ k=20$

따라서 $P(0<x\le 15)=\int_0^{15}20(15+x)^{-2}dx=[-20(15+x)^{-1}]_0^{15}=0.667$

21. 동전 3개를 임의로 추출할 때 얻을 수 있는 금액에 대한 경우의 수는 다음과 같다.

500짜리 갯수(n)	0	1	2	3
100짜리 갯수$(3-n)$	3	2	1	0
합계금액 (X)	300	700	1,100	1,500

각 경우에 대하여 일어날 확률울 구하면,

$$f(300)=P(n=0)=\frac{{}_3C_0\times{}_5C_3}{{}_8C_3}=\frac{10}{56}, \quad f(700)=P(n=1)=\frac{{}_3C_1\times{}_5C_2}{{}_8C_3}=\frac{30}{56}$$

$$f(1{,}100)=P(n=2)=\frac{{}_3C_2\times{}_5C_1}{{}_8C_3}=\frac{15}{56}, \quad f(1{,}500)=P(n=3)=\frac{{}_3C_3\times{}_5C_0}{{}_8C_3}=\frac{1}{56}$$

따라서 구하고자 하는 확률 질량함수 $f(x)$ 및 분포함수 $F(x)$는 다음 표와 같다.

$$f(x)=\begin{cases}10/56, & x=300\\ 30/56, & x=700\\ 15/56, & x=1{,}100\\ 1/56, & x=1{,}500\\ 0, & \text{그 밖에}\end{cases}, \quad F(x)=\begin{cases}0, & x<300\\ 10/56, & 300\le x<700\\ 40/56, & 700\le x<1{,}100\\ 55/56, & 1{,}100\le x<1{,}500\\ 1, & 1{,}500\le x\end{cases}$$

합계금액의 기댓값 $E(X)=\overline{X}=\dfrac{300\times10+700\times30+1{,}100\times15+1{,}500\times1}{56}=750$

22. 사수 A, B, C 가 한 발을 쏠 때, 과녁을 맞힐 확률은

$$P(A)=\frac{5}{7},\ P(B)=\frac{3}{5},\ P(C)=\frac{3}{4}$$

3명의 사수가 일제히 쏠 때, 적어도 2발이 과녁에 맞을 경우의 수는

i) A, B, C 모두 맞힐 경우

ii) A, B가 맞히고 C가 못 맞힐 경우

iii) A, C가 맞히고, B가 못 맞힐 경우

iv) B, C가 맞히고, A가 못 맞힐 경우

이므로, 구하는 확률은

$$\begin{aligned}&P(ABC)+P(AB\overline{C})+P(A\overline{B}C)+P(\overline{A}BC)\\ &=P(A)P(B)P(C)+P(A)P(B)P(\overline{C})+P(A)P(\overline{B})P(C)+P(\overline{A})P(B)P(C)\\ &=\frac{5}{7}\frac{3}{5}\frac{3}{4}+\frac{5}{7}\frac{3}{5}\left(1-\frac{3}{4}\right)+\frac{5}{7}\left(1-\frac{3}{5}\right)\frac{3}{4}+\left(1-\frac{5}{7}\right)\frac{3}{5}\frac{3}{4}\\ &=\frac{45+15+30+18}{140}=\frac{108}{140}=0.829\end{aligned}$$

23. $\sum P=1$이므로 $P(X=c)+P(X\neq c)=1$

따라서 $P(X\neq c)=0,\ \overline{X}=c\times1+0=c,\ \sigma^2=\sum(X-\overline{X})^2P=(c-c)^2\times1+0=0$

24. 확률밀도함수는 $f(x)=F'(x)=\frac{1}{2}(x+1),\ -1 \le x \le 1$ 따라서

(1) $E(X)=\bar{x}=\int_{-1}^{1} xf(x)dx=\frac{1}{2}\int_{-1}^{1}(x^2+x)dx=\frac{1}{2}\left[\frac{1}{3}x^3+\frac{1}{2}x^2\right]_{-1}^{1}=\frac{1}{2}$

$\sigma^2=\int_{-1}^{1}(x-\bar{x})^2 f(x)dx=\frac{1}{2}\int_{-1}^{1}(x-\frac{1}{2})(x+1)dx=\frac{1}{2}\left[\frac{1}{3}x^3+\frac{1}{4}x^2-\frac{1}{2}x\right]_{-1}^{1}=\frac{1}{4}$

(2) 최빈값 ; $-1 \le x \le 1$ 에서 $f(x)=\frac{1}{2}(x+1)$가 최대일 때 $x=1=M_o$

중앙값 ; $F(x)=\frac{1}{4}(x+1)^2=\frac{1}{2}$ 를 만족하는 값 $x=\sqrt{2}-1=M_e$

25. 주사위를 한번 던질 때 '1'의 눈이 나오는 성공 확률 : $p=\frac{1}{6}$, 실패확률 : $q=\frac{5}{6}$

i) A가 이기는 경우의 수 :

다른 사람이 계속 실패하고, A가 1, 4, 7, 10 .... 회에 성공. 따라서,

$P(A)=p+q^3p+q^6p+q^9p+\cdots\cdots=\frac{p}{1-q^3}=\frac{1/6}{1-(5/6)^3}=\frac{36}{91}=0.396$

ii) B가 이기는 경우의 수 :

다른 사람이 계속 실패하고, B가 2, 5, 8, 11 .... 회에 성공. 따라서,

$P(B)=qp+q^4p+q^7p+q^{10}p+\cdots\cdots=\frac{qp}{1-q^3}=\frac{(5/6)(1/6)}{1-(5/6)^3}=\frac{30}{91}=0.330$

iii) C가 이기는 경우의 수 :

다른 사람이 계속 실패하고, C가 3, 6, 9, 12 .... 회에 성공. 따라서,

$P(C)=q^2p+q^5p+q^8p+q^{11}p+\cdots\cdots=\frac{q^2p}{1-q^3}=\frac{(5/6)^2(1/6)}{1-(5/6)^3}=\frac{25}{91}=0.275$

☞ 3명 중 1명은 반드시 이기는 사람이 있을 것이므로

$P(A)+P(B)+P(C)=\frac{36+30+25}{91}=\frac{91}{91}=1$

26. (1) 분포함수는 $F(x)=\int_{-1.5}^{x}\frac{1}{3}du=\frac{1}{3}x+\frac{1}{2}$ 이므로 사분위수는 각각 다음과 같다.

$F(q_1)=\frac{1}{3}q_1+\frac{1}{2}=\frac{1}{4}$ $\quad\therefore\quad q_1=-0.75$

$F(q_2)=\frac{1}{3}q_2+\frac{1}{2}=\frac{2}{4}$ $\quad\therefore\quad q_2=0$

$F(q_3)=\frac{1}{3}q_3+\frac{1}{2}=\frac{3}{4}$ $\quad\therefore\quad q_1=0.75$

(2) 분포함수는 $F(x)=\int_{0}^{x}3e^{-3u}du=1-e^{-3x}$이므로 사분위수는 각각 다음과 같다.

$F(q_1)=1-e^{-3q_1}=\frac{1}{4}$ $\quad\therefore\quad q_1=-\frac{1}{3}\ln\frac{3}{4}=0.0959$

$$F(q_2) = 1 - e^{-3q_2} = \frac{2}{4} \qquad \therefore \quad q_1 = -\frac{1}{3}\ln\frac{2}{4} = 0.2311$$

$$F(q_3) = 1 - e^{-3q_3} = \frac{3}{4} \qquad \therefore \quad q_1 = -\frac{1}{3}\ln\frac{1}{4} = 0.4621$$

(3) 분포함수는 $F(x) = \int_{-\infty}^{x} \frac{e^{-u}}{(1+e^{-u})^2} du = \frac{e^x}{1+e^x}$ 이므로 사분위수는 각각 다음과 같다.

$$F(q_1) = \frac{e^{q_1}}{1+e^{q_1}} = \frac{1}{4} \qquad \therefore \quad e^{q_1} = \frac{1}{3}, \quad q_1 = \ln\frac{1}{3} = -1.0986$$

$$F(q_2) = \frac{e^{q_2}}{1+e^{q_2}} = \frac{2}{4} \qquad \therefore \quad e^{q_2} = 1, \quad q_2 = \ln 1 = 0$$

$$F(q_3) = \frac{e^{q_3}}{1+e^{q_3}} = \frac{3}{4} \qquad \therefore \quad e^{q_3} = 3, \quad q_3 = \ln 3 = 1.0986$$

27. 평균값 ; 확률밀도함수가 $x=0$ 를 중심으로 좌우대칭이므로 $\overline{X} = 0$

또는 $\overline{X} = \int_{-\infty}^{\infty} xf(x)dx = \frac{1}{\pi}\int_{-\infty}^{\infty} \frac{x}{(1+x^2)} dx = 0$ (원점 대칭 적분)

최빈값, 중앙값 ; 확률밀도함수가 $\overline{X} = 0$ 중심 대칭이므로 $M_e = M_o = \overline{X} = 0$

또는, 확률변수 X의 분포함수를 구하면,

$$F(x) = \int_{-\infty}^{x} f(u)du = \int_{-\infty}^{x} \frac{1}{\pi(1+u^2)} du = \frac{1}{\pi} \lim_{a\to-\infty} \tan^{-1}u \Big|_a^x$$

$$= \frac{1}{\pi}\left(\tan^{-1}x - \lim_{a\to-\infty} \tan^{-1}a\right) = \frac{1}{\pi}\left(\tan^{-1}x - \frac{\pi}{2}\right)$$

$F(x_0) = \frac{1}{2}$ 인 x_0가 중앙값이므로

$$F(x_0) = \frac{1}{\pi}\left(\tan^{-1}x_0 - \frac{\pi}{2}\right) = \frac{1}{2} \qquad \therefore \quad \tan^{-1}x_0 = 0, \quad M_e = x_0 = 0$$

28. 수명이 1,000 시간 이상인 제품의 수를 X라 하면, X는 이항분포 B(10, 0.85)를 따른다.

(1) 평균 $E(X) = np = 10 \times 0.85 = 8.5$

(2) $P(X=5) = {}_{10}C_5 p^5 q^5 = \frac{10!}{5!5!}(0.85^5)(0.15^5) = 0.860$

(3) $P(X \geq 9) = {}_{10}C_9 p^9 q^1 + {}_{10}C_{10} p^{10} q^0 = 9(0.85^9)(0.15) + 0.85^{10} = 0.510$

29. (1) A , B 가 독립이면, $P(A \cap B) = P(A) \cdot P(B)$

따라서, $P(A \cup B) = P(A) + P(B) - P(A \cap B) = P(A) + P(B) - P(A) \cdot P(B)$

$$\therefore \quad 0.7 = p + 0.4 - 0.4p, \qquad p = \frac{0.7 - 0.4}{(1-0.4)} = \frac{0.3}{0.6} = 0.5$$

(2) A , B 가 서로 배반 사건이면 $A \cap B = \phi$, 즉 $P(A \cap B) = 0$

따라서, $P(A \cup B) = P(A) + P(B) - P(A \cap B) = P(A) + P(B)$

$\therefore \quad 0.7 = p + 0.4 \quad , \qquad p = 0.7 - 0.4 = 0.3$

30. (1) 표본공간 (d, d), (r, r), (r, d), (d, r) 4가지 중 (r, r) 한가지이므로 $\frac{1}{4} = 0.25$

(2) ${}_4C_1\left(\frac{1}{4}\right)\left(\frac{3}{4}\right)^3 = 0.423$

(3) $\mu = np = 4 \times \frac{1}{4} = 1.0$

31. 먼저 파란 구슬이 나오는 경우의 수에 대한 확률분포를 생각한다. 구슬 3개 중 포함된 파란 구슬의 수를 확률변수X라 놓으면, X가 취할 수 있는 값은 $X = 0, 1, 2, 3$ 이다. 각 변량에 대한 확률을 구하면,

$P(X=0) = \dfrac{{}_5C_3 \times {}_3C_0}{{}_8C_3} = \dfrac{10}{56}$ (흰 구슬 3 개)

$P(X=1) = \dfrac{{}_5C_2 \times {}_3C_1}{{}_8C_3} = \dfrac{30}{56}$ (흰 구슬 2 개, 파란 구슬 1개)

$P(X=2) = \dfrac{{}_5C_1 \times {}_3C_2}{{}_8C_3} = \dfrac{15}{56}$ (흰 구슬 1 개, 파란 구슬 2개)

$P(X=3) = \dfrac{{}_5C_0 \times {}_3C_3}{{}_8C_3} = \dfrac{1}{56}$ (파란 구슬 3개)

확률분포를 정리하면,

X	0	1	2	3
$P(X)$	$\frac{10}{56}$	$\frac{30}{56}$	$\frac{15}{56}$	$\frac{1}{56}$

따라서, 평균 : $\mu = E(X) = \sum p_i x_i = \dfrac{(10)(0) + (30)(1) + (15)(2) + (1)(3)}{56}$

$= \dfrac{9}{8} = 1.125$

분산 : $\sigma^2 = \sum p_i (x_i - \mu)^2 = \dfrac{10(0-9/8)^2 + 30(1-9/8)^2 + 15(2-9/8)^2 + 1(3-9/8)^2}{56}$

$= \dfrac{225}{448} = 0.502$

표준편차 : $\sigma = \sqrt{0.502} = 0.709$

32. (1) 이산 변량의 갯 수 $n = b - a + 1$,

균등분포이므로 $f(x_i) = p$, $\sum_{i=1}^{n} f(x_i) = p(b - a + 1) = 1 \quad \therefore \quad p = \dfrac{1}{b - a + 1}$

따라서, 확률질량함수 $f(x_i) = \dfrac{1}{b - a + 1} = \dfrac{1}{n}$, $\quad x_i = a + (i - 1), \quad i = 1, 2, \cdots, n$

(2) $\mu=\sum_{i=1}^{n}x_i f(x_i)=\sum_{i=1}^{n}(a+i-1)(\frac{1}{n})=\frac{1}{n}\sum_{i=1}^{n}(a-1+i)$

$$=\frac{1}{n}\left[n(a-1)+\frac{n(n+1)}{2}\right]$$

$$=(a-1)+\frac{(b-a+2)}{2}=\frac{a+b}{2}$$

$$\sigma^2=\sum_{i=1}^{n}(x_i-\mu)^2 f(x_i)=\sum_{i=1}^{n}x_i^2 f(x_i)-\mu^2$$

$$=\frac{1}{n}\sum_{i=1}^{n}(a+i-1)^2-\left(\frac{a+b}{2}\right)^2=\frac{1}{n}\sum_{i=1}^{n}\{(a-1)^2+2(a-1)i+i^2\}-\left(\frac{a+b}{2}\right)^2$$

$$=\frac{1}{n}\left\{n(a-1)^2+2(a-1)\frac{n(n+1)}{2}+\frac{n(n+1)(2n+1)}{6}\right\}-\left(\frac{a+b}{2}\right)^2$$

$$=(a-1)^2+(a-1)(b-a+2)+\frac{(b-a+2)(2b-2a+3)}{6}-\left(\frac{a+b}{2}\right)^2$$

$$=\frac{(b-a)(b-a+2)}{12}$$

33. 이항분포의 확률질량함수 및 이론도수

$$P(X=r)={}_nC_r p^r q^{n-r},\quad r=0,1,2,\cdots,n$$

$$f_r=N\cdot P(X=r),\quad N=\sum f_r$$

의 관계를 주어진 자료와 비교하면,

$$N=\sum f=120,\quad n=5$$

또한, 이항분포의 평균 $\mu=np$ 이므로, 관찰자료로부터 구한 평균과 같게 놓으면,

$$\text{관찰평균}\quad \bar{\mu}=\frac{\sum f_i x_i}{N}=\frac{(0)(39)+(1)(50)+(2)(21)+(3)(7)+(4)(2)+(5)(1)}{120}$$

$$=\frac{126}{120}=1.05$$

$$\therefore\quad np=\bar{\mu}=1.05,\quad p=\frac{\bar{\mu}}{n}=\frac{1.05}{5}=0.21,\quad q=1-p=0.79$$

이 결과를 바탕으로,

$$f_r=N\cdot P(X=r)=N\cdot{}_nC_r p^r q^{n-r}=120\cdot{}_5C_r p^r q^{5-r},\quad r=0,1,2,\cdots,5$$

을 이용하여 이론도수를 구하면

$$f_0=120\cdot{}_5C_0(0.21)^0(0.79)^5=36.92\approx 37$$

$$f_1=120\cdot{}_5C_1(0.21)^1(0.79)^4=49.08\approx 49$$

$$f_2=120\cdot{}_5C_2(0.21)^2(0.79)^3=26.04\approx 26$$

$$f_3=120\cdot{}_5C_3(0.21)^3(0.79)^2=6.96\approx 7$$

$$f_4=120\cdot{}_5C_4(0.21)^4(0.79)^1=0.90\approx 1$$

$$f_5=120\cdot{}_5C_5(0.21)^5(0.79)^0=0.05\approx 0$$

위 결과를 표로 정리하면,

X	0	1	2	3	4	5	합계
관측도수	39	50	21	7	2	1	120
이론도수	37	49	26	7	1	0	120

34. (1) 부품 1개가 불량일 확률 $p=\dfrac{10}{1,000}=0.01$, $n=15$ 개 중에 들어 있을 부량품의 수 X 는 이항분포 $B(15, 0.01)$ 를 따른다.

(2) $E(X)=np=15\times 0.01=0.15$, $\sigma^2=npq=15\times 0.01\times 0.99=0.1485$

(3) $P(X\geq 2)=1-P(X\leq 1)=1-[P(X=0)+P(X=1)]$
$=1-\left[{}_{15}C_0 p^0 q^{15}+{}_{15}C_1 p^1 q^{14}\right]=1-(0.99^{15}+15\times 0.01\times 0.99^{14})=0.0096$

35. 단위면적[cm^2] 당 평균 4개의 흔적을 가지고 있으므로, 광석시료 2[cm^2]에는 평균 $\mu=8$개의 흔적을 가지고 있다고 할 수 있다. 즉, 광석시료 2[cm^2]안의 흔적은 모수 $\lambda=\mu=8$ 인 프와송 분포를 이룬다. 따라서,

$$P(X\leq 2)=\sum_{i=0}^{2}P(X=i)=\sum_{i=0}^{2}\frac{\lambda^i}{i!}e^{-\lambda}=\left[\frac{8^0}{0!}+\frac{8^1}{1!}+\frac{8^2}{2!}+\right]e^{-8}=0.0138$$

36. (1) T가 구간 $[0,15]$에서 균등분포를 이루므로 밀도함수와 분포함수는

$$f(t)=\begin{cases}\dfrac{1}{15}, & 0\leq t\leq 15\\ 0, & \text{다른 곳에서}\end{cases},\qquad F(x)=\begin{cases}0, & t<0\\ \dfrac{t}{15}, & 0\leq t<65.5\\ 1, & 65.5\leq t\end{cases}$$

(2) $E(T)=\dfrac{15}{2}=17.5$

(3) $P(T\geq 12)=1-F(12)=1-\dfrac{12}{15}=\dfrac{1}{5}=0.2$

(4) $P(T\geq 10)=1-F(10)=1-\dfrac{10}{15}=\dfrac{1}{3}=0.333$, $\{T\geq 12\}\cap\{T\geq 10\}=\{T\geq 12\}$

따라서 $P(T\geq 12\,|\,T\geq 10)=\dfrac{P(T\geq 12,\,T\geq 10)}{P(T\geq 10)}=\dfrac{P(T\geq 12)}{P(T\geq 10)}=\dfrac{1/5}{1/3}=0.6$

(5) 마찬가지로 $10<t\leq 15$에 대하여,

$$P(X\geq t\,|\,T\geq 10)=\frac{P(T\geq t,\,T\geq 10)}{P(T\geq 10)}=\frac{P(T\geq t)}{P(T\geq 10)}=\frac{1-(t/15)}{(1/3)}=3-\frac{t}{5}$$

37. 1개의 동전이 앞 면이 나올 확률 $p=\dfrac{1}{2}$, 뒷 면이 나올 확률 $q=\dfrac{1}{2}$

(1) 한번 던질 때 10개 중 6개가 앞면일 확률 ;

$$P(X=6)={}_{10}C_6\left(\frac{1}{2}\right)^6\left(\frac{1}{2}\right)^4=\frac{210}{2^{10}}=0.205$$

따라서, 10개 중 6개가 앞면이 나오는 횟수의 기대치 ;

$k=100\times 0.205=20.5\approx 21$

(2) 6개 이상 앞면 나올 확률 ;

$$P(X=6)+P(X=7)+P(X=8)+P(X=9)+P(X=10)$$
$$={}_{10}C_6\left(\frac{1}{2}\right)^6\left(\frac{1}{2}\right)^4+{}_{10}C_7\left(\frac{1}{2}\right)^7\left(\frac{1}{2}\right)^3+{}_{10}C_8\left(\frac{1}{2}\right)^8\left(\frac{1}{2}\right)^2+{}_{10}C_9\left(\frac{1}{2}\right)^9\left(\frac{1}{2}\right)^1+{}_{10}C_{10}\left(\frac{1}{2}\right)^{10}\left(\frac{1}{2}\right)^0$$
$$=\frac{(210+120+45+10+1)}{2^{10}}=\frac{386}{1,024}=0.377$$

따라서, 10개 중 6개 이상 앞면이 나오는 횟수의 기대치 ;

$$k=100\times 0.377=37.7\approx 38$$

38. 보험금 지급요구 건수 X가 프와송 분포를 이루므로, 모수를 μ라 하면, 주어진 조건에 따라

$P(X=2)=3P(X=4)$ 이므로, $\dfrac{\mu^2}{2!}e^{-\mu}=\dfrac{3\mu^4}{4!}e^{-\mu}$ $\quad\therefore\ 24\mu^2=6\mu^4$, $\mu=2$

따라서, 분산 $Var(X)=\mu=2$

39. 상자 안에 있는 불량품의 수를 X는 이항분포 $B(500, 0.005)$를 이룬다. $n=500$은 충분히 큰 값이고 또한 $\mu=500\times 0.005=2.5$ 이므로 X는 근사적으로 $\mu=\lambda=2.5$인 프와송분포를 이룬다. 따라서 $P(X\le 1)=\sum_{i=0}^{1}\dfrac{\lambda^i}{i!}e^{-\lambda}=(\dfrac{2.5^0}{0!}+\dfrac{2.5^1}{1!})e^{-2.5}=0.2873$

40. 이항분포의 확률질량함수

$$P(X=r)={}_nC_r\,p^r q^{n-r},\quad r=0,1,2,\cdots,n$$

의 관계를 주어진 자료와 비교하면,

$$N=\sum f=100,\quad n=10$$

또한, 이항분포의 평균 $\mu=np$ 이므로, 관찰자료로부터 구한 평균과 같게 놓으면,

$$\text{관찰평균}\quad \bar{\mu}=\frac{\sum f_i x_i}{N}$$
$$=\frac{1}{100}[(0)(5)+(1)(12)+(2)(22)+(3)(25)+(4)(20)$$
$$+(5)(10)+(6)(4)+(7)(1)+(8)(1)+(9)(0)+(10)(05)]$$
$$=\frac{300}{100}=3$$

$$\therefore\quad np=\bar{\mu}=3,\quad p=\frac{\bar{\mu}}{n}=\frac{3}{10}=0.3,\quad q=1-p=0.7$$

따라서, 관찰자료의 이항분포 모형은 ;

$$P(X=r)={}_nC_r\,p^r q^{n-r}={}_{10}C_r\,(0.3)^r(0.7)^{10-r},\quad r=0,1,2,\cdots,10$$

이론도수 : $f_r=N\cdot P(X=r)=100\cdot{}_{10}C_r\,(0.3)^r(0.7)^{10-r},\quad r=0,1,2,\cdots,10$

41. (1) $[0,t]$에서 발견되는 결함의 수를 $n(t)$라 하면, 발생비율이 단위길이 당 $\lambda=0.2$이므로 $[0,t]$ 구간 발생회수 $n(t)$ 는 $\lambda=0.2t$인 프와송분포 즉, $\mathrm{P}(0.2t)$를 따른다. 따라서 $n(10)\sim\mathrm{P}(2)$이고, 구간 $[0,10]$에서 결함이 없을 확률 즉, $n(10)=0$일 확률은

$$P(\,n(10)=0\,) = \frac{(2)^0}{0!}e^{-2} = 0.1353$$

(2) 프와송과정은 관찰지점(위치)에는 영향을 받지 않고, 관찰기간에만 영향을 받으며, 또한 그 이전 구간의 발생확률과 독립이므로, 구간 $[10,11]$에서 발견되는 결함의 수는 $n(11-10) = n(1) \sim \mathrm{P}(0.2)$. 따라서 구간 $[10,11]$에서 결함이 없을 확률은

$$P(n(1)=0) = \frac{0.2^0}{0!}e^{-0.2} = 0.8187$$

(3) 구간 $[0,10]$에서 결함이 1개 있을 확률 즉, $n(10)=1$ 일 확률 ;

$$P(\,n(10)=1\,) = \frac{(2)^1}{1!}e^{-2} = 0.2706$$

구간 $[10,11]$에서 결함이 1개 있을 확률 즉, $n(1)=1$ 일 확률 ;

$$P(n(1)=1) = \frac{0.2^1}{1!}e^{-0.2} = 0.1637$$

구간 $[11,12]$에서 결함이 없을 확률 즉, $n(1)=0$ 일 확률 ;

$$P(n(1)=0) = \frac{0.2^0}{0!}e^{-0.2} = 0.8187$$

따라서, 구하고자 하는 확률은 위 3가지 경우가 독립적이므로

$$P(\,n(10)=1,\ n(1)=1,\ n(1)=0\,) = 0.2706 \times 0.1637 \times 0.8187 = 0.0363$$

42. 구하려는 확률은 이항분포를 따르지만,

구충제 한 알 당 부작용 확률 ; $p = 0.001 \ll 1$

표본의 수 ; $n = 3{,}000 \gg 1$

평균 ; $\lambda = np = (3{,}000)(0.001) = 3$ (상수)

와 같이 p는 매우 작고, n은 충분히 크며, $\lambda = np$ 는 상수 값을 가지므로, 근사적으로 프와송 분포로 취급할 수 있다.

따라서 $P(X=r) = \dfrac{\lambda^r}{r!}e^{-\lambda} = \dfrac{3^r}{r!}e^{-3}, \quad r = 0,1,2, \ldots..$

$$\begin{aligned}
\therefore \quad P(X \ge 3) &= 1 - P(X \le 2) \\
&= 1 - \{P(X=0) + P(X=1) + P(X=2)\} \\
&= 1 - \left\{\frac{3^0}{0!}e^{-3} + \frac{3^1}{1!}e^{-3} + \frac{3^2}{2!}e^{-3}\right\} = 1 - \left\{\frac{3^0}{0!} + \frac{3^1}{1!} + \frac{3^2}{2!}\right\}e^{-3} \\
&= 1 - 0.423 = 0.577
\end{aligned}$$

43. (1) 건전지의 전압을 X라 하면, $X \sim \mathrm{U}(1.45, 1.65)$이므로 X의 평균과 분산은,

$$\mu = \frac{1.45 + 1.65}{2} = 1.55, \quad \sigma^2 = \frac{(1.65 - 1.45)^2}{12} = \frac{1}{300}$$

(2) X의 확률밀도함수와 분포함수는,

$$f(x) = \frac{1}{1.65 - 1.45} = 5, \quad 1.45 \le x \le 1.65,$$

$$F(x)=\begin{cases} 0 &, \quad x<1.45 \\ 5(x-1.45) &, \quad 1.45 \le x < 1.65 \\ 1 &, \quad 1.65 \le x \end{cases}$$

(3) $P(X \le 1.5) = F(1.5) = 5\times(1.5-1.45) = 0.25$

(4) 건전지의 하나의 전압이 1.5[V]보다 작을 확률이 0.25이므로, 제품 안에 들어 있는 2개 모두 1.5[V]보다 작을 확률 $p = 0.25\times 0.25 = 0.0625$, $q = 1-p = 0.9375$

따라서, 추출한 제품 10개 중에서 불량품의 갯수 X 가 하나 이하일 확률 ;

$$P(X\le 1) = P(X=0)+P(X=1) = {}_{10}C_0 p^0 q^{10} + {}_{10}C_1 p^1 q^9$$
$$= 0.9375^{10} + 10\times 0.0625\times 0.9375^9 = 0.8741$$

44. 관찰 자료의 평균을 구하면,

$$\text{평균 } \overline{\mu} = \frac{1}{N}\sum_{i=1}^{n} f_i x_i$$
$$= \frac{(0)(202)+(1)(81)+(2)(13)+(3)(3)+(4)(1)+(5)(0)}{300} = \frac{120}{300} = 0.4$$

따라서, 프와송 분포의 모수 $\lambda = \overline{\mu} = 0.4$

∴ 관찰 자료의 프와송 분포 모형

$$P(X=r) = \frac{\lambda^r}{r!}e^{-\lambda} = \frac{(0.4)^r}{r!}e^{-0.4}, \quad r=0,1,2,3,\ldots$$

프와송 분포에 따른 이론도수

$$f_r = N\cdot P(X=r) = 300\cdot\frac{(0.4)^r}{r!}e^{-0.4}, \quad r=0,1,2,3,\ldots$$

각 이론도수를 윗 식에 따라 계산하여 합이 300이 되도록 소수점을 조정하면,

$$f_0 = 201.1 \approx 201, \quad f_1 = 80.4 \approx 81,$$
$$f_2 = 16.1 \approx 16, \quad f_3 = 2.1 \approx 2,$$
$$f_4 = 0.22 \approx 0, \quad f_5 = 0.17 \approx 0$$

X	0	1	2	3	4	5	합계
관찰도수	202	81	13	3	1	0	300
이론도수	201	81	16	2	0	0	300

45. (1) 지진이 관측된 이후 다음 지진이 관측될 때까지 걸리는 시간은 모수 $\lambda = 1/2 = 0.5$인 지수분포(프와송과정)를 이루므로, 3번째 지진이 발생할 때까지 걸리는 시간 T 는 모수 $\alpha = 3$, $\beta = 1/0.5 = 2$인 감마분포를 이룬다. 따라서 확률밀도함수는,

$$f(t) = \frac{1}{\Gamma(3)\cdot 2^3}t^{3-1}e^{-\frac{1}{2}t} = \frac{1}{16}t^2 e^{-0.5t}, \quad t>0\text{이다.}$$

(2) 구하는 확률은 $3 < T < 5$ 일 확률이므로,

$$P(3<T<5) = \int_3^5 f(t)dt = \int_3^5 \frac{1}{16}t^2 e^{-0.5t}dt$$
$$= -\frac{1}{8}(t^2+4t+8)e^{-0.5t}\Big|_3^5 = -\frac{1}{8}(4.3505-6.4706) = 0.2650$$

46. 정규분포의 평균을 μ, 표준편차를 σ라 두면,

$$P(x<57)=P(\frac{x-\mu}{\sigma}<\frac{57-\mu}{\sigma})=P(z<\frac{57-\mu}{\sigma})=0.063$$

$0.063<0.5$ 이므로 $\frac{57-\mu}{\sigma}<0$, 따라서,

$$P(z<\frac{57-\mu}{\sigma})=P(\frac{\mu-57}{\sigma}<z)=0.5-P(0<z<\frac{\mu-57}{\sigma})=0.063$$

$$\therefore\quad P(0<z<\frac{\mu-57}{\sigma})=0.5-0.063=0.437$$

$\therefore$ 표준 정규분포표로부터 $z_1=\frac{\mu-57}{\sigma}=1.53$ ..... (1)

마찬가지로,

$$P(x<74)=P(\frac{x-\mu}{\sigma}<\frac{74-\mu}{\sigma})=P(z<\frac{74-\mu}{\sigma})=0.898$$

$0.5<0.898$ 이므로 $0<\frac{74-\mu}{\sigma}$ 이며, 따라서,

$$P(z<\frac{71-\mu}{\sigma})=0.5+P(0<z<\frac{71-\mu}{\sigma})=0.898$$

$$\therefore\quad P(0<z<\frac{71-\mu}{\sigma})=0.898-0.5=0.398$$

$\therefore$ 표준 정규분포표로부터 $z_2=\frac{71-\mu}{\sigma}=1.27$ ..... (2)

(1), (2)식을 연립하여 풀면, $\sigma=5.0$, $\mu=64.65$

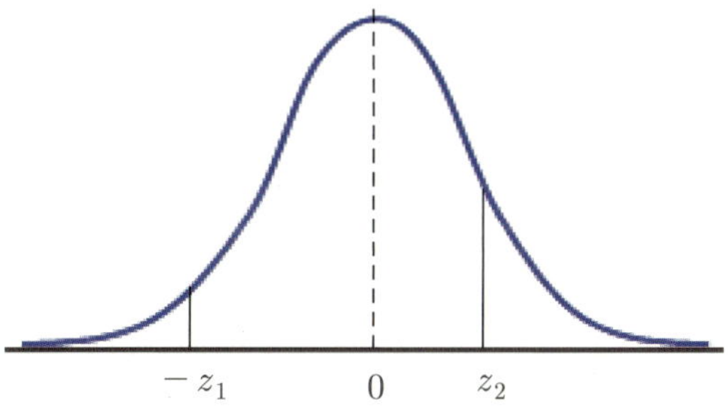

47. (1) 보트가 출발을 기다리는 시간 즉, 4번째 관광객이 찾아올 때까지 기다릴 시간을 T[분]라 하면, 5[분]에 평균 1명(1[분]에 0.2명) 꼴로 관광객이 프와송과정에 따라 찾아 오므로, T는 동일한 프와송 과정이 연이어 4번 일어날 시간과 같으므로, 모수 $\alpha=4$, $\beta=1/0.2=5$ 인 감마분포 $\Gamma(4,5)$에 따른다. 그러므로 T의 확률밀도함수는.

$$f(t)=\frac{1}{\Gamma(4)(5)^4}t^{4-1}e^{-\frac{1}{5}t}=\frac{1}{3,750}t^3e^{-0.2t},\quad 0<t<\infty$$

(2) $\mu=\alpha\beta=4\times5=20$, $\sigma^2=\alpha\beta^2=4\times5^2=100$

(3) $P(T \geq 15) = \int_{15}^{\infty} \frac{1}{3,750} t^3 e^{-0.2t} dt = -\frac{1}{750}\left[(t^3 + 15t^2 + 150t + 750)e^{-0.2t}\right]_{15}^{\infty}$
$= 13e^{-3} = 0.6472$

48. (1) 1[분]당 평균 4번 꼴의 프와송과정이므로, 프와송과정의 비율은 $\lambda = 4$이다.
(2) 교환대에 들어오는 두 신호 사이의 대기시간을 T 라 하면, T 는 모수 4인 지수분포를 이룬다. 따라서 T 의 평균시간은 $E(T) = 1/4 = 0.25$이다.
(3) 4[분]과 5[분] 사이에 들어온 신호의 횟수 $n(5-4) = n(1)$는 관찰기간 t 에만 영향을 받으므로, 모수 $\lambda t = 4 \times (5-4) = 4$인 프와송분포에 따른다. 따라서 4[분]과 5[분] 사이에 신호가 없을 확률은 $P(n(1) = 0) = \frac{4^0}{0!} e^{-4} = 0.0183$이다.
(4) 생존함수는 $S(x) = e^{-2x}$, $x > 0$이고 따라서 구하고자 하는 확률은
$P(T \geq 0.5) = S(2) = e^{-(4)(0.5)} = e^{-2} = 0.135$이다.
(5) $n(0.5) \sim \mathrm{P}(4 \times 0.5) = \mathrm{P}(2)$, $n(1) \sim \mathrm{P}(4)$ 이고, 독립적이므로

$$P(n(0.5) = 0,\ n(1) = 3) = P(n(0.5) = 0)\,P(n(1) = 3)$$
$$= \left(\frac{2^0}{0!} e^{-2}\right)\left(\frac{4^3}{3!} e^{-4}\right) = 0.1353 \times 0.1954 = 0.0264$$

(6) 처음 신호가 들어올 때까지 걸리는 시간을 T_1, 처음 신호가 들어온 후 다음 신호가 들어올 때까지 기다리는 시간을 T_2라 하면, T_1과 T_2는 독립이며 각자 모수가 4인 지수분포를 이루므로 이들의 분포함수는 $F(x) = 1 - e^{-2x}$, $x > 0$이고 생존함수는,

$$S(x) = e^{-2x},\ x > 0$$

따라서, 구하고자 하는 확률은

$$P(T_1 < 1/4,\ T_2 > 1) = P(T_1 < 1/4)\,P(T_2 > 1)$$
$$= F(1/4)\,S(1) = (1 - e^{-(1/4)4})(e^{-(1)4}) = 0.0116$$

49. (1) 살충제를 뿌린 후 죽은 개체수의 비율 R이 베타분포를 이루므로,

평균 : $\overline{R} = \frac{\alpha}{\alpha + \beta} = 0.4$, 분산 : $\sigma^2 = \frac{\alpha\beta}{(\alpha+\beta)^2(\alpha+\beta+1)} = 0.2^2 = 0.04$

첫째 식에서 $(\alpha + \beta) = 2.5\alpha$, 둘째 식에 대입하여 정리하면 $\beta = 0.25\alpha(2.5\alpha + 1)$
이 결과를 다시 앞 식에 대입하여 정리하면,

$$0.625\alpha^2 - 1.25\alpha = 0.625\alpha(\alpha - 2) = 0 \qquad \therefore\ \alpha = 2,\ \beta = 3$$

(2) $f(r) = \frac{\Gamma(\alpha+\beta)}{\Gamma(\alpha)\Gamma(\alpha)} r^{\alpha-1}(1-r)^{\beta-1} = \frac{\Gamma(5)}{\Gamma(2)\Gamma(3)} r(1-r)^2 = 12r(1-r)^2$,
$0 < r < 1$

$$F(r) = \int_0^x 12\tau(1-\tau)^2 d\tau = 12\int_0^x (\tau - 2\tau^2 + \tau^3) d\tau = x^2(6 - 8x + 3x^2),\ 0 < r < 1$$

(3) $P(R \geq 0.7) = 1 - F(0.7) = 1 - 0.7^2(6 - 8 \cdot 0.7 + 3 \cdot 0.7^2) = 0.0837$

50. (1) 박테리아의 생존시간을 T 라 하면, 모수 $\alpha=2,\ \beta=0.25$인 웨이블 분포에 따르므로

확률밀도함수 : $f(x)=\alpha\beta^{\alpha}t^{\alpha-1}e^{-(\beta t)^{\alpha}}=0.125\,t\,e^{-0.0625t^2},\ t>0$

확률분포함수 : $F(t)=1-e^{-(\beta t)^{\alpha}}=1-e^{-0.0625t^2},\ t>0$

생존함수 : $S(t)=1-F(t)=1-\left(1-e^{-0.0625t^2}\right)=e^{-0.0625t^2},\ t>0$

위험률함수 : $h(t)=\alpha\beta^{\alpha}t^{\alpha-1}=2(0.25)^2t^{2-1}=0.125t\ ,\quad t>0$

(2) $P(T\le 3)=F(3)=1-e^{-0.0625\times 3^2}=1-e^{-0.5625}=0.4302$

$P(T\ge 7)=S(7)=e^{-0.0625\times 7^2}=e^{-3.0625}=0.0468$

(3) 평균 : $E(X)=\dfrac{1}{\beta}\Gamma\left(1+\dfrac{1}{\alpha}\right)=\dfrac{1}{0.25}\Gamma\left(1+\dfrac{1}{2}\right)=4\cdot\dfrac{1}{2}\cdot\Gamma\left(\dfrac{1}{2}\right)=2\sqrt{\pi}=3.5449$

중앙값 : $F(t_o)=1-e^{-0.0625t_o^2}=0.5$ 라 놓으면, $\quad -0.0625t_o^2=\ln 0.5=-\ln 2$

$$\therefore\quad t_o=M_e=\sqrt{\ln 2/0.0625}=3.330$$

(5) $F(t_o)=1-e^{-0.0625t_o^2}=0.95$ 라 놓으면, $\quad -0.0625t_o^2=\ln 0.05=-\ln 20$

$$\therefore\quad t_o=\sqrt{\ln 20/0.0625}=6.923$$

이것은 약 6.9[분] 안에 이 미생물의 95%가 소멸한다는 의미다.

51. (1) 설비가 가동을 멈추기 까지 걸리는 기간을 확률변수 T[월]라 하면, 모수 0.1인 지수분포를 이루므로 확률밀도함수는 $f(t)=\dfrac{1}{10}e^{-t/10},\quad t>0$ 이고, 따라서 평균은 10[개월]이다.

(2) 설비의 가동기간은 지수분포를 따르므로 프와송 과정이며, 생존함수는 $S(t)=e^{-t/10}$, $t>0$이고 프와송 과정은 관찰기간에 만 영향을 받으므로, 수리 후 3개월 이상 가동을 지속할 확률 $S(3)=e^{-3/10}=0.7408$

(3) 마찬가지로, 프와송 과정은 과거의 이력에 관계없이 관찰기간에 만 영향을 받으므로, 앞으로 다시 3개월 이상 가동을 지속할 확률 $S(3)=e^{-3/10}=0.7408$

52. (1) $X\sim \mathrm{N}(975,25)$이므로

$$P(X\ge 985)=P\left(\frac{X-975}{5}\ge\frac{985-975}{5}\right)=P(z\ge 2.0)$$
$$=0.5-P(0<z<2.0)=0.5-0.4772=0.0228$$

(2) $D=(X-Y)\sim \mathrm{N}((975-950),(25+16))=\mathrm{N}(25,41)$이므로,

$$P(-20\le D\le 20)=P\left(\frac{-20-25}{\sqrt{41}}\le\frac{D-25}{\sqrt{41}}\le\frac{20-25}{\sqrt{41}}\right)$$
$$=P(-7.03\le z\le -0.78)=P(0.78\le z\le 7.03)$$
$$=P(0\le z\le 7.03)-P(0\le z\le 0.78)=0.4999-0.2823=0.2176$$

(3) $S=(X+Y)\sim \mathrm{N}((975+950),(25+16))=\mathrm{N}(1{,}925\ ,41)$이므로,

$$P(S\ge 1{,}930)=P\left(\frac{S-1{,}925}{\sqrt{41}}\ge\frac{1{,}930-1{,}925}{\sqrt{41}}\right)=P(z\ge 0.78)$$
$$=0.5-P(z\le 0.78)=0.5-0.2823=0.2177$$

53. $E_A \sim \mathrm{N}(0, 0.0039)$, $E_B \sim \mathrm{N}(0, 0.0025)$이므로 오차평균의 분포는,

$$\frac{E_A + E_B}{2} \sim \mathrm{N}\left(\frac{\mu_1 + \mu_2}{2}, \frac{\sigma_A^2 + \sigma_B^2}{2^2}\right) = \mathrm{N}\left(0, \frac{0.039 + 0.025}{4}\right) = \mathrm{N}(0, 0.04^2)$$

따라서,

$$P\left(\left|\frac{E_A + E_B}{2}\right| \le 0.05\right) = P\left(-0.05 \le \frac{E_A + E_B}{2} \le 0.005\right)$$
$$= P\left(\frac{-0.05 - 0}{0.04} \le z \le \frac{0.05 - 0}{0.04}\right) = 2P(0 \le z \le 1.25) = 0.7888$$

54. (1) X가 평균을 중심으로 10% 밖에 있을 확률

$$P(|X-\mu| > 0.1\mu) = P(X < 0.9\mu) + P(X > 1.1\mu)$$
$$= 2P(X > 1.1\mu) = 2(0.5 - P(\mu < X \le 1.1\mu))$$

$\mu = 70$, $\sigma = \sqrt{9} = 3$ 이므로

$$P(\mu < X \le 1.1\mu) = P(70 < X \le 77) = P\left(0 < \frac{X-70}{3} \le \frac{77-70}{3}\right)$$
$$= P(0 < z \le 2.33) = 0.9901$$

$\therefore\ P(|x-\mu| > 0.1\mu) = 2(1 - 0.9901) = 0.0198$

(2) $P(X \le x_0) = P\left(\frac{X-70}{3} \le \frac{x_0 - 70}{3}\right) = P(z < z_0) = 0.25 < 0.5$ 이므로

$$z_0 = \frac{x_0 - 70}{3} < 0 \text{ , 따라서}$$

$P(z < z_0) = P(z > -z_0) = 1 - P(z \le -z_0) = 0.25$

$\therefore\ P(z \le -z_0) = 1 - 0.25 = 0.75, \quad -z_0 = 0.675$

$\therefore\ -\frac{x_0 - 70}{3} = 0.675$, $x_0 = 67.975$

(3) $P(\mu - x_0 < x < \mu + x_0) = 2P(\mu \le x < \mu + x_0)$

$$= 2P\left(\frac{(70-70)}{3} \le \frac{x-70}{3} \le \frac{(70 + x_0 - 70)}{3}\right) = 2P\left(0 \le z \le \frac{x_0}{3}\right) = 0.95$$

$\therefore\ P\left(0 \le z \le \frac{x_0}{3}\right) = 0.475 \qquad \therefore\ \frac{x_0}{3} = 1.96$, $x_0 = 5.88$

2장 연습문제 풀이

1. 아이들의 키를 변수 x_i 로 나타내면,

$$\bar{x} = \frac{1}{N}\sum x_i = \frac{1}{30}\sum x_i = 128.4$$

$\therefore$ 잘못된 자료의 합계는 $\sum x_i = 128.4 \times 30 = 3,852$

따라서, 올바른 자료의 합계는 $\sum x_i = 3,852 - 69 + 96 = 3,879$

$\therefore$ 올바른 평균 값 $\bar{x} = \frac{1}{N}\sum x_i = \frac{3,879}{30} = 129.3$

2. 성적 구간별 도수 분포표로 정리하면,

성적구간	중간 값(x_i)	학생 수(f_i)	$x_i f_i$
0 - 10	5	80-78 = 2	10
10 - 20	15	78-72 = 6	90
20 - 30	25	72-64 = 8	200
30 - 40	35	64-55 = 9	315
40 - 50	45	55-42 = 13	585
50 - 60	55	42-27 = 15	825
60 - 70	65	27-16 = 11	715
70 - 80	75	16-10 = 5	375
80 - 90	85	10- 7 = 4	340
90 -100	95	7	665
		$\sum f_i = 80$	$\sum f_i x_i = 4,120$

따라서, 평균성적 $\bar{x} = \frac{\sum f_i x_i}{\sum f_i} = \frac{4,120}{80} = 51.5$

3. A, B 집단의 인원수를 각각 n_1, n_2 라 두면,

$$\bar{x} = \frac{n_1\overline{x_1} + n_2\overline{x_2}}{n_1 + n_2} = \frac{n_1(59.2) + n_2(64.7)}{n_1 + n_2} = 62.5$$

$\therefore$ $n_1(59.2) + n_2(64.7) = 62.5\,(n_1 + n_2)$, $\quad 2.2n_2 = 3.3\,n_1$

따라서, $\frac{n_1}{n_2} = \frac{2.2}{3.3} = \frac{2}{3}$, 또는 $n_1 : n_2 = 40\% : 60\%$

4. $A = 40$ (가정평균), $\bar{x} = 38$, $N = \sum f_i = 100$ 이므로,

$\bar{x} = A + \frac{\sum fu}{N}h$ 로부터 $h = (\bar{x} - A)N/\sum fu = (38 - 40)\cdot 100/(-20) = 10$

구간 편차 (u_i)	-3	-2	-1	0	1	2	$\sum$
도수 (f_i)	6	12	20	30	22	10	100
fu	-18	-24	-20	0	22	20	-20

따라서 $u=(x-A)/h$ 으로부터,

$x=A+uh$ 를 중간 값으로 하며 구간의 폭 $h=10$인 계급구간 ;

구간 편차 (u_i)	-3	-2	-1	0	1	2
$uh=10u$	-30	-20	-10	0	10	20
$x=A+uh$	10	20	30	40	50	60
계급구간	5-15	15-25	25-35	35-45	45-55	55-65

5. 상, 중, 하 집단의 인원수 및 평균값을 각각 n_1, n_2, n_3 및 $\overline{x}_1, \overline{x}_2, \overline{x}_3$ 라고 표시하면,

$\overline{x}_1=57.3$, $\overline{x}_3=22.7$

따라서, 전체평균 $\overline{x}=\dfrac{n_1\overline{x}_1+n_2\overline{x}_2+n_3\overline{x}_3}{n_1+n_2+n_3}=\dfrac{(50)(72.4)+150\overline{x}_2+(50)(22.7)}{250}=57.3$

$$\therefore \quad \overline{x}_2=\frac{(57.3)(250)-(50)(72.4)-(50)(22.7)}{150}=63.8$$

6. 도시간 거리가 일정하므로, 평균시속은 각 도시 간 시속의 조화평균이다.

$$\text{평균시속} = \frac{N}{1/v_1+1/v_2+1/v_3}=\frac{3}{1/70+1/85+1/80}=77.8 \ [\text{km}]$$

(도시간 거리를 L이라면 총 이동거리는 $3L$, 총 이동시간은 $L/70+L/85+L/80$)

7. 가평균 $A=9$로 택하여 평균과 중앙값을 계산하면,

구간간격	빈도(f)	중앙값(x)	$d=x-9$	fd	누적도수
5.5-6.5	4	6	-3	-12	4
6.5-7.5	13	7	-2	-26	17
7.5-8.5	27	8	-1	-27	44
8.5-9.5	43	9	0	0	87
9.5-10.5	29	10	1	29	116
10.5-11.5	7	11	2	14	123
11.5-12.5	3	12	3	9	126
합계	126			-13	

$$\therefore \quad \overline{x}=A+\frac{\sum fd}{N}=9-\frac{13}{126}=8.897$$

$\dfrac{N}{2}=\dfrac{126}{2}=63$, 따라서 중앙값구간은 누적도수 63을 포함하는 (8.5-9.5) 구간이므로

중앙값 공식을 이용하면,

$$M_d = l + \left(\frac{N}{2} - c\right)\cdot\frac{h}{f} = 8.5 + (63-44)\cdot\frac{1}{43} = 8.942$$

8. 가평균 $A=7$로 택하여 표를 만들면,

x	$d=x-7$	f	fd	fd^2
4	−3	2	−6	18
5	−2	7	−14	28
6	−1	9	−9	9
7	0	15	0	0
8	1	11	11	11
9	2	5	10	20
10	3	3	9	27
11	4	3	12	48
합계		55	13	161

평균 $\bar{x} = A + \frac{\sum fd}{N} = 7 + \frac{13}{55} = 7.236$

표준편차 $\sigma = \sqrt{\frac{\sum fd^2}{N} - \left(\frac{\sum fd}{N}\right)^2} = \sqrt{\frac{161}{55} - \left(\frac{13}{55}\right)^2} = 1.695$

9. 지워진 도수를 각각 f_1, f_2로 두어 누적도수표를 만들면,

변수구간	빈도	누적 도수
0−10	11	11
10−20	31	42
20−30	f_1	$42+f_1$
30−40	63	$105+f_1$
40−50	f_2	$105+f_1+f_2$
50−60	27	$132+f_1+f_2$
60−70	15	$147+f_1+f_2$
	$N=231$	

$$N = \sum f = 150 + f_1 + f_2 = 231 \quad \therefore \quad f_1 + f_2 = 231 - 150 = 81$$

중간값 34는 변수구간 (30−40)에 속한 것이므로, 중간값 공식을 이용하면

$$34 = 30 + \left(\frac{231}{2} - (42+f_1)\right)\cdot\frac{10}{63}$$

$$\therefore \quad f_1 = \frac{231}{2} - 42 - (34-30)\cdot\frac{63}{10} = 48.3 \approx 49 \quad \text{따라서, } f_2 = 81 - 49 = 32.$$

10. 아는 자료 값을 x_1, x_2, x_3 , 모르는 자료 값을 x_4, x_5라 두면

$\overline{x} = 7.0$, $\sigma^2 = 4.2^2 = 17.64$, $n = 5$ 이므로

$$\overline{x} = \frac{x_1 + x_2 + x_3 + x_4 + x_5}{5} = 7.0$$

$$\therefore \quad x_4 + x_5 = 35.0 - (x_1 + x_2 + x_3) = 35.0 - (2.1 + 3.3 + 7.5) = 22.1$$

또한, $\sigma^2 = \frac{1}{N}\sum x^2 - (\overline{x})^2$ 으로부터, $17.64 = \frac{1}{5}\sum x^2 - (7.0)^2$

$$\therefore \quad x_4^2 + x_5^2 = 5(17.64 + 7.0^2) - (2.1^2 + 3.3^2 + 7.5^2) = 261.65$$

위 두 식으로부터 $x_4 = 8.1$, $x_5 = 14.0$

11. A, B 회사의 종업원 수를 n_1, n_2 , 평균을 $\overline{x}_1$, $\overline{x}_2$, 표준편차를 σ_1, σ_2라고 두면,

$n_1 = 510$, $\overline{x}_1 = 372$, $\sigma_1^2 = 17^2 = 289$

$n_2 = 580$, $\overline{x}_2 = 350$, $\sigma_2^2 = 16.7^2 = 278.89$

(1) 월평균 상여금 $= \dfrac{\text{회사에서 지급한 임금 총액}}{\text{회사의 근로자 수}}$ 이므로,

회사 A의 임금 부담 총액 : $n_1\overline{x}_1 = 510 \times 372 = 189{,}720$

회사 B의 임금 부담 총액 : $n_2\overline{x}_2 = 580 \times 350 = 203{,}000$

즉, 회사 B의 임금 부담이 더 많다.

(2) 회사 A의 분산계수 : $\dfrac{\sigma_1}{\overline{x}_1} \times 100 = \dfrac{17}{372} \times 100 = 4.57$

회사 B의 분산계수 : $\dfrac{\sigma_2}{\overline{x}_2} \times 100 = \dfrac{16.7}{350} \times 100 = 4.77$

즉, 회사 B의 분산계수가 더 크므로, 회사 B의 임금편차가 더 크다.

(3) 두 회사 전체 근로자에 대한 합성 분포의 평균과 표준편차를 각각 $\overline{x}, \sigma$라 하면,

$$\overline{x} = \frac{1}{n_1 + n_2}\left(\sum x_1 + \sum x_2\right) = \frac{n_1\overline{x}_1 + n_2\overline{x}_2}{n_1 + n_2} = \frac{510 \times 372 + 580 \times 350}{510 + 580} = 360.3$$

또한, $\sigma_1^2 = \frac{1}{n_1}\sum x_1^2 - \overline{x}_1^2$, $\sigma_2^2 = \frac{1}{n_2}\sum x_2^2 - \overline{x}_2^2$ 이므로

$$\sum x_1^2 = n_1(\sigma_1^2 + \overline{x}_1^2) = 510(17^2 + 372^2) = 70{,}723{,}230$$

$$\sum x_2^2 = n_2(\sigma_2^2 + \overline{x}_2^2) = 580(16.7^2 + 350^2) = 71{,}211{,}756.2$$

따라서,

$$\sigma^2 = \frac{1}{(n_1 + n_2)}\left(\sum x_1^2 + \sum x_2^2\right) - \overline{x}^2 = \frac{(70{,}723{,}230 + 71{,}211{,}756.2)}{510 + 580} - 360.3^2 = 399.5$$

$$\therefore \quad \sigma = \sqrt{399.5} = 20.0$$

12. 계급구간의 폭 $h=10$이며, 가평균을 $A=55$ 로 택하면,

계급구간 (x)	도 수 (f)	중간 값 (x)	$d=\dfrac{x-55}{10}$	fd	fd^2
20−30	8	25	−3	-24	72
30−40	14	35	−2	-28	56
40−50	33	45	−1	-33	33
50−60	45	55	0	0	0
60−70	49	65	1	49	49
70−80	43	75	2	86	172
80−90	21	85	3	63	189
90−100	7	95	4	28	112
합계	$N=220$			141	683

표준편차 $\sigma=h\sqrt{\dfrac{\sum fd^2}{N}-\left(\dfrac{\sum fd}{N}\right)^2}=10\sqrt{\dfrac{683}{220}-\left(\dfrac{141}{220}\right)^2}=10\sqrt{2.694}=16.41$

13. 각 변수의 평균 값은, 두 변수회귀직선

$x-y=1,\quad 3y-x=3$

을 동시에 만족시킨다. 따라서 두 직선의 교점을 구하면,

$\bar{x}=3,\ \bar{y}=2$

또한, 첫 회기식을 y에 관하여 정리하면

$$y=x-1 \qquad \therefore\ r\frac{\sigma_y}{\sigma_x}=1 \quad (\ r>0\ )$$

같은 방법으로, 두 번째 회기식을 x에 관하여 정리하면

$$x=3y-3 \qquad \therefore\ r\frac{\sigma_x}{\sigma_y}=3$$

따라서, 위 두 결과를 곱하면

$$\left(r\frac{\sigma_y}{\sigma_x}\right)\left(r\frac{\sigma_x}{\sigma_y}\right)=r^2=(1)(3)=3 \qquad \therefore\ r=\sqrt{3}=1.732$$

☞ 두 회기식의 순서를 바꿔 생각하면 $r=1/\sqrt{3}=0.577$

14. $n=95$, $\bar{x}=42$, $\sigma=7$, 잘 못된 관찰 값과 올바른 관찰 값을 각각 x', x''이라 두면

$\bar{x}=\dfrac{1}{n}\sum x$, $\sigma^2=\dfrac{1}{n}\sum x^2-\bar{x}^2$ 이므로,

$$\sum x=95\times 42-x'+x''=3{,}990-38+57=4{,}009 \qquad \therefore\ \bar{x}=\frac{1}{n}\sum x=\frac{4{,}009}{95}=42.2$$

또한, $\sum x^2=95(7^2+42^2)-(x')^2+(x'')^2=95(49+1{,}764)-38^2+57^2=174{,}040$

$$\therefore\ \sigma^2=\frac{1}{n}\sum x^2-\bar{x}^2=\frac{174{,}040}{95}-42.2^2=51.16,\qquad \sigma=\sqrt{51.16}=7.153$$

15. 각 자료열의 평균치를 먼저 구하면, $\overline{x}=71$, $\overline{y}=73$

번호	x	y	$x-\overline{x}$	$y-\overline{y}$	$(x-\overline{x})^2$	$(y-\overline{y})^2$	$(x-\overline{x})(y-\overline{y})$
1	70	69	−1	−4	1	16	4
2	68	71	−3	−2	9	4	6
3	72	75	1	2	1	4	2
4	69	74	−2	1	4	1	−2
5	71	76	0	3	0	9	0
6	73	74	2	1	4	1	2
7	74	75	3	2	9	4	6
8	71	70	0	−3	0	9	0
합계					28	48	18

$$\therefore \ \text{상관계수 } r=\frac{\sum(x-\overline{x})(y-\overline{y})}{\sqrt{\sum(x-\overline{x})^2}\sqrt{\sum(y-\overline{y})^2}}=\frac{18}{\sqrt{28}\sqrt{48}}=0.491$$

16. $u=(y-50)/20$, $v=(x-25)/10$ 으로 두어 도수 분포표를 만들면,

	중간값(x_j)	5	15	25	35	합계				
중간값 (y_i)	y \ x	0−10	10−20	20−30	30−40	f	u	fu	fu^2	$u_i\sum_{j=1}^{4}f_{ij}v_j$
10	0 − 20	1	1			2	-2	-4	8	6
30	20 − 40	3	2	2		7	-1	-7	7	8
50	40 − 60	2	3	5	4	14	0	0	0	0
70	60 − 80		1	3	3	7	1	7	7	2
90	80 −100			2	2	4	2	8	16	4
합계	f	6	7	12	9	34		4	38	20
	v	-2	-1	0	1					
	fv	-12	-7	0	9	-10				
	fv^2	24	7	0	9	40				
	$v_j\sum_{i=1}^{5}f_{ij}u_i$	10	3	0	7	20				

$$n=\sum f_{ij}=34\ ,\quad \sum fuv=\sum_{j=1}^{4}\sum_{i=1}^{5}f_{ij}u_iv_j=20$$

$$r_{xy}=r_{uv}=\frac{\sum fuv-\frac{1}{n}\left(\sum fu\right)\left(\sum fv\right)}{\sqrt{\sum fu^2-\frac{1}{n}\left(\sum fu\right)^2}\sqrt{\sum fv^2-\frac{1}{n}\left(\sum fv\right)^2}}$$

$$=\frac{20-\frac{1}{34}(4)(-10)}{\sqrt{38-\frac{1}{34}(4)^2}\sqrt{40-\frac{1}{34}(-10)^2}}=0.568$$

17. 중앙값 $x=3$, $y=4$ 를 가평균으로 택하면,

x	y	$u=x-3$	$v=y-3$	u^2	v^2	uv
1	7	−2	3	4	9	−6
2	9	−1	5	1	25	−5
3	4	0	0	0	0	0
4	5	1	1	1	1	1
5	2	2	−2	4	4	−4
15	27	0	7	10	39	−14

$$\bar{u}=\frac{1}{n}\sum u_i=0,\quad \bar{v}=\frac{1}{n}\sum v_i=\frac{7}{5}=1.4,\qquad \bar{x}=3+\bar{u}=3,\quad \bar{y}=4+\bar{v}=5.4$$

$$r_{uv}=\frac{\frac{1}{n}\sum u_iv_i-\bar{u}\bar{v}}{\sqrt{\frac{1}{n}\sum u_i^2-\bar{u}^2}\sqrt{\frac{1}{n}\sum v_i^2-\bar{v}^2}}=\frac{\frac{-14}{5}-(0)(1.4)}{\sqrt{\frac{10}{5}-0^2}\sqrt{\frac{39}{5}-1.4^2}}=-0.819$$

$$\therefore\quad r_{xy}=r_{uv}=-0.819$$

$$r\frac{\sigma_y}{\sigma_x}=r\frac{\sigma_v}{\sigma_u}=\frac{\frac{1}{n}\sum uv-\bar{u}\bar{v}}{\frac{1}{n}\sum u^2-\bar{u}^2}=\frac{\frac{-14}{5}-(0)(1.4)}{\frac{10}{5}-0^2}=-1.4$$

$$r\frac{\sigma_x}{\sigma_y}=r\frac{\sigma_u}{\sigma_v}=\frac{\frac{1}{n}\sum uv-\bar{u}\bar{v}}{\frac{1}{n}\sum v^2-\bar{v}^2}=\frac{\frac{-14}{5}-(0)(1.4)}{\frac{39}{5}-1.4^2}=-0.479$$

따라서, x에 대한 y의 회기직선은

$$y-\bar{y}=r\frac{\sigma_y}{\sigma_x}(x-\bar{x})\qquad\therefore\ y-5.4=-1.4(x-3)\qquad \text{즉, } y=-1.4x+9.6$$

y에 대한 x의 회기직선은

$$x-\bar{x}=r\frac{\sigma_x}{\sigma_y}(y-\bar{y})\qquad\therefore\ x-3=-0.479(y-5.4)\qquad \text{즉, } y=-0.479x+5.587$$

18. $z=x-y$ 이면, $\bar{z}=\bar{x}-\bar{y}$

따라서, $z-\bar{z}=(x-\bar{x})-(y-\bar{y})$

$$\therefore\quad \sigma_z^2=\frac{1}{n}\sum(z-\bar{z})^2=\frac{1}{n}\sum[(x-\bar{x})-(y-\bar{y})]^2$$

$$=\frac{1}{n}\sum\{(x-\bar{x})^2+(y-\bar{y})^2-2(x-\bar{x})(y-\bar{y})\}$$

$$=\frac{1}{n}\sum(x-\bar{x})^2+\frac{1}{n}\sum(y-\bar{y})^2-\frac{2}{n}\sum(x-\bar{x})(y-\bar{y})$$

$$=\sigma_x^2+\sigma_y^2-2r\sigma_x\sigma_y\qquad \left(r\sigma_x\sigma_y=\frac{1}{n}\sum(x-\bar{x})(y-\bar{y})\right)$$

19. $A=1$ 를 중심으로 한 처음 3개 적률은 $\mu_1'=1$, $\mu_2'=15$, $\mu_3'=-26$ 이므로, 다음 관계식을 이용하여 임의의 값을 중심으로 한 적률로부터, 평균값을 중심으로 한 적률을 구하면,

$$\mu_2 = \mu_2' - (\mu_1')^2 = (13) - (1)^2 = 12$$

따라서, 두 번째 평균값을 중심으로 한 2차 적률은 분포의 분산이므로 $\sigma^2 = \mu_2 = 12$

또한, 평균값은 원점을 중심으로 한 1차 적률이며,

$$\mu_1' = \frac{1}{n}\sum(x-A) = \frac{1}{n}\sum x - A = \overline{x} - A \qquad \therefore \text{ 평균값 } \overline{x} = \mu_1' + A = 1+1 = 2$$

평균값을 중심으로 한 3차 적률은

$$\mu_3 = \mu_3' - 3\mu_1'\mu_2' + 2(\mu_1')^3 = -26 - 3\times1\times13 + 2(1)^3 = -63$$

원점을 중심으로 한 2차 적률은

$$\sigma^2 = \frac{1}{n}\sum(x-\overline{x})^2 = \frac{1}{n}\sum x^2 - \overline{x}^2 \qquad \therefore \frac{1}{n}\sum x^2 = \sigma^2 + \overline{x}^2 = 12 + 2^2 = 16$$

또한,

$$\mu_3 = \frac{1}{n}\sum(x-\overline{x})^3 = \frac{1}{n}\sum\{x^3 - 3\overline{x}x^2 + 3\overline{x}^2x - \overline{x}^3\} = \frac{1}{n}\sum x^3 - 3\overline{x}\left(\frac{1}{n}\sum x^2\right) + 2\overline{x}^3$$

의 관계로부터, 원점을 중심으로 한 3차 적률은

$$\frac{1}{n}\sum x^3 = \mu_3 + 3\overline{x}\left(\frac{1}{n}\sum x^2\right) - 2\overline{x}^3 = -63 + (3)(2)(16) - (2)(2)^3 = 17$$

20.

과 목	성 적(x)	과목별 가중치(w)	wx
국 어	73	2.0	146.0
영 어	62	1.5	93.0
수 학	67	3.0	201.0
국 사	78	1.0	78.0
사 회	83	0.7	58.1
물 리	47	1.5	70.5
화 학	58	1.5	87.0
합 계		11.2	733.6

$$\therefore \text{ 가중평균 } \overline{x}_w = \frac{\sum wx}{\sum w} = \frac{733.6}{11.2} = 65.5$$

21.

x	f	누적도수
5	2	2
10	3	5
15	7	12
20	10	22
25	11	33
30	7	40
35	5	45
40	3	48

$N=\sum f=48$, $\frac{N}{2}=24$ 이며 24 보다 큰 처음의 누적도수는 33

따라서, 중앙값은 25

22.

x	계급구간	f	누적도수
75	70− 80	5	5
85	80− 90	27	32
95	90−100	46	78
105	100−110	73	151
115	110−120	113	264
125	120−130	63	327
135	130−140	37	364
145	140−150	20	384
155	150−160	5	389

$N=\sum f=389$, $\frac{N}{2}=\frac{389}{2}=194.5$ 이며, 중앙계급구간은 (110−120).

따라서, 중앙값 $M_d=l+h\left(\frac{N}{2}-c\right)h/f=110+(10)(194.5-151)/113=113.85$

23.

등급(x)	도수(f)	누적도수
0-10	3	3
10-20	20	23
20-30	33	56
30-40	47	103
40-50	48	151
50-60	35	186
60-70	21	207
70-80	14	221
80-90	5	226
90-100	2	228

$N=\sum f=228$, $\frac{N}{2}=\frac{228}{2}=114$ 이며, 중앙계급구간은 (40-50).

따라서, 중앙값 $M_d=l+h\left(\frac{N}{2}-c\right)h/f=40+(10)(114-103)/48=42.3$

등급별 최대도수는 48, 해당하는 최빈등급은 (40-50).

따라서 최빈값 $M_o=l+\frac{f_m-f_1}{2f_m-f_1-f_2}\times h=40+\frac{48-47}{(2)(48)-47-35}(10)=40.7$

24.

등급(x)	도수(f)	누적도수
0-20	5	5
20-40	8	13
40-60	13	26
60-80	17	43
80-100	22	65
100-120	15	80
120-140	11	91
140-160	8	99
160-180	5	104

$N=\sum f=104$, $\frac{N}{2}=\frac{104}{2}=52$ 이며, 중앙등급구간은 (80-100).

따라서, 중앙값 $M_d=l+h\left(\frac{N}{2}-c\right)h/f=80+(20)(52-43)/22=88.2$

또한, $\frac{N}{4}=\frac{104}{4}=26$ 이므로 1/4 분위 등급구간은 (40-60).

따라서, 1/4 분위값 $Q_1=l+h\left(\frac{N}{4}-c\right)h/f=40+(20)(26-13)/13=60.0$

마찬가지로 $\frac{3}{4}N = \frac{3\times 104}{4} = 78$ 이므로 3/4 분위 등급구간은 (100-120).

따라서, 3/4 분위값 $Q_3 = l + h\left(\frac{3}{4}N - c\right)h/f = 100 + (20)(78-65)/15 = 117.3$

25.

등급(x)	도수(f)	누적도수
0-10	4	4
10-20	8	12
20-30	11	23
30-40	16	39
40-50	12	51
50-60	9	60
60-70	5	65
70-80	3	68
80-90	2	70
90-100	0	70

$N = \sum f = 104$, $\frac{N}{4} = \frac{70}{4} = 17.5$ 이므로 1/4 분위 등급구간은 (20-30).

따라서, 1/4 분위값 $Q_1 = l + h\left(\frac{N}{4} - c\right)h/f = 20 + (10)(17.5-12)/11 = 25.0$

마찬가지로 $\frac{3}{4}N = \frac{3\times 70}{4} = 52.5$ 이므로 3/4 분위 등급구간은 (50-60).

따라서, 3/4 분위값 $Q_3 = l + h\left(\frac{3}{4}N - c\right)h/f = 50 + (10)(52.5-51)/9 = 51.67$

$\therefore$ 4분위 편차 $QD = \frac{Q_3 - Q_1}{2} = \frac{51.67 - 25.0}{2} = 13.34$

26.

x	f	$\log x$	$f\cdot\log x$
10	2	1.0	2.0
20	5	1.3010	6.5050
30	7	1.4771	10.3397
40	4	1.6021	6.4084
50	3	1.6990	5.0970
합계	21		30.3501

$\therefore$ 기하평균 $GM = \log^{-1}\left[\frac{1}{N}\sum f\cdot\log x\right]$

$= \log^{-1}\left[\frac{30.3501}{21}\right] = \log^{-1}(1.4452) = 27.88$

27. 등급구간의 중간값을 취하고 가평균 $A=65.5$ 을 택하면,

계급구간 (x)	도 수 (f)	중간 값 (x)	$d=\frac{x-65.5}{10}$	fd	fd^2
31−40	5	35.5	−3	-15	45
41−50	14	45.5	−2	-28	56
51−60	27	55.5	−1	-27	27
61−70	34	65.5	0	0	0
71−80	16	75.5	1	16	16
81−90	4	85.5	2	8	16
합계	$N=100$			−46	160

$$\therefore \text{ 평균값 } \bar{x}=A+\frac{1}{N}\sum f\cdot d=65.5+\frac{(-46)}{100}=65.04$$

$$\text{표준편차 } \sigma=h\sqrt{\frac{1}{N}\sum f d^2-\left(\frac{1}{N}\sum f d\right)^2}=(10)\sqrt{\frac{160}{100}-\left(\frac{-46}{100}\right)^2}=11.78$$

28. $N=12$, A, B 성적의 평균과 분산을 구하면,

월	x	$x-\bar{x}$	$(x-\bar{x})^2$	y	$y-\bar{y}$	$(x-\bar{y})^2$
1	57	−3	9	83	12	144
2	61	1	1	57	−14	196
3	42	−18	324	92	21	441
4	58	−2	4	63	−8	64
5	53	−7	49	85	14	196
6	64	4	16	46	−25	625
7	71	11	121	87	16	256
8	68	8	64	77	6	36
9	74	14	196	54	−17	289
10	48	−12	144	79	8	64
11	51	−9	81	61	−10	100
12	73	13	169	68	−3	9
계	720	0	1,178	852	0	2,420

$\bar{x}=\frac{1}{N}\sum x=\frac{720}{12}=60$, $\bar{y}=\frac{1}{N}\sum y=\frac{852}{12}=71$ 0

$\sigma_x^2=\frac{1}{N}\sum(x-\bar{x})^2=\frac{1,178}{12}=98.17$, $\sigma_y^2=\frac{1}{N}\sum(y-\bar{y})^2=\frac{2,420}{12}=201.67$

$\sigma_x=\sqrt{98.17}=9.91$, $\sigma_y=\sqrt{201.67}=14.20$

따라서, 분산계수 $CV_x=\frac{\sigma_x}{\bar{x}}\times 100=\frac{9.91}{60}\times 100=16.52$

$$CV_y = \frac{\sigma_y}{\bar{y}} \times 100 = \frac{14.20}{71} \times 100 = 20.0$$

$CV_x = 16.52 < 20.0 = CV_y$ 이므로 A 의 성적이 B의 성적보다 견실하다.

29. 등급구간의 중간값을 취하고 가평균 $A = 45$ 을 택하면,

계급구간	도 수 (f)	중간 값 (x)	$d = \frac{x-45}{10}$	fd	fd^2
0−10	3	5	−4	-12	48
10−20	5	15	−3	-15	45
20−30	8	25	−2	-16	32
30−40	14	35	−1	-14	14
40−50	22	45	0	0	0
50−60	15	55	1	15	15
60−70	8	65	2	16	32
70−80	2	75	3	6	18
합 계	$N = 77$			-20	204

여기서, 최빈 등급도수는 22, 해당하는 최빈 등급 구간은 (40−50).

따라서, 최빈값 $M_o = l + \frac{f_m - f_1}{2f_m - f_1 - f_2} \times h = 40 + \frac{22-14}{(2)(22)-14-15}(10) = 45.3$

또한, 평균값 $\bar{x} = M = A + \frac{h}{N}\sum fd = 45 + \frac{10}{77}(-20) = 42.4$

표준편차 $\sigma = h\sqrt{\frac{1}{N}\sum f d^2 - \left(\frac{1}{N}\sum f d\right)^2} = (10)\sqrt{\frac{204}{77} - \left(\frac{-20}{77}\right)^2} = 16.07$

∴ Karl Pearson 왜도계수 $S_k = \frac{M - M_0}{\sigma} = \frac{42.4 - 45.3}{16.07} = -0.18$

30. 가평균 $A=5$ 을 택하면,

x	f	$d=x-5$	fd	fd^2	fd^3
1	2	−4	−8	32	-128
2	5	−3	−15	45	-135
3	12	−2	−24	48	-96
4	23	−1	−23	23	-23
5	30	0	0	0	0
6	26	1	26	26	26
7	15	2	30	60	120
8	9	3	27	81	243
9	7	4	28	12	448
10	3	5	15	75	375
합 계	$N=132$	5	56	402	710

$$\therefore \quad \mu_1{}' = \frac{1}{N}\sum f\,d = \frac{56}{132} = 0.424$$

$$\mu_2{}' = \frac{1}{N}\sum f\,d^2 = \frac{402}{132} = 3.045$$

$$\mu_3{}' = \frac{1}{N}\sum f\,d^3 = \frac{710}{132} = 5.379$$

평균값 $\bar{x} = A + \frac{h}{N}\sum fd = A + \mu_1{}' = 5 + 0.424 = 5.424$

따라서, 평균을 중심으로 하는 적률 ;

$$\mu_1 = 0$$

$$\mu_2 = \mu_2{}' - (\mu_1{}')^2 = 3.045 - 0.424^2 = 2.865$$

$$\mu_3 = \mu_3{}' - 3\mu_2{}'\mu_1{}' + 2(\mu_1{}')^3$$
$$= 5.379 - (3)(3.045)(0.424) + (2)(0.424)^3 = 1.658$$

3장 연습문제 풀이

1. 매일 에너지수요의 변화량 X_i 의 확률분포는,

$$f(x) = \begin{cases} 0.6\,, & x = 1 \\ 0.4\,, & x = -1 \end{cases}$$

(1) $\mu = E(X_i) = 1 \cdot (0.6) + (-1)(0.4) = 0.2$이다.

(2) $E(X_i^2) = (1^2)(0.6) + (-1)^2(0.4) = 1.0 \quad \therefore \ \sigma^2 = Var(X_i) = E(X_i^2) - \mu^2 = 1 - (0.2)^2 = 0.96$

(3) 중심극한정리를 이용하면, $\sum_{i=1}^{90} X_i \ \approx \ \mathrm{N}(90\mu, 90\sigma^2) = \mathrm{N}(18, 86.4) = \mathrm{N}(18,\, 9.3^2)$

따라서,

$$P(X \geq 330) = P\left(300 + \sum_{i=1}^{100} X_i \geq 330\right) = P\left(\sum_{i=1}^{100} X_i \geq 30\right)$$

$$\approx P\left(z \geq \frac{30-18}{9.3}\right) = P(z \geq 1.29) = 1 - P(0 < z < 1.29) = 1 - 0.4015 = 0.5985$$

2. (1) 공통 모분산 $\sigma^2 = 32$, 표본의 크기 $n = 12$, $m = 10$ 이므로,

자유도는 $12 + 10 - 2 = 20$, 합동표본분산의 분포는 $\frac{(n+m-2)}{\sigma^2} s_p^2 = \frac{20}{32} s_p^2 \ \sim \ \chi^2(20)$

따라서 $P(s_p^2 \leq 15.3) = P\left(\frac{20}{32} s_p^2 \leq 9.56\right) \approx 1 - 0.975 = 0.025$ (카이제곱분포표)

(2) 합동표본분산은

$$s_p^2 = \frac{1}{n+m-2}\{(n-1)s_A^2 + (m-1)s_B^2\} = \frac{1}{20}(11 \times 25 + 9 \times 34) = 29.05 = 5.39^2$$

(3) 자루 A, B 의 표본평균(확률변수)를 각각 $\overline{X}$, $\overline{Y}$라 두면, $\mu_A - \mu_B = 0$ 이므로

통계량 $t = \dfrac{(\overline{X} - \overline{Y}) - (\mu_A - \mu_B)}{s_p\sqrt{\dfrac{1}{n} + \dfrac{1}{m}}} = \dfrac{\overline{X} - \overline{Y}}{5.39\sqrt{\dfrac{1}{12} + \dfrac{1}{10}}} = \dfrac{\overline{X} - \overline{Y}}{2.31} \ \sim \ \mathrm{t}(20)$

따라서 $P((\overline{X} - \overline{Y}) \leq 3.1) = P\left(\dfrac{\overline{X} - \overline{Y}}{2.31} \leq 1.34\right) \approx 1 - 0.1 = 0.9$ (t 분포표)

(4) 자루 A, B 의 표본분산(확률변수)를 각각 S_A^2, S_B^2라 두면 $\sigma_A^2 = 30$, $\sigma_B^2 = 32$이고,

$\sigma_B^2 > \sigma_A^2$이므로

$$\frac{S_B^2/\sigma_B^2}{S_A^2/\sigma_A^2} = \frac{S_B^2/32}{S_A^2/30} = \frac{30 S_B^2}{32 S_A^2} = \frac{0.9375 S_B^2}{S_A^2} \ \sim \ \mathrm{F}(m-1, n-1) = \mathrm{F}(9, 11)$$

따라서, $P(S_B^2 \geq 3.1 S_A^2) = P\left(\dfrac{0.9375 S_B^2}{S_A^2} \geq 2.90\right) \approx 0.05$ (F 분포표)

3. 크기가 2인 표본에 대한 모든 경우의 수를 열거하면,

표 본	표본 평균 ($\bar{x}$)	확 률
(0,0)	0	$0.7 \times 0.7 = 0.49$
(0,1), (1,0)	0.5	$2 \times 0.7 \times 0.3 = 0.42$
(1,1)	1	$0.3 \times 0.3 = 0.09$

(1) 확률분포(질량함수) $f(0) = 0.49$, $f(0.5) = 0.42$, $f(1) = 0.09$

(2) 기대값 $E(\bar{x}) = 0 \times 0.49 + 0.5 \times 0.42 + 1 \times 0.09 = 0.3$

(3) 분산 $Var(\bar{x}) = (0 - 0.3)^2 \times 0.49 + (0.5 - 0.3)^2 \times 0.42 + (1 - 0.3)^2 \times 0.09 = 0.105$

4. $(\overline{X} - \overline{Y}) \sim \mathrm{N}\left((\mu_1 - \mu_2), \dfrac{\sigma_1^2}{n} + \dfrac{\sigma_2^2}{m}\right) = \mathrm{N}\left(30, \dfrac{30}{60} + \dfrac{7}{50}\right) = \mathrm{N}(30, 0.8^2)$ 이므로

$$P\left(29 < (\overline{X} - \overline{Y}) < 32\right) = P\left(\frac{29 - 30}{0.8} < z < \frac{32 - 30}{0.8}\right) = P(-1.25 < z < 2.5)$$

$$= P(0 < z < 1.25) + P(0 < z < 2.5) = 0.3944 + 0.4938 = 0.8882$$

(참고 ; $P\left(29 < (\overline{Y} - \overline{X}) < 32\right) \approx 0$)

5. $X_i \sim \mathrm{N}(50, 144)$, $i = 1, 2, \cdots, 225$ 에 대한 표본평균 $\overline{X} = \dfrac{1}{225}\sum_{i=1}^{225} X_i$의 확률분포는

$E(\overline{X}) = \mu$, $Var(\overline{X}) = \dfrac{\sigma^2}{n}$ 이며 $n = 225$ 이므로, $\overline{X} \sim \mathrm{N}(50, \dfrac{144}{225}) = \mathrm{N}(50, 0.8^2)$

$$P(\overline{X} > k) = P\left(\frac{\overline{X} - 50}{0.8} > \frac{k - 50}{0.8}\right) = P\left(z > \frac{k - 50}{0.8}\right) = 0.90 > 0.5$$

따라서 $\dfrac{k - 50}{0.8} < 0$ 이며,

$$P\left(z > \frac{k - 50}{0.8}\right) = P\left(z < \frac{50 - k}{0.8}\right) = 0.5 + P\left(0 < z < \frac{50 - k}{0.8}\right) = 0.90$$

$\therefore$ $P\left(0 < z < \dfrac{50 - k}{0.8}\right) = 0.40$, 표준정규분포표로부터 $\dfrac{50 - k}{0.8} = 1.28$, $k = 48.98$

6. (1) $E(\widehat{\mu_1}) = \dfrac{1}{3}E(X_1 + X_2 + X_3) = \dfrac{1}{3}\{E(X_1) + E(X_2) + E(X_3)\} = \dfrac{1}{3}(\mu + \mu + \mu) = \mu$,

$E(\widehat{\mu_2}) = \dfrac{1}{4}E(X_1 + 2X_2 + X_3) = \dfrac{1}{4}\{E(X_1) + 2E(X_2) + E(X_3)\} = \dfrac{1}{4}(\mu + 2\mu + \mu) = \mu$,

$E(\widehat{\mu_3}) = \dfrac{1}{5}E(X_1 + 2X_2 + 3X_3) = \dfrac{1}{5}\{E(X_1) + 2E(X_1) + 3E(X_1)\} = \dfrac{1}{5}(\mu + 2\mu + 3\mu) = \dfrac{6}{5}\mu$

따라서, $\mathrm{bias}_1 = E(\widehat{\mu_1}) - \mu = 0$, $\mathrm{bias}_2 = E(\widehat{\mu_2}) - \mu = 0$, $\mathrm{bias}_3 = E(\widehat{\mu_3}) - \mu = \dfrac{1}{5}\mu$

$\therefore$ $\widehat{\mu_1}$, $\widehat{\mu_2}$: 불편추정량, $\widehat{\mu_3}$: 편의추정량

(2) $Var(\widehat{\mu_1}) = \left(\frac{1}{3}\right)^2 Var(X_1 + X_2 + X_3)$

$= \frac{1}{9}\{ Var(X_1) + Var(X_2) + Var(X_3)\} = \frac{1}{9}(3+5+10) = 2.0$

$Var(\widehat{\mu_2}) = \left(\frac{1}{4}\right)^2 Var(X_1 + 2X_2 + X_3)$

$= \frac{1}{16}\{ Var(X_1) + Var(2X_2) + Var(X_3)\} = \frac{1}{16}(3+(2)^2(5)+10) = 2.06$

$Var(\widehat{\mu_3}) = \left(\frac{1}{5}\right)^2 Var(X_1 + 2X_2 + 3X_3)$

$= \frac{1}{25}\{ Var(X_1) + Var(2X_2) + Var(3X_3)\} = \frac{1}{25}(3+(2)^2(5)+(3)^2 10) = 4.52$

따라서, 최소분산 불편추정량은 $\widehat{\mu_1}$.

7. (1) $\overline{x} = 17.0$, $\overline{y} = 15.5$이므로, $(\mu_1 - \mu_2)$의 추정값은 $(\widehat{\mu_1} - \widehat{\mu_2}) = (\overline{x} - \overline{y}) = 17.0 - 15.5 = 1.5$

$\sigma_1^2 = 16$, $\sigma_2^2 = 9$ 이고 $n = 25$, $m = 36$ 이므로, $(\overline{X} - \overline{Y})$의 표준오차(표준편차)는,

$$SE(\overline{X} - \overline{Y}) = \sqrt{\frac{\sigma_1^2}{n} + \frac{\sigma_2^2}{m}} = \sqrt{\frac{16}{25} + \frac{9}{36}} = \sqrt{0.89} = 0.9434$$

(2) $\left|(\overline{X} - \overline{Y}) - (\mu_1 - \mu_2)\right|$에 대한 95% 오차한계는

$$z_{0.025} \times SE(\overline{X} - \overline{Y}) = 1.96 \times 0.9434 = 1.849$$

따라서, $(\mu_1 - \mu_2)$에 대한 95% 신뢰구간은

$$\left((\overline{x} - \overline{y}) - z_{0.025} SE(\overline{X} - \overline{Y}),\ (\overline{x} - \overline{y}) + z_{0.025} SE(\overline{X} - \overline{Y}) \right)$$
$$= (1.5 - 1.849,\ 1.5 + 1.849) = (-0.349,\ 3.349)$$

8. 월요일 조립 자동차의 결함율 $p_1 = 0.07$, 다른 요일 조립 자동차의 결함율 $p_2 = 0.05$. 따라서,

$$p_1 - p_2 = 0.07 - 0.05 = 0.02, \qquad \frac{p_1 q_1}{n} + \frac{p_2 q_2}{m} = \frac{(0.07)(0.93)}{110} + \frac{(0.05)(0.95)}{150} = 0.030^2$$

이므로 두 표본비율의 차 $\widehat{p_1} - \widehat{p_2}$ 는 다음 근사표준정규분포를 이룬다.

$$\widehat{p_1} - \widehat{p_2} \approx \mathrm{N}\left((p_1 - p_2),\ \frac{p_1 q_1}{n} + \frac{p_2 q_2}{m} \right) = \mathrm{N}(0.02, 0.030^2)$$

그러므로 구하고자 하는 근사확률은

$$P(\widehat{p_1} - \widehat{p_2} \geq 0.035) = P\left(\frac{(\widehat{p_1} - \widehat{p_2}) - 0.02}{0.030} \geq \frac{0.035 - 0.02}{0.030} \right)$$
$$= P(z \geq 0.50) = 0.5 - P(0 < z < 0.50) = 0.5 - 0.1915 = 0.3085$$

9. (1) 두 모평균 차의 점추정량 $(\widehat{\mu_1} - \widehat{\mu_2}) = (\overline{x} - \overline{y}) = 56 - 53 = 3$

(2) $s_A^2 = 25$, $s_B^2 = 34$, $n = 12$, $m = 10$ 이므로, 합동표본분산과 합동표준편차는

$$s_p^2 = \frac{1}{12 + 10 - 2}(11 \cdot 25 + 9 \cdot 34) = 29.05, \qquad s_p = \sqrt{29.05} = 5.39$$

한편 t 분포표에서 $t_{0.05}(20)=1.725$ 이므로 $(\overline{X}-\overline{Y})$의 90% 오차한계는,

$$t_{0.05}(20)\cdot SE(\overline{X}-\overline{Y})=t_{0.05}(20)\cdot s_p\sqrt{\frac{1}{n}+\frac{1}{m}}=(1.725)(5.39)\sqrt{\frac{1}{12}+\frac{1}{10}}=3.981$$

따라서 $(\mu_A-\mu_B)$에 대한 90% 신뢰구간은,

$$\left((\overline{x}-\overline{y})-t_{0.05}(20)\cdot SE(\overline{X}-\overline{Y}),\ (\overline{x}-\overline{y})+t_{0.05}(20)\cdot SE(\overline{X}-\overline{Y})\right)$$
$$=(3-3.981,\ 3+3.981)=(-0.981,\ 6.981)$$

10. $\overline{x}=432,\ \overline{y}=451,\ s_X=5,\ s_Y=7,\ n=11,\ m=16$이므로

표본평균의 차 ; $\overline{x}-\overline{y}=432-451=-19$

합동표본분산과 합동표본표준편차 ;

$$s_p^2=\frac{10s_X^2+15s_Y^2}{11+16-2}=\frac{10\times25+15\times49}{25}=39.4,\quad s_p=\sqrt{39.4}=6.277$$

표준오차 ; $SE(\overline{X}-\overline{Y})=s_p\sqrt{\frac{1}{n}+\frac{1}{m}}=6.277\times0.3917=2.459$

한편 t 분포표에서 $t_{0.025}(25)=2.06$이므로 95% 신뢰구간은

$$\left((\overline{x}-\overline{y})-t_{0.025}(25)\cdot SE(\overline{X}-\overline{Y}),\ (\overline{x}-\overline{y})+t_{0.025}(25)\cdot SE(\overline{X}-\overline{Y})\right)$$
$$=(-19-(2.06)(2.459),\ -19+(2.06)(2.459))=(-24.065,\ -13.935)$$

11. (1) $z_{(1-0.95)/2}=z_{0.025}=1.96$이고, $\sigma=7.2,\ n=36$이므로, μ에 대한 95% 신뢰구간은,

$$\left(\overline{x}-z_{0.025}\frac{\sigma}{\sqrt{n}},\ \overline{x}+z_{0.025}\frac{\sigma}{\sqrt{n}}\right)$$
$$=\left(110-(1.96)\frac{7.2}{\sqrt{36}},\ 110+(1.96)\frac{7.2}{\sqrt{25}}\right)=(107.65,\ 112.53)$$

(2) $n=100$ 이 충분히 크므로, 중심극한 정리에 의하여 $\overline{X}$를 근사적으로 정규분포로 가정한다. 표본평균 108, 분산은 $(7.2)^2/100$ 이므로, μ에 대한 95% 신뢰구간은,

$$\left(\overline{x}-z_{0.025}\frac{\sigma}{\sqrt{n}},\ \overline{x}+z_{0.025}\frac{\sigma}{\sqrt{n}}\right)$$
$$=\left(108-(1.96)\frac{7.2}{\sqrt{100}},\ 108+(1.96)\frac{7.2}{\sqrt{100}}\right)=(106.59,\ 109.41)$$

12. (1) 표본 1,200명의 지지율은 $\overline{p}=\frac{x}{n}=\frac{594}{1,200}=0.495$ 이므로,

전체 유권자에 대한 지지율의 추정값 $\hat{p}=\overline{p}=0.495$

(2) $n=1,200,\ \hat{p}=0.495,\ \hat{q}=1-0.495=0.505$이므로,

표본비율(확률변수) P의 표준오차는

$$SE(P)=\sqrt{\frac{\hat{p}\hat{q}}{n}}=\sqrt{\frac{0.495\times0.505}{1,200}}=0.0144$$

(3) 95%오차한계는 $d=z_{0.025}SE(P)=1.96\times0.0144=0.0282$ (2.82%)

따라서, 지지율의 95%신뢰구간은 $(0.495-0.028,\ 0.495+0.028)=(0.467,\ 0.523)$

13. 모집단의 표준편차 $\sigma = 4.2$을 알고 있으며, 신뢰구간의 길이 $L_0 = 1.0$ 이고 $z_{0.025} = 1.96$

따라서, $n \geq 4\left(\frac{z_{0.025}\sigma}{L_0}\right)^2 = 4\left(\frac{(1.96)(4.2)}{1.0}\right)^2 = 271.06$ 즉, 최소한 272개의 표본이 필요함.

14. $n = 20$ 이므로 $\frac{(n-1)}{\sigma^2}S^2 = \frac{19}{\sigma^2}S^2 \sim \chi^2(n-1) = \chi^2(19)$ (자유도=19)

표본평균과 표본분산을 구하면,

$$\bar{x} = \frac{1}{20}\sum_{i=1}^{20} x_i = 2.5, \quad \hat{\sigma}^2 = s^2 = \frac{1}{19}\sum_{i=1}^{20}(x_i - 2.5)^2 = 1.418$$

인 χ^2-분포표로부터 $\chi^2_{0.975}(19) = 8.91$, $\chi^2_{0.025}(19) = 32.85$.

따라서 σ^2에 대한 95% 신뢰구간의 상한과 하한은 각각

$$l = \frac{19s^2}{\chi^2_{0.025}(19)} = \frac{19(1.418)}{32.85} = 0.820, \quad u = \frac{19s^2}{\chi^2_{0.975}(19)} = \frac{19(1.418)}{8.91} = 3.024$$

$\therefore$ σ^2에 대한 95% 신뢰구간은 (0.820, 3.024)

15. 선정된 낱 개의 무게 X_i, $i = 1, 2, \cdots, 500$ 는 평균 $\mu = 57$, 표준편차 $\sigma = 24$인 모집단의 확률분포를 따르므로, 표본평균 $\bar{X} = \sum_{i=1}^{500} X_i / 500$ 은

$$\text{평균 } E(\bar{X}) = \mu = 57, \quad \text{표준편차 } s = \frac{24}{\sqrt{500}} = 1.073$$

인 정규분포에 근사한다. 따라서,

(1) 표본평균이 59 이상일 근사확률은,

$$P(\bar{X} > 60) = P\left(\frac{\bar{X} - 57}{1.073} > \frac{59 - 57}{1.073}\right) = P(z > 1.864)$$

$$= 0.5 - P(0 < z < 1.864) = 0.5 - 0.469 = 0.031$$

(2) 표본평균이 56 이하일 근사확률은,

$$P(\bar{X} < 60) = P\left(\frac{\bar{X} - 57}{1.073} < \frac{56 - 57}{1.073}\right) = P(z < -0.932) = P(z > 0.932)$$

$$= 0.5 - P(0 < z < 0.932) = 0.5 - 0.324 = 0.176$$

16. $Var(\bar{X}) = \frac{\sigma^2}{n} = \frac{12^2}{n} = 0.96$. 따라서,

$$n = \frac{12^2}{0.96} = 150. \quad S = n \cdot E(\bar{X}) = 150 \times 72 = 10{,}800$$

17. $n = 17,\quad \overline{x} = 72.8,\quad s_1 = 4.0$

$m = 10,\quad \overline{y} = 68.0,\quad s_2 = 4.4$

먼저 합동표본분산의 관측값 s_p^2을 구하면,

$$s_p^2 = \frac{(n-1)s_1^2 + (m-1)s_2^2}{n+m-2} = \frac{(16)(4.0)^2 + (9)(4.4)^2}{17+10-2} = 17.2$$

표본평균 차의 검정통계량

$$T = \frac{(\overline{X} - \overline{Y}) - (\mu_1 - \mu_2)}{s_p\sqrt{\frac{1}{n} + \frac{1}{m}}} = \frac{(\overline{X} - \overline{Y}) - 20}{(17.2)\sqrt{\frac{1}{17} + \frac{1}{10}}} = \frac{(\overline{X} - \overline{Y}) - 20}{6.855}$$

은 자유도 $n+m-2 = 25$ 인 t 분포를 따르므로

$$P(\,(\overline{X} - \overline{Y}) \geqq t_0\,) = P\left(\frac{(\overline{X} - \overline{Y}) - 20}{6.855} \geqq \frac{t_0 - 20}{6.855}\right) = 0.05$$

따라서, 자유도 25인 t 분포표로부터 $t_{0.05}(25) = 1.708$ 이므로

$$t_{0.05}(25) = \frac{t_0 - 20}{6.855} = 1.708 \qquad \therefore \quad t_0 = 20 + (1.708) \cdot (16.9688) = 31.71$$

18. $n = 17,\quad \overline{x} = 45.3,\quad s_1 = 1.4$

$m = 25,\quad \overline{y} = 47.5,\quad s_2 = 0.6$

먼저 합동표본분산의 관측값 s_p^2을 구하면,

$$s_p^2 = \frac{(n-1)s_1^2 + (m-1)s_2^2}{n+m-2} = \frac{(16)(1.4)^2 + (24)(0.6)^2}{17+25-2} = 1.0$$

표본평균 차의 검정통계량

$$T_0 = \frac{(\overline{x} - \overline{y}) - (\mu_1 - \mu_2)}{s_p\sqrt{\frac{1}{n} + \frac{1}{m}}} = \frac{\hat{\delta} - \delta}{(1.0)\sqrt{\frac{1}{17} + \frac{1}{25}}} = \frac{\hat{\delta} - \delta}{0.314}$$

은 자유도 $n+m-2 = 40$ 인 t 분포를 따르므로

$$P(\,|\hat{\delta} - \delta| \leq t_0\,) = P\left(\frac{|\hat{\delta} - \delta|}{0.314} \leq \frac{t_0}{0.314}\right) = 0.95$$

따라서, 자유도 40 인 t 분포표에서 $t_{(1-0.95)/2}(40) = t_{0.025}(40) = 2.021$ 이므로

$$t_{0.025}(40) = 2.021 = \frac{t_0}{0.314} \qquad \therefore \quad t_0 = 2.021 \times 0.314 = 0.635$$

더불어, $\hat{\delta} - t_0 \le \delta \le \hat{\delta} - t_0$, $\hat{\delta} = |\bar{x} - \bar{y}| = |45.3 - 47.5| = 2.2$

$$\therefore \quad 2.2 - 0.635 \le \delta \le 2.2 + 0.635 \quad \rightarrow \quad 1.565 \le \delta \le 2.835$$

(모평균 차의 95% 신뢰구간 추정범위)

19. 표본의 크기가 211으로 충분히 큰 값이므로 표본비율의 분포는

$$\hat{P} \approx \mathrm{N}\left(p, \frac{pq}{n}\right) = \mathrm{N}\left(0.72, \frac{(0.72)(0.28)}{211}\right) = \mathrm{N}\,(\,0.72,\ 0.0309^2\,)$$

따라서, 표본 중에 157개 이상이 번개에 의한 것일 확률은

$$P\left(\hat{p} \geqq \frac{157}{211} = 0.744\right) = P\left(\frac{\hat{p} - 0.72}{0.031} \geqq \frac{0.744 - 0.72}{0.031}\right)$$
$$= P(z \geqq 0.776) = 0.5 - P(0 < z \le 0.776) = 0.5 - 0.2845 = 0.2155$$

20. A 후보자 지지율이 $p = 0.51$이고, 표본의 크기가 충분하므로

$$\hat{p} \approx \mathrm{N}\left(0.51, \frac{(0.51)(0.49)}{500}\right) = \mathrm{N}\,(\,0.51,\, 0.0224^2\,)$$

따라서, 구하고자 하는 확률은

$$P(\hat{p} \le 0.49) = P\left(\frac{\hat{p} - 0.51}{0.0224} \le \frac{0.49 - 0.51}{0.0224}\right) = P\left(z \le \frac{0.49 - 0.51}{0.0224}\right) = P(z \le -0.893)$$
$$= P(z \ge 0.893) = 0.5 - P(0 < z < 0.893) = 0.5 - 0.3141 = 0.1859$$

21. 흡연 남성의 비율은 $p_1 = 0.382$, 여자의 비율은 $p_2 = 0.273$

$$p_1 - p_2 = 0.382 - 0.273 = 0.109,$$

$$\sqrt{\frac{p_1 q_1}{n} + \frac{p_2 q_2}{m}} = \sqrt{\frac{(0.382)(0.618)}{500} + \frac{(0.273)(0.727)}{450}} = 0.0302^2$$

따라서, 두 표본비율 차 $\hat{p}_1 - \hat{p}_2$ 는 다음과 같은 근사 표준정규분포를 이룬다.

$$\hat{p}_1 - \widehat{p_2} \approx \mathrm{N}\,(\,0.109,\, 0.0302^2\,)$$

그러므로 구하고자 하는 근사확률은

$$P\left((\hat{p}_1 - \hat{p}_2) \leqq 0.1\right) = P\left(\frac{(\hat{p}_1 - \hat{p}_2) - 0.109}{0.0302} \leqq \frac{0.1 - 0.109}{0.0302}\right) = P(z \leqq -0.298)$$
$$= P(z \ge 0.298) = 0.5 - P(0 < z \leqq 0.298) = 0.5 - 0.1171 = 0.3829$$

22. 자기 소유, 전세, 월세 비율을 각각 p_1 , p_2 , p_3라 하면, 모비율에 대한 불편추정량은 표본비율이므로 유형별 주거형태 비율의 추정값은 각각,.

$$\hat{p}_1 = \frac{6{,}593}{16{,}542} = 0.399\ (39.9\%),$$

$$\hat{p}_2 = \frac{8,279}{16,542} = 0.500\ (50.0\%),$$

$$\hat{p}_3 = \frac{1,670}{16,542} = 0.101\ (10.1\%)$$

23. (1) $Var(\hat{\mu}) = \left(\frac{1}{2}\right)^2 (Var(X_1) + Var(X_2)) = \frac{1}{4}(4+9) = 3.25$

(2) $Var(\hat{\mu_1}) = Var(\alpha X_1 + (1-\alpha)X_2) = \alpha^2 Var(X_1) + (1-\alpha)^2 Var(X_2) = 4\alpha^2 + 9(1-\alpha)^2$

$$= 13\alpha^2 - 18\alpha + 9 = 13\left(\alpha - \frac{9}{13}\right)^2 + \frac{36}{13}$$

$\therefore \quad \alpha = \frac{9}{13}$ 일 때, 최소분산은 $\frac{36}{13}$.

24. 표본평균이 모평균에 대한 불편추정량이므로 모평균의 점추정값은

$$\hat{\mu} = \bar{x} = \frac{1}{25}\sum x_i = \frac{1,880}{25} = 75.2$$

또한, 표본분산은 모분산의 불편추정량이고, $\sum_{i=1}^{n}(x_i - \bar{x})^2 = \sum_{i=1}^{n} x_i^2 - n\bar{x}^2$ 이므로

$$\hat{\sigma}^2 = s^2 = \frac{1}{n-1}\sum_{i=1}^{n}(x_i - \bar{x})^2 = \frac{1}{24}\sum_{i=1}^{25}(x_i - \bar{x})^2 = \frac{1}{24}\left(\sum_{i=1}^{25} x_i^2 - 25\bar{x}^2\right)$$

$$= \frac{144,832 - 25 \times 75.2^2}{24} = 144.0$$

25. $n = 10$

(1) $X_i \sim B(10, p),\ i = 1, 2, \cdots, 10$ 이므로 $E(X_i) = np = 10p$이고, 따라서

$$E(\overline{X}) = E\left(\frac{1}{10}\sum_{i=1}^{10} X_i\right) = \frac{1}{10}\sum_{i=1}^{10} E(X_i) = \frac{1}{10}\sum_{i=1}^{10}(10p) = \frac{1}{10}(10 \times 10p) = 10p$$

그러므로 $E(\hat{p}) = E\left(\frac{\overline{X}}{10}\right) = \frac{1}{10}E(\overline{X}) = p$,

따라서 $\hat{p} = \overline{X}/10$은 모수 p에 대한 불편추정량이다.

(2) 모수 p에 대한 불편추정량은 $\hat{p} = \overline{X}/10$. 표본평균은 $\bar{x} = \frac{1}{10}\sum x = \frac{49}{10} = 4.9$

$$\therefore \quad \hat{p} = \bar{x}/10 = 0.49$$

26. 모분산이 알 수 없는 경우이므로, 모평균과 표본평균의 차는 t 분포를 따른다.

$n = 25$, t 분포의 자유도 $n - 1 = 24$,

$t_{(1-0.95)/2}(24) = t_{0.05/2}(24) = 2.064$, $s = \sqrt{4.12} = 2.03$

따라서, μ에 대한 95% 신뢰구간은

$$\left(\bar{x} - t_{0.05/2}(24)\frac{s}{\sqrt{n}}\ ,\ \bar{x} + t_{0.05/2}(24)\frac{s}{\sqrt{n}}\right)$$

$$=\left(74-(2.064)\cdot\frac{2.03}{\sqrt{25}},\ 74+(2.064)\cdot\frac{2.03}{\sqrt{25}}\right)=(\,73.162,\ 74.168\,)$$

27. 모분산이 알 수 없는 경우이므로, 모평균과 표본평균의 차는 t 분포를 따른다.

$n=16$, t 분포의 자유도 $n-1=15$, $s=\sqrt{9.0}=3.0$

$t_{0.1/2}(15)=1.753$, $t_{0.05/2}(15)=2.131$, $t_{0.01/2}(15)=2.947$

따라서, 90% 신뢰구간 : $\left(\bar{x}-t_{0.1/2}(15)\frac{s}{\sqrt{n}},\ \bar{x}+t_{0.1/2}(15)\frac{s}{\sqrt{n}}\right)$

$$=\left(67.3-(1.753)\cdot\frac{3}{\sqrt{16}},\ 67.3+(1.753)\cdot\frac{4}{\sqrt{16}}\right)$$

$$=(\,65.985,\ 68.615\,)$$

95% 신뢰구간 : $\left(\bar{x}-t_{0.05/2}(15)\frac{s}{\sqrt{n}},\ \bar{x}+t_{0.05/2}(15)\frac{s}{\sqrt{n}}\right)$

$$=\left(67.3-(2.131)\cdot\frac{3}{\sqrt{16}},\ 67.3+(2.131)\cdot\frac{4}{\sqrt{16}}\right)$$

$$=(\,65.702,\ 68.898\,)$$

90% 신뢰구간 : $\left(\bar{x}-t_{0.01/2}(15)\frac{s}{\sqrt{n}},\ \bar{x}+t_{0.01/2}(15)\frac{s}{\sqrt{n}}\right)$

$$=\left(67.3-(2.947)\cdot\frac{3}{\sqrt{16}},\ 67.3+(2.947)\cdot\frac{4}{\sqrt{16}}\right)$$

$$=(\,65.090,\ 69.510\,)$$

28. $n=15$, $m=13$

$\bar{x}-\bar{y}=65.2-59.8=5.4$, $\sigma_1=4$, $\sigma_2=5$,

따라서, $\sqrt{\frac{\sigma_1^2}{n}+\frac{\sigma_2^2}{m}}=\sqrt{\frac{4^2}{15}+\frac{5^2}{13}}=1.729$, 한편 $z_{0.05/2}=1.96$.

그러므로, 모편균 차 ($\mu_1-\mu_2$)의 95% 신뢰구간은

$$\left((\bar{x}-\bar{y})-z_{0.05/2}\sqrt{\frac{\sigma_1^2}{n}+\frac{\sigma_2^2}{m}},\ (\bar{x}-\bar{y})+z_{0.05/2}\sqrt{\frac{\sigma_1^2}{n}+\frac{\sigma_2^2}{m}}\right)$$

$$=(\ 5.4-(1.96)\cdot(1.729),\ 5.4+(1.96)\cdot(1.729)\ )$$

$$=(\ 2.011,\ 8.789\ )$$

29. (1) 두 모평균의 차에 대한 점추정량은 $\hat{\mu}_1-\hat{\mu}_2=\overline{X}-\overline{Y}$

따라서, 두 모평균의 차에 대한 점추정값은 $\hat{\mu}_1-\hat{\mu}_2=\bar{x}-\bar{y}=67.5-65.2=2.3$

(2) 표본의 크기 $n=25$, $m=17$, 표본의 표준편차 $s_1=0.53$, $s_2=1.20$으로부터,

합동표본분산과 합동표준편차를 구하면,

$$s_p^2 = \frac{(n-1)s_1^2 + (n-1)s_2^2}{n+m-2} = \frac{(24)(0.53)^2 + (16)(1.2)^2}{25+17-2} = 0.745, \quad s_p = \sqrt{0.745} = 0.863$$

$\therefore$ 표준오차는 $SE(\overline{X} - \overline{Y}) = s_p\sqrt{\frac{1}{n} + \frac{1}{m}} = 0.863\sqrt{\frac{1}{25} + \frac{1}{17}} = 0.271$

한편, 자유도 $n+m-2 = 40$, $t_{0.05/2}(40) = 2.021$ 이므로, 95% 신뢰구간의 하한, 상한은 각각

$$l = (\overline{x} - \overline{y}) - t_{0.05/2}(40) \cdot SE(\overline{X} - \overline{Y}) = 2.3 - (2.021)(0.271) = 1.752$$

$$u = (\overline{x} - \overline{y}) + t_{0.05/2}(40) \cdot SE(\overline{X} - \overline{Y}) = 2.3 + (2.021)(0.271) = 2.896$$

$\therefore$ $(\mu_1 - \mu_2)$에 대한 95% 신뢰구간은 $(1.752, 2.896)$.

(3) 95% 신뢰수준에서 $(\mu_1 - \mu_2)$에 대한 최대오차는

$$\epsilon_M = t_{0.05/2}(40) \cdot SE(\overline{X} - \overline{Y}) = (2.021)(0.271) = 0.548$$

30. $\sigma_1 = 11.2$, $\sigma_2 = 9.0$,
$\overline{x} = 113.2$, $\overline{y} = 101.0$
$n = 13$, $m = 90$
따라서, $\sqrt{\frac{\sigma_1^2}{n} + \frac{\sigma_2^2}{m}} = \sqrt{\frac{11.1^2}{13} + \frac{9.0^2}{90}} = 3.221$, $\overline{x} - \overline{y} = 113.2 - 101.0 = 12.2$
한편, $z_{0.05/2} = 1.96$ 이므로, 95% 신뢰구간의 상한과 하한은 각각

$$l = (\overline{x} - \overline{y}) - z_{0.05/2} \cdot \sqrt{\frac{\sigma_1^2}{n} + \frac{\sigma_2^2}{m}} = 12.2 - (1.96)(3.221) = 5.887$$

$$u = (\overline{x} - \overline{y}) + z_{0.05/2} \cdot \sqrt{\frac{\sigma_1^2}{n} + \frac{\sigma_2^2}{m}} = 12.2 + (1.96)(3.221) = 18.513$$

$\therefore$ 모평균의 차 $(\mu_1 - \mu_2)$에 대한 95% 신뢰구간은 $(5.887, 18.513)$

31. $n = 1{,}000$, 취업률의 추정값 $\hat{p} = \frac{x}{n} = \frac{473}{1{,}000} = 0.473$

따라서, 취업률 추정량의 표준오차 ;

$$SE(\hat{P}) = \sqrt{\frac{\hat{p}\hat{q}}{n}} = \sqrt{\frac{\hat{p}(1-\hat{p})}{n}} = \sqrt{\frac{(0.473)(0.527)}{1{,}000}} = 0.0158$$

한편, $z_{0.1/2} = 1.645$ 이므로, 취업률 추정값의 90% 신뢰구간은

$$\left(\hat{p} - z_{0.1/2} \cdot SE(\hat{P}),\ \hat{p} - z_{0.1/2} \cdot SE(\hat{P})\right)$$

$$= (0.473 - 1.645 \times 0.0158,\ 0.473 + 1.645 \times 0.0158)$$

$$= (0.447,\ 0.499)$$

32. $n = 481$, $m = 612$

지지율의 추정치 $\hat{p}_1 = \dfrac{267}{481} = 0.555$, $\hat{p}_2 = \dfrac{236}{612} = 0.386$

$$\hat{q}_1 = 1 - \hat{p}_1 = 0.445 \ , \quad \hat{q}_2 = 1 - \hat{p}_2 = 0.614$$

따라서, $\hat{p}_1 - \hat{p}_2 = 0.555 - 0.386 = 0.169$

$$SE(\hat{P}_1 - \hat{P}_2) = \sqrt{\frac{\hat{p}_1 \hat{q}_1}{n} + \frac{\hat{p}_2 \hat{q}_2}{m}} = \sqrt{\frac{(0.555)(0.445)}{481} + \frac{(0.386)(0.614)}{612}} = 0.030$$

한편, $z_{0.05/2} = 1.96$이므로 지지율의 차 $(p_1 - p_2)$에 대한 95% 신뢰구간은

$$\left((\hat{p}_1 - \hat{p}_2) - z_{0.05/2} \cdot SE(\hat{P}_1 - \hat{P}_2),\ (\hat{p}_1 - \hat{p}_2) + z_{0.05/2} \cdot SE(\hat{P}_1 - \hat{P}_2) \right)$$

$$= (\ 0.169 - 1.96 \times 0.03,\ 0.169 + 1.96 \times 0.03\ )$$

$$= (0.110,\ 0.228)$$

4장 연습문제 풀이

1. 귀무가설 H_0 : $p_1 - p_2 = 0.08$

   대립가설 H_1 : $p_1 - p_2 \neq 0.08$

   $n_1 = 300$, $n_2 = 200$, $x_1 = 63$, $x_2 = 37$ 이므로

$$\hat{p}_1 = \frac{x_1}{n_1} = \frac{63}{300} = 0.21 , \quad \hat{q}_1 = 1 - \hat{p}_1 = 1 - 0.21 = 0.79$$

$$\hat{p}_2 = \frac{x_2}{n_2} = \frac{37}{200} = 0.185 , \quad \hat{q}_2 = 1 - \hat{p}_2 = 1 - 0.185 = 0.815$$

   따라서, 검정통계량

$$z_0 = \frac{(\hat{p}_1 - \hat{p}_2) - (p_1 - p_2)}{\sqrt{\frac{\hat{p}_1 \hat{q}_1}{n_1} + \frac{\hat{p}_2 \hat{q}_2}{n_2}}} = \frac{(0.21 - 0.185) - 0.08}{\sqrt{\frac{(0.21)(0.79)}{300} + \frac{(0.185)(0.815)}{200}}} = -1.521$$

   $|z| = 1.521 < 1.96$ (유의수준 5% 채택 임계값) 이므로,

   유의수준 5%에서 제조회사의 발표 (H_0 : $p_1 - p_2 = 0.08$)는 받아 들일만 하다.

2. 귀무가설 $H_0 : \mu \geq 12{,}500$과 대립가설 $H_1 : \mu < 12{,}500$ (좌측검정=하단검정)

   모분산을 모르는 큰 표본($n = 49 > 30$) 이므로, 모평균에 대한 검정통계량의 분포는

$$Z = \frac{\overline{X} - \mu}{s/\sqrt{n}} = \frac{\overline{X} - 12{,}500}{s/\sqrt{49}} \approx \mathrm{N}(0, 1) \qquad (\text{ 중심극한정리 })$$

   따라서, $\overline{x} = 12{,}360$, $s = 645$ 이므로

   검정통계량의 관측값 $z_0 = \dfrac{12{,}360 - 12{,}500}{645/\sqrt{49}} = -1.519$

   한편, 유의수준 $\alpha = 0.05$에 대한 좌측검정 기각영역은 $R : z < -1.645$

   이므로, 관측값 z_0이 기각영역 R안에 있지 않으므로 이 회사의 주장은 타당하다.

3. 귀무가설 $H_0 : p = 0.5$('0' 과 '1' 이 나올 확률은 동등하다)

   대립가설 $H_1 : p \neq 0.5$

   모집단 비율에 대한 검정통계량의 분포 $Z = \dfrac{\hat{P} - p}{\sqrt{pq/n}} \approx \mathrm{N}(0,1)$

   $n = 7{,}500$, $p = 0.5$, $q = 1 - p = 0.5$, 또한 $\hat{p} = \overline{p} = \dfrac{3{,}825}{7{,}500} = 0.51$

   이므로, 검정통계량의 관찰값은 $z_0 = \dfrac{0.51 - 0.5}{\sqrt{(0.5)(0.5)/7{,}500}} = 1.732$

   따라서, $|z_{0.1/2}| = 1.645 < |z_0| = 1.732 < |z_{0.05/2}| = 1.96$ 이므로,

유의수준 0.05에서는 H_0 채택, 유의수준 0.1에서는 H_0 기각. 즉, 숫자 '0' 과 '1' 이 나올 확률이 동등하다는 주장은 유의수준 0.05에서는 타당하나, 유의수준 0.1에서는 타당하다고 할 수 없다.

4. (1) $H_0 : \mu = 50$ 여부를 검정하는 것이므로 양측검정이다.

   유의수준 $\alpha = 0.1$에서, 기각영역은 $R : |Z| \geq 1.645$, 따라서 채택영역은 $(-1.645, 1.645)$

   유의수준 $\alpha = 0.01$에서, 기각영역은 $R : |Z| \geq 2.58$, 따라서 채택영역은 $(-2.58, 2.58)$

   (2) $E(\overline{X}) = \mu = 50$, $SE(\overline{X}) = \sqrt{\sigma^2/n} = 1.5/\sqrt{20}$

$$\therefore \quad z_0 = \frac{\overline{x} - E(\overline{X})}{SE(\overline{X})} = \frac{49.2 - 50}{1.5/\sqrt{20}} = -2.385$$

   따라서, $|z_{0.1/2}| = 1.645 < |z_0| = 2.385 < |z_{0.01/2}| = 2.58$ 이므로

   유의수준 $\alpha = 0.1$에서는 기각, 유의수준 $\alpha = 0.01$에서는 채택.

5. 귀무가설 $H_0 : p < 0.1$ (우측검정)

   대립가설 $H_1 : p \geq 0.1$

   $n = 700$

   $\hat{p} = \dfrac{x}{n} = \dfrac{82}{700} = 0.117$ (표본불량률) , $p = 0.1$, $q = 1 - p = 0.9$

   모집단 비율에 대한 검정통계량 ;

$$z = \frac{\hat{p} - p}{\sqrt{pq/n}} = \frac{0.117 - 0.1}{\sqrt{(0.1)(0.9)/700}} = 1.499$$

   $|z| = 1.499 < 1.645$ (유의수준 5%에서 우측검정 임계값) 이므로,

   유의수준 5%(신뢰수준 95%)에서 H_0 채택, 즉 불량률이 10% 미만이라는 주장은 타당하다.

6. 귀무가설 $H_0 : \mu = 7$, 대립가설 $H_1 : \mu \neq 7$ (양측검정), $n = 21$ (자유도 20)

   모분산을 모르는 경우이므로 검정통계량의 확률분포는

$$T = \frac{\overline{X} - \mu}{s/\sqrt{n}} \sim t(n-1) = t(20)$$

   $\overline{x} = 6.9$, $s = 0.21$, 따라서 검정통계량의 측정값은

$$t_0 = \frac{6.9 - 7}{0.21/\sqrt{21}} = -2.182$$

   또한, $t_{0.025}(30) = 2.042$, $t_{0.005}(30) = 2.750$ 이므로, 유의수준 $\alpha = 0.05$와 $\alpha = 0.01$에 대한 임계값과 기각영역은 각각, $R_1 : |T| \geq 2.042$, $R_2 : |T| \geq 2.750$

   따라서, $|t_{0.05/2}| = 2.086 < |t_0| = 2.182 < |t_{0.01/2}| = 2.845$ 이므로,

   유의수준 $\alpha = 0.05$에서는 기각, 유의수준 $\alpha = 0.01$에서는 채택

7. $\mu = 32{,}000$, $\sigma = 3{,}240$

   요구사항은 표본 중 적어도 95%는 평균수명이 보장 수명보다 2.5% 이상 짧지 않아야 하므

로, 이를 확률로 표현하면,

$$P(T \ge t_a) = 0.95 \ , \quad t_a = 32{,}000(1-0.025) = 31{,}200$$

필요한 표본의 크기를 n라 두어, 표준화하면,

$$P(T \ge t_a) = P(T \ge 31{,}200) = P\left(\frac{T-\mu}{\sigma/\sqrt{n}} \ge \frac{31{,}200-32{,}000}{3{,}240/\sqrt{n}}\right)$$

$$= P\left(z \ge \frac{31{,}200-32{,}000}{3{,}240/\sqrt{n}}\right) = P(z \ge -0.247\sqrt{n}) \ge 0.95$$

따라서 , $P(z > -0.247\sqrt{n}) = 0.5 + P(0 < z < 0.247\sqrt{n}) \ge 0.95$

$\therefore \ P(0 < z < 0.247\sqrt{n}) \ge 0.45$

$\therefore \ 0.247\sqrt{n} \ge 1.645$ (표준 정규분포표), $\quad n \ge 44.4 \approx 45$

즉, 표본의 수는 최소한 45개 이상이어야 한다.

8. A, B 제품의 평균수명을 각각 μ_1, μ_2라 두면,

귀무가설 $H_0 : \mu_1 - \mu_2 = 0$, 대립가설 $H_1 : \mu_1 - \mu_2 \neq 0$ (양측검정)

A, B 제품의 표본평균(확률변수)를 $\overline{X}$, $\overline{Y}$라 하면, 두 표본의 크기 $n = m = 49$ 는 충분히 큰 값이므로

검정통계량의 확률분포 $Z = \dfrac{(\overline{X}-\overline{Y})-(\mu_1-\mu_2)}{\sqrt{\dfrac{s_1^2}{n}+\dfrac{s_2^2}{m}}} = \dfrac{\overline{X}-\overline{Y}}{133.89} \approx \mathrm{N}(0,1)$이다.

유의수준 $\alpha = 0.05$에 대한 임계값은 $z_{0.025} = 1.96$이므로, 기각영역은 $R : |Z| \ge 1.96$

따라서, 검정통계량의 관측값이 기각영역 안에 들어있지 않으므로 귀무가설 H_0을 기각할 수 없다. 즉, 두 회사 제품의 평균수명은 같다고 할 수 있다.

9. $n_1 = 1{,}500$, $\bar{x}_1 = 167.3$

$n_2 = 2{,}200$, $\bar{x}_2 = 169.2$

모집단의 표준편차 $\sigma = 7.2$

귀무가설 H_o : $\mu_1 = \mu_2$ (두 표본은 같은 모집단에서 추출된 것이다)

대립가설 H_1 : $\mu_1 \neq \mu_2$ (두 표본은 같은 모집단에서 추출된 것이 아니다)

검정통계량 $z = \dfrac{\bar{x}_1 - \bar{x}_2}{\sqrt{\sigma^2\left(\dfrac{1}{n_1}+\dfrac{1}{n_2}\right)}} = \dfrac{167.3-169.2}{\sqrt{7.2^2\left(\dfrac{1}{1{,}500}+\dfrac{1}{2{,}200}\right)}} = -7.88$

따라서, $|z| = 7.88 > 2.58 = z_{0.01/2}$ (양측 검정 1% 유의수준 기각 영역 임계치) 이므로 H_0는 1% 유의수준에서 기각, 즉 두 표본의 평균값은 충분히 유의할 만큼 차이가 있다. 다시 말하면 두 표본은 같은 모집단에서 추출한 것이라 할 수 없다.

10. 귀무가설 H_0 : $\mu_1 = \mu_2$ (두 표본의 평균에는 유의할 만한 차이가 없다)

대립가설 H_1 : $\mu_1 \neq \mu_2$

$n_1 = 12, \quad \bar{x}_1 = 19{,}800, \quad s_1 = 5{,}750$

$n_2 = 17, \quad \bar{x}_2 = 17{,}500, \quad s_2 = 5{,}440$

통합표본의 표준편차를 구하면,

$$s = \sqrt{\frac{(n_1-1)s_1^2+(n_2-1)s_2^2}{n_1+n_2-2}} = \sqrt{\frac{(11)(5{,}750)^2+(16)(5{,}440)^2}{12+17-2}} = 5{,}568.4$$

검정통계량 ;

$$t = \frac{\bar{x}_1 - \bar{x}_2}{s\sqrt{\frac{1}{n_1}+\frac{1}{n_2}}} = \frac{19{,}800-17{,}500}{5{,}568.4\sqrt{\frac{1}{12}+\frac{1}{17}}} = 1.096$$

(자유도 $n_1+n_2-2 = 12+17-2 = 27$)

따라서, $|t| = 1.095 < 2.052 = t_{0.05/2}(27)$ (자유도 27일 때 t 분포 5% 유의수준 임계값) 이므로 귀무가설 채택, 즉 두 표본의 평균은 유의할 만한 차이가 없다.

11. A, B 두 공장의 불량률을 각각 p_1, p_2라 하면,

귀무가설 $H_0 : p_1 - p_2 = 0$, 대립가설 $H_1 : p_1 - p_2 \neq 0$

A, B 두 공장의 불량률 및 합동 표본불량률 ;

$$\hat{p_1} = \frac{32}{1{,}283} = 0.0249, \quad \hat{p_2} = \frac{35}{994} = 0.0352, \quad \hat{p} = \frac{32+35}{1{,}283+994} = 0.0294,$$

검정통계량의 분포는

$$Z = \frac{\hat{p_1} - \hat{p_2}}{\sqrt{\hat{p}\hat{q}\left(\frac{1}{n}+\frac{1}{m}\right)}} \approx \mathrm{N}(0,1)$$

이므로, 검정통계량의 관찰값은

$$z_0 = \frac{\hat{p_1} - \hat{p_2}}{\sqrt{\hat{p}\hat{q}\left(\frac{1}{n}+\frac{1}{m}\right)}} = \frac{0.0249-0.0352}{\sqrt{(0.0294)(0.9706)\left(\frac{1}{1{,}283}+\frac{1}{994}\right)}} = -1.443$$

따라서, $|z_0| = 1.443 < |z_{0.05/2}| = 1.96$ 이므로, 유의수준 0.05에서는 H_0 채택,

12. $\bar{x} = 680, \quad \bar{y} = 720$

$s_1 = 25, \quad s_2 = 34$

$n = m = 10$

귀무가설 $H_0 :\ \mu_1 = \mu_2$ (두 공정의 평균 생산량은 유의할 만한 차이가 없다)

대립가설 $H_1 :\ \mu_1 \neq \mu_2$

$n = m$ 인 경우 이므로, 검정통계량 ;

$$t = \frac{\bar{x} - \bar{y}}{\sqrt{\frac{s_1^2+s_2^2}{n}}} = \frac{680-720}{\sqrt{\frac{25^2+34^2}{10}}} = -2.99$$

(자유도 $n+m-2 = 10+10-2 = 18$)

따라서, $|t| = 2.99 > 2.101 = t_{0.05/2}(18)$ (자유도 18일 때 t 분포 5% 유의수준 임계값) 이므로 귀무가설 기각, 즉 두 공정의 일간 생산량은 유의할 만한 차이가 있다.

13. $n = 9$, $m = 10$

귀무가설 H_0 : $\sigma_1^2 = \sigma_2^2$ (두 표본의 모집단의 분산은 차이가 없다)

대립가설 H_1 : $\sigma_1^2 \neq \sigma_2^2$

x	$x-\overline{x}$	$(x-\overline{x})^2$	y	$y-\overline{y}$	$(y-\overline{y})^2$
23	−1.33	1.78	28	−1.2	1.44
26	1.67	2.78	31	1.8	3.24
23	−1.33	1.78	32	2.8	7.84
31	6.67	44.44	28	−1.2	1.44
21	−3.33	11.11	35	5.8	33.64
22	−2.33	5.44	33	3.8	14.44
20	−4.33	18.78	28	−1.2	1.44
24	−0.33	0.11	30	0.8	0.64
29	4.67	21.78	26	−3.2	10.24
			21	−8.2	67.24
219		108.0	292		141.6

각 표본의 평균과 표본 분산을 계산하면

$$\overline{x} = \frac{1}{n}\sum x = \frac{219}{9} = 24.33$$
$$\overline{y} = \frac{1}{m}\sum y = \frac{292}{10} = 29.2$$

또한,

$$s_1^2 = \frac{1}{n-1}\sum(x-\overline{x})^2 = \frac{108.0}{8} = 13.5$$
$$s_2^2 = \frac{1}{m-1}\sum(y-\overline{y})^2 = \frac{141.6}{9} = 15.7$$

검정통계량 ; $s_2^2 > s_1^2$ 이므로,

$$F = \frac{\hat{\sigma}_2^2}{\hat{\sigma}_1^2} = \frac{s_2^2}{s_1^2} = \frac{15.7}{13.5} = 1.163$$

(분자의 자유도 $m-1=9$, 분모의 자유도 $n-1=8$)

따라서, $F = 1.163 < 3.39 = F_{0.05}(9,8)$ (자유도 9,8인 F−분포 5% 유의수준 임계값) 이므로, 귀무가설 H_0 채택. 즉, 유의수준 5%에서 두 표본의 모집단 분산은 유의할 만큼 다르지 않다.

14. 요일별 사고율을 각각 p_1, p_2, p_3, p_4, p_5 이라 두면,

귀무가설 $H_0 : p_1 = p_2 = p_3 = p_4 = p_5 = 0.2$

대립가설 H_1 : H_0 가 아니다.

$n=5$ 이므로 검정통계량의 분포는 $V=\sum_{i=1}^{5}\frac{(O_i-E_i)^2}{E_i} \sim \chi^2(n-1)=\chi^2(4)$

검정통계량의 관찰값을 구하면,

i	관찰도수 (O_i)	p_i	이론도수 ($E_i=Np_i$)	O_i-E_i	$\frac{(O_i-E_i)^2}{E_i}$
1	97	0.2	75	22	6.45
2	65	0.2	75	−10	1.33
3	67	0.2	75	−8	0.85
4	60	0.2	75	−15	3.00
5	86	0.2	75	11	1.61
합계	$N=375$				13.24

$$\therefore\ V_0=\sum\frac{(O_i-E_i)^2}{E_i}=13.24$$

유의수준 $\alpha=0.05$인 우측검정 임계값은 $\chi^2_{0.05}(4)=9.49$, 따라서 기각영역은 $9.49 \le V$ 이며, $V_0=13.47$은 기각영역 안에 있으므로 H_0을 기각한다. 즉, 교통사고 건수는 요일별로 같다고 할 수 없다.

15. $n_1=500,\ \bar{x}_1=34{,}000,\ s_1=5{,}200$

$n_2=480,\ \bar{x}_2=27{,}200,\ s_2=5{,}850$

귀무가설 $H_0: \mu_1=\mu_2$ (주간 식료비 지출의 평균은 같다) (양측검정)

대립가설 $H_1: \mu_1 \neq \mu_2$ (주간 식료비 지출의 평균은 같지 않다)

검정통계량 ;

$$z=\frac{\bar{x}_1-\bar{x}_2}{\sqrt{\frac{s_1^2}{n_1}+\frac{s_2^2}{n_2}}}=\frac{34{,}000-27{,}200}{\sqrt{\frac{5{,}200^2}{500}+\frac{5{,}850^2}{480}}}=19.2$$

따라서, $|z|=19.2>2.58=z_{0.01/2}$ (양측 검정 1% 유의수준 기각 영역 임계치) 이므로 H_0는 1% 유의수준에서 기각, 즉 두 표본의 평균값은 충분히 유의할 만큼 차이가 있다.

16. $n_1=11,\ n_2=15$, $s_1=2.7,\ s_2=2.1$

귀무가설 H_0 : $\sigma_1^2=\sigma_2^2$ (모분산의 차이가 없다)

대립가설 H_1 : $\sigma_1^2 \neq \sigma_2^2$

검정통계량 ; $s_1 > s_2$ 이므로,

$$F = \frac{\hat{\sigma}_1^2}{\hat{\sigma}_2^2} = \frac{s_1^2}{s_2^2} = \frac{2.7^2}{2.1^2} = 1.653$$

(분자의 자유도 $n_1 - 1 = 10$, 분모의 자유도 $n_2 - 1 = 14$)

따라서, $F = 1.36 < 2.60 = F_{0.05}(10,14)$ (자유도 10,14인 F-분포 5% 유의수준 임계값) 이므로, 귀무가설 H_0 채택 즉, 두 표본은 유의수준 5%에서 분산(또는 표준편차)이 같은 모집단에서 추출된 것이라 할 수 있다.

17. 귀무가설 $H_0 : \sigma_1^2 = \sigma_2^2$ (남녀 근로자의 작업량에 대한 분산이 동일하다)

대립가설 $H_1 : \sigma_1^2 \neq \sigma_2^2$

$s_1 = 3.2 > s_2 = 2.6$, $n = 13,\ m = 11$ 이므로

검정통계량의 분포는 $F = \dfrac{S_1^2}{S_2^2} \sim \mathrm{F}(n-1, m-1) = \mathrm{F}(12, 10)$

이므로, 검정통계량의 관측값은

$$f_0 = \frac{s_1^2}{s_2^2} = \frac{3.2^2}{2.6^2} = 1.515 \text{ 이다.}$$

분자, 분모의 자유도는 각각 12, 10이므로, 유의수준 $\alpha = 0.1$인 양측검정에 대한 임계점은

$$f_{0.05}(12,10) = 2.91,\ f_{0.95}(12,10) = \frac{1}{f_{0.05}(10, 12)} = \frac{1}{2.75} = 0.364$$

따라서, 기각영역은 $F \leq 0.364,\ 2.91 \leq F$, 검정통계량의 측정값 f_0가 기각영역 안에 있지 않으므로 귀무가설 H_0을 기각, 즉 남자 근로자와 여자 근로자의 작업능률은 같다고 할 수 있다.

18. $n = 21,\ \overline{x} = 25.6,\ s = 3.2$, 모집단 평균 $\mu = 28.0$

귀무가설 H_o : $\overline{x} = \mu$ (표본의 평균과 모집단 평균은 차이가 없다)

대립가설 H_1 : $\overline{x} \neq \mu$

검정통계량 $t = \dfrac{\overline{x}_1 - \mu}{s/\sqrt{n}} = \dfrac{25.6 - 28.0}{3.2/\sqrt{21}} = \dfrac{-9}{3}\sqrt{18} = -3.44$

(자유도 $n - 1 = 21 - 1 = 20$)

따라서 $|t| = 3.44 > 2.086 = t_{0.05/2}(20)$ (자유도 20일 때 t 분포 5% 유의수준 임계값) 이므로 귀무가설 기각, 즉 표본의 평균과 모집단 평균은 유의할 만큼 차이가 있다.

19. 두 표본이 같은 모집단에서 온 것인지 검정하려면, 평균값과 분산을 비교해야 한다. 먼저 모집단의 분산이 같은지를 검정한다.

$n=10$, $m=9$

귀무가설 H_0 : $\sigma_1^2=\sigma_2^2$ (두 표본의 모집단의 분산은 차이가 없다)

대립가설 H_1 : $\sigma_1^2 \neq \sigma_2^2$

x	$x-\overline{x}$	$(x-\overline{x})^2$	y	$y-\overline{y}$	$(y-\overline{y})^2$
16	−7	49	15	−3	9
28	5	25	21	3	9
25	2	4	21	3	9
29	6	36	14	−4	16
23	0	0	16	−2	4
17	−6	36	19	1	1
20	−3	9	15	−3	9
27	4	16	18	0	0
18	−5	25	23	5	25
27	4	16			
230		216	292		82

각 표본의 평균과 표본 분산을 계산하면

$$\overline{x}=\frac{1}{n}\sum x=\frac{230}{10}=23.0$$
$$\overline{y}=\frac{1}{m}\sum y=\frac{162}{9}=18.0$$

또한,

$$s_1^2=\frac{1}{n-1}\sum(x-\overline{x})^2=\frac{216}{9}=24.0$$
$$s_2^2=\frac{1}{m-1}\sum(y-\overline{y})^2=\frac{82}{8}=10.25$$

검정통계량 ; $s_1^2 > s_2^2$ 이므로,

$$F=\frac{\hat{\sigma}_1^2}{\hat{\sigma}_2^2}=\frac{s_1^2}{s_2^2}=\frac{24.0}{10.25}=2.341$$

(분자의 자유도 $n-1=9$, 분모의 자유도 $m-1=8$)

따라서, $F=2.341<3.39=F_{0.05}(9,8)$ (자유도 9,8인 F−분포 5% 유의수준 임계값) 이므로, 귀무가설 H_0 채택. 즉, 유의수준 5%에서 두 표본의 모집단 분산은 유의할 만큼 다르지 않다.

다음, 모집단의 평균이 같은지를 검정한다.

귀무가설 H_0 : $\mu_1=\mu_2$ (두 표본의 모집단의 평균은 차이가 없다)

대립가설 H_1 : $\mu_1 \neq \mu_2$

$$s^2 = \frac{\sum(x-\overline{x})^2 + \sum(y-\overline{y})^2}{n+m-2} = \frac{216+82}{10+9-2} = 17.53 \quad , \quad s = \sqrt{17.53} = 4.187$$

따라서 검정통계량 ;

$$t = \frac{\overline{x} - \overline{y}}{s\sqrt{\frac{1}{n} + \frac{1}{m}}} = \frac{23-18}{4.187s\sqrt{\frac{1}{10} + \frac{1}{9}}} = 2.60 \qquad (\text{자유도 } n+m-2 = 17)$$

따라서 $|t| = 2.60 > 2.110 = t_{0.05/2}(17)$ (자유도 17일 때 t 분포 5% 유의수준 임계값) 이므로 귀무가설 기각, 즉 두 표본의 모집단 평균은 유의할 만큼 차이가 있다.

위 결과로부터, 5% 유의수준에서, 분산은 유의할 만한 차이가 없지만, 평균치는 유의할 만큼 차이가 있으므로, 두 표본은 같은 모집단에서 나온 것이라 할 수 없다.

20. $n = 45,\ \overline{x}_1 = 73,\ s_1 = 8$
$m = 52,\ \overline{x}_2 = 77,\ s_2 = 10$

귀무가설 H_0: 두 반의 성적은 유의할 만한 차이가 없다. (양측검정)
대립가설 H_1: 두 반의 성적은 유의할 만한 차이가 있다.
검정통계량 ;

$$z = \frac{\overline{x}_1 - \overline{x}_2}{\sqrt{\frac{s_1^2}{n_1} + \frac{s_2^2}{n_2}}} = \frac{73-77}{\sqrt{\frac{8^2}{45} + \frac{10^2}{52}}} = -2.187$$

따라서, $|z| = 2.187 < 2.58 = z_{0.01/2}$ (양측 검정 1% 유의수준 기각 영역 임계값) 이므로 H_0는 1% 유의수준에서 채택, 즉 반의 성적은 유의할 만한 차이가 없다.

21. $n=10,\ m=8$

귀무가설 H_0 : $\bar{x}=\bar{y}$ (두 프로그램의 효과는 유의할 만한 차이가 없다)

대립가설 H_1 : $\bar{x}\neq\bar{y}$

x	$x-\bar{x}$	$(x-\bar{x})^2$	y	$y-\bar{y}$	$(y-\bar{y})^2$
5	−1.6	2.56	6	0.5	0.25
7	0.4	0.16	4	−1.5	2.25
7	0.4	0.16	2	−3.5	12.25
2	−4.6	21.16	8	2.5	6.25
5	−1.6	2.56	11	5.5	30.25
13	6.4	40.96	1	−4.5	20.25
3	−3.6	12.96	5	−0.5	0.25
10	3.4	11.56	7	1.5	2.25
6	−0.6	0.36			
8	1.4	1.96			
66		94.4	44		74

각 표본의 평균을 계산하면

$$\bar{x}=\frac{1}{n}\sum x=\frac{66}{10}=6.6$$

$$\bar{y}=\frac{1}{m}\sum y=\frac{44}{8}=5.5$$

또한, $s^2=\dfrac{\sum(x-\bar{x})^2+\sum(y-\bar{y})^2}{n+m-2}=\dfrac{94.4+74}{10+8-2}=10.53$, $s=\sqrt{10.53}=3.24$

따라서, 검정통계량

$$t=\frac{\bar{x}-\bar{y}}{s\sqrt{\dfrac{1}{n}+\dfrac{1}{m}}}=\frac{6.6-5.5}{3.24\sqrt{\dfrac{1}{10}+\dfrac{1}{8}}}=0.651 \qquad (\text{ 자유도 } n+m-2=16\ )$$

따라서 $|t|=0.651<2.12=t_{0.05/2}(16)$ (자유도 16일 때 t 분포 5% 유의수준 임계값) 이므로 귀무가설 채택, 즉 두 프로그램의 효과는 유의할 만한 차이가 없다.

22. 귀무가설 H_0 : $\mu=20$ (양측검정)

대립가설 H_1 : $\mu\neq20$

$\bar{x}=19.997,\ s=0.0112,\ \ n=51$

검정통계량

$$T=\frac{\bar{x}-\mu}{s/\sqrt{n}}=\frac{19.997-20.0}{0.0114/\sqrt{51}}=-1.879 \quad (\text{ 자유도 } n-1=50\ )$$

$|T|=1.879<2.009$ (5% 유의수준 양측검정 자유도 50일 때 t 분포 임계값) 이므로, 귀무가설 채택. 즉, 유의수준 5%에서 제품의 직경은 20[mm]라고 할 수 있다.

23. 귀무가설 H_0 : $\mu \leq 0.63$

대립가설 H_1 : $\mu > 0.50$ (우측 검정)

$n = 51$, $\mu = 0.63$, $s = 0.007$

검정통계량 ;

$$t_0 = \frac{0.634 - 0.63}{0.015/\sqrt{51}} = 1.904 \qquad (\text{ 자유도 } n-1 = 50 \text{ })$$

$|T| = 1.904 < 2.403$ (1% 유의수준 우측검정 자유도 50일 때 t 분포 임계값) 이므로 유의수준 1%에서 귀무가설 채택. 즉, 주장을 인정할 수 있다. 한편,

$|T| = 1.904 > 1.299$ (10% 유의수준 우측검정 자유도 50일 때 t 분포 임계값) 이므로 유의수준 10%에서는 귀무가설 기각. 즉, 주장을 인정할 수 없다.

24. 귀무가설 H_0 : $\mu_1 - \mu_2 = 0$ (양측검정)

대립가설 H_1 : $\mu_1 - \mu_2 \neq 0$

$n = 12$, $m = 17$

$\bar{x} = 705$, $\bar{y} = 690$, $s_1 = 18$, $s_2 = 13$

합동 표준편차를 구하면,

$$s_p = \sqrt{\frac{(n-1)s_p^2 + (m-1)s_p^2}{n+m-2}} = \sqrt{\frac{11 \times 18^2 + 16 \times 13^2}{27}} = 15.24$$

따라서, 검정통계량 ;

$$T = \frac{(\bar{x} - \bar{y}) - (\mu_1 - \mu_2)}{s_p\sqrt{\frac{1}{n} + \frac{1}{m}}} = \frac{(705 - 690) - (0)}{15.24\sqrt{\frac{1}{12} + \frac{1}{17}}} = 2.61$$

(자유도 $n+m-2 = 27$)

$|T| = 2.61 > 2.052$

(95% 신뢰수준(5%유의수준) 양측검정 자유도 27인 t 분포 임계값)

이므로 95% 신뢰수준에서 귀무가설 기각. 즉, 모집단의 평균은 같다고 말할 수 없다.

25. 귀무가설 H_0 : $p = 0.52$ (양측검정)

대립가설 H_1 : $p \neq 0.52$

$n = 27$, $\hat{p} = \frac{17}{27} = 0.63$, $q = 1 - p = 0.48$

검정통계량의 관찰값 $z_0 = \frac{\hat{p} - p}{\sqrt{pq/n}} \frac{0.63 - 0.52}{\sqrt{(0.52)(0.48)/27}} = 1.144$

$|z_0| = 1.144 < 1.96 = z_{0.05/2}$ (5%유의수준 양측검정 임계값)

따라서, 귀무가설 채택. 즉, 유의수준 5%에서 우리나라 남자아기 출생률 52%라는 주장은 타당하다.

26. (1) $\hat{p}_1 = \frac{9}{22} = 0.41$, $\hat{p}_2 = \frac{13}{27} = 0.48$.

(2) 99% 신뢰구간에 대한 임계값은 $z_{0.01/2} = 2.58$

$\hat{q}_1 = 1 - \hat{p}_1 = 0.59$, $\hat{q}_2 = 1 - \hat{p}_2 = 0.52$

$$\therefore\ SE(\hat{P}_1 - \hat{P}_2) = \sqrt{\frac{\hat{p}_1 \hat{q}_1}{n} + \frac{\hat{p}_2 \hat{q}_2}{m}} = \sqrt{\frac{(0.41)(0.59)}{22} + \frac{(0.48)(0.52)}{27}} = 0.142$$

따라서, 모비율의 차 $(p_1 - p_2)$에 대한 99% 신뢰구간은,

$$\left((\hat{p}_1 - \hat{p}_2) - z_{0.01/2} SE(\hat{P}_1 - \hat{P}_2),\ (\hat{p}_1 - \hat{p}_2) + z_{0.01/2} SE(\hat{P}_1 - \hat{P}_2) \right)$$
$$= ((0.41 - 0.48) - (2.58)(0.142),\ (0.41 - 0.48) + (2.58)(0.142))$$
$$= (-0.436, 0.296)$$

(3) 귀무가설 $H_0 : p_1 = p_2$ (양측검정)

대립가설 $H_1 : p_1 \neq p_2$

합동표본비율을 구라면, $\hat{p} = \frac{9+13}{22+27} = 0.45$, $\hat{q} = 1 - \hat{p} = 0.55$

따라서 검정통계량의 관측값

$$z_0 = \frac{\hat{p}_1 - \hat{p}_2}{\sqrt{\hat{p}\,\hat{q}\left(\frac{1}{n} + \frac{1}{m}\right)}} = \frac{0.41 - 0.48}{\sqrt{(0.45)(0.55)\left(\frac{1}{22} + \frac{1}{27}\right)}} = -0.490$$

$|z_0| = 0.490 < 2.58 = z_{0.01/2}$ (1%유의수준 양측검정 임계값)

따라서, 귀무가설 채택. 즉, 유의수준 1%에서 두 모집단의 비율은 차이가 없다.

27. 귀무가설 $H_0 : p_1 - p_2 = 0$

대립가설 $H_1 : p_1 - p_2 \neq 0$

$n = 2{,}210$, $m = 800$

$x = 1{,}520$, $y = 492$

합동표본비율은 $\hat{p} = \frac{1{,}520 + 492}{2{,}210 + 830} = 0.662$, $\hat{q} = 1 - \hat{p} = 0.438$

표본비율은 $\hat{p}_1 = \frac{1{,}520}{2{,}210} = 0.688$, $\hat{p}_2 = \frac{492}{830} = 0.593$

따라서, 검정통계량의 측정값은

$$z_0 = \frac{\hat{p}_1 - \hat{p}_2}{\sqrt{\hat{p}\hat{q}\left(\frac{1}{n} + \frac{1}{m}\right)}} = \frac{0.688 - 0.593}{\sqrt{(0.662)(0.438) \cdot \left(\frac{1}{2{,}210} + \frac{1}{830}\right)}} = \frac{0.0025}{0.026} = 4.334$$

$|z_0| = 4.334 > 1.96 = z_{0.05/2}$ (5%유의수준 양측검정 임계값)

따라서, 귀무가설 기각. 즉, 유의수준 5%에서 도시 거주자와 농어촌 거주자의 주택정책 찬성비율은 같다고 말할 수 없다.

28. 귀무가설 $H_0 : \sigma^2 > 0.7$ (좌측(하단) 검정)

대립가설 $H_1 : \sigma^2 \leqq 0.7$

$n = 17$, $s^2 = 0.8$

검정통계량의 관측 값

$$v_0 = \frac{(n-1)s^2}{\sigma^2} = \frac{(16)(0.8)}{0.7} = 18.3$$

(자유도 $n-1=16$, χ^2 분포)

좌측검정이므로,

기각영역 $V \le 7.96 = \chi^2_{(1-0.05)}(16)$ (5% 유의수준 우측검정 임계 값)

따라서, $v_0 = 18.3 > 7.96 = \chi^2_{(1-0.05)}(16)$ 이므로 귀무가설 채택. 즉 모분산은 0.7보다 크다고 할 수 있다.

29. 두 품종의 수확량의 평균과 분산을 각각 μ_1, μ_2 과 σ_1^2, σ_2^2 라 두고, 먼저 표본평균, 표본분산 및 합동 표본분산을 계산하면 $n = m = 5$,

$$\bar{x} = \frac{\sum x}{n} = \frac{1,707}{5} = 341.4 \ , \quad \bar{y} = \frac{\sum y}{n} = \frac{1,673}{5} = 334.6$$

$$s_1^2 = \frac{\sum (x-\bar{x})^2}{n-1} = \frac{663.2}{4} = 165.8 \ , \quad s_2^2 = \frac{\sum (y-\bar{y})^2}{m-1} = \frac{217.2}{4} = 54.3$$

$$s_p^2 = \frac{(n-1)s_1^2 + (m-1)s_2^2}{n+m-2} = \frac{(4)(165.8)+(4)(54.3)}{8} = 110.05, \quad s_p = \sqrt{110.05} = 10.5$$

(i) 평균값 검정

귀무가설 $H_0 : \mu_1 = \mu_2$ (양측검정)

대립가설 $H_1 : \mu_1 \neq \mu_2$

검정통계량 ;

$$t_0 = \frac{(\bar{x}-\bar{y})-(\mu_1-\mu_2)}{s_p\sqrt{\frac{1}{n}+\frac{1}{m}}} = \frac{(341.4-334.6)-(0)}{10.5\sqrt{\frac{2}{5}}} = 1.024$$

(자유도 $n+m-2=8$)

따라서, $t_0 = 1.024 < 2.306 = t_{0.05/2}(8)$ (자유도 8 양측검정 t 분포 임계값) 이므로 귀무가설 채택. 즉 유의수준 5%에서 수확량의 평균은 큰 차이가 없다.

(ii) 분산 검정

귀무가설 $H_0 : \sigma_1^2 = \sigma_2^2 = \sigma^2$ (양측검정)

대립가설 $H_1 : \sigma_1^2 \neq \sigma_2^2$

검정통계량 ; $s_1^2 > s_2^2$ 이므로

$$F_0 = \frac{s_1^2/\sigma^2}{s_2^2/\sigma^2} = \frac{s_1^2}{s_2^2} = \frac{165.8}{54.3} = 3.053$$

(자유도 분자 $n-1=4$, 분모 $m-1=4$)

따라서, $F_{(1-0.05/2)}(4,4) = \frac{1}{F_{0.05/2}(4,4)} = 0.104 < \quad F_0 = 3.063 \quad < 9.60 = F_{0.05/2}(4,4)$

($F_{(1-0.05/2)}(4,4)$, $F_{0.05/2}(4,4)$: 양측검정 자유도 4,4 F 분포 좌,우측 임계값)

이므로 귀무가설 채택. 즉 유의수준 5%에서 수확량의 분산은 큰 차이가 없다.

30. 귀무가설 H_0 : $\sigma_1^2 = \sigma_2^2 = \sigma^2$ (양측검정)

대립가설 H_1 : $\sigma_1^2 \neq \sigma_2^2$

각 표본의 평균과 분산을 계산하면,

$$\bar{x} = \frac{\sum x}{n} = \frac{1,150}{10} = 115.0 \ , \quad \bar{y} = \frac{\sum y}{n} = \frac{1,050}{10} = 105.0$$

$$s_1^2 = \frac{\sum(x-\bar{x})^2}{n-1} = \frac{16,796}{9} = 1,866.2 \ , \quad s_2^2 = \frac{\sum(y-\bar{y})^2}{m-1} = \frac{12,306}{9} = 1,367.3$$

검정통계량 ; $s_1^2 > s_2^2$ 이므로

$$F_0 = \frac{s_1^2/\sigma^2}{s_2^2/\sigma^2} = \frac{s_1^2}{s_2^2} = \frac{1,866.2}{1,367.3} = 1.365$$

(자유도 분자 $n-1=9$, 분모 $m-1=9$)

따라서, $F_{(1-0.05/2)}(9,9) = \frac{1}{F_{0.05/2}(9,9)} = 0.248 < \quad F_0 = 1.365 \quad < 4.03 = F_{0.05/2}(9,9)$

($F_{(1-0.05/2)}(9,9)$, $F_{0.05/2}(9,9)$: 양측검정 자유도 9,9 F 분포 좌,우측 임계값)

이므로 귀무가설 채택. 즉 유의수준 5%에서 두 모집단의 분산은 큰 차이가 없다.

확률 분포표

표 1. 누적 이항 분포 표

$$P(X \leq r) = \sum_{k=0}^{r} {}_nC_k\, p^k q^{n-k} \qquad (q = 1 - p)$$

n	x	p									
		0.05	0.1	0.15	0.2	0.25	0.3	0.35	0.4	0.45	0.5
1	0	0.95	0.9	0.85	0.8	0.75	0.7	0.65	0.6	0.55	0.5
2	0	0.9025	0.8100	0.7225	0.6400	0.5625	0.4900	0.4225	0.3600	0.3025	0.2500
	1	0.9975	0.9900	0.9775	0.9600	0.9375	0.9100	0.8775	0.8400	0.7975	0.7500
3	0	0.8574	0.7290	0.6141	0.5120	0.4219	0.3430	0.2746	0.2160	0.1664	0.1250
	1	0.9928	0.9720	0.9393	0.8960	0.8438	0.7840	0.7183	0.6480	0.5748	0.5000
	2	0.9999	0.9990	0.9966	0.9920	0.9844	0.9730	0.9571	0.9360	0.9089	0.8750
4	0	0.8145	0.6561	0.5220	0.4096	0.3164	0.2401	0.1785	0.1296	0.0915	0.0625
	1	0.9860	0.9477	0.8905	0.8192	0.7383	0.6517	0.5630	0.4752	0.3910	0.3125
	2	0.9995	0.9963	0.9880	0.9728	0.9492	0.9163	0.8735	0.8208	0.7585	0.6875
5	0	0.7738	0.5905	0.4437	0.3277	0.2373	0.1681	0.1160	0.0778	0.0503	0.0313
	1	0.9774	0.9185	0.8352	0.7373	0.6328	0.5282	0.4284	0.3370	0.2562	0.1875
	2	0.9988	0.9914	0.9734	0.9421	0.8965	0.8369	0.7648	0.6826	0.5931	0.5000
	3	1.0000	0.9995	0.9978	0.9933	0.9844	0.9692	0.9460	0.9130	0.8688	0.8125
6	0	0.7351	0.5314	0.3771	0.2621	0.1780	0.1176	0.0754	0.0467	0.0277	0.0156
	1	0.9672	0.8857	0.7765	0.6554	0.5339	0.4202	0.3191	0.2333	0.1636	0.1094
	2	0.9978	0.9842	0.9527	0.9011	0.8306	0.7443	0.6471	0.5443	0.4415	0.3438
	3	0.9999	0.9987	0.9941	0.9830	0.9624	0.9295	0.8826	0.8208	0.7447	0.6563
	4	1.0000	0.9999	0.9996	0.9984	0.9954	0.9891	0.9777	0.9590	0.9308	0.8906
	5	1.0000	1.0000	1.0000	0.9999	0.9998	0.9993	0.9982	0.9959	0.9917	0.9844
7	0	0.6983	0.4783	0.3206	0.2097	0.1335	0.0824	0.0490	0.0280	0.0152	0.0078
	1	0.9556	0.8503	0.7166	0.5767	0.4449	0.3294	0.2338	0.1586	0.1024	0.0625
	2	0.9962	0.9743	0.9262	0.8520	0.7564	0.6471	0.5323	0.4199	0.3164	0.2266
	3	0.9998	0.9973	0.9879	0.9667	0.9294	0.8740	0.8002	0.7102	0.6083	0.5000
	4	1.0000	0.9998	0.9988	0.9953	0.9871	0.9712	0.9444	0.9037	0.8471	0.7734
	5	1.0000	1.0000	0.9999	0.9996	0.9987	0.9962	0.9910	0.9812	0.9643	0.9375
	6	1.0000	1.0000	1.0000	1.0000	0.9999	0.9998	0.9994	0.9984	0.9963	0.9922
8	0	0.6634	0.4305	0.2725	0.1678	0.1001	0.0576	0.0319	0.0168	0.0084	0.0039
	1	0.9428	0.8131	0.6572	0.5033	0.3671	0.2553	0.1691	0.1064	0.0632	0.0352
	2	0.9942	0.9619	0.8948	0.7969	0.6785	0.5518	0.4278	0.3154	0.2201	0.1445
	3	0.9996	0.9950	0.9786	0.9437	0.8862	0.8059	0.7064	0.5941	0.4770	0.3633
	4	1.0000	0.9996	0.9971	0.9896	0.9727	0.9420	0.8939	0.8263	0.7396	0.6367
	5	1.0000	1.0000	0.9998	0.9988	0.9958	0.9887	0.9747	0.9502	0.9115	0.8555
	6	1.0000	1.0000	1.0000	0.9999	0.9996	0.9987	0.9964	0.9915	0.9819	0.9648
	7	1.0000	1.0000	1.0000	1.0000	1.0000	0.9999	0.9998	0.9993	0.9983	0.9961

n	x	p 0.55	0.6	0.65	0.7	0.75	0.8	0.85	0.9	0.95
1	0	0.45	0.4	0.35	0.3	0.25	0.2	0.15	0.1	0.05
2	0	0.2025	0.1600	0.1225	0.0900	0.0625	0.0400	0.0225	0.0100	0.0025
	1	0.6975	0.6400	0.5775	0.5100	0.4375	0.3600	0.2775	0.1900	0.0975
3	0	0.0911	0.0640	0.0429	0.0270	0.0156	0.0080	0.0034	0.0010	0.0001
	1	0.4253	0.3520	0.2818	0.2160	0.1563	0.1040	0.0608	0.0280	0.0073
	2	0.8336	0.7840	0.7254	0.6570	0.5781	0.4880	0.3859	0.2710	0.1426
4	0	0.0410	0.0256	0.0150	0.0081	0.0039	0.0016	0.0005	0.0001	0.0000
	1	0.2415	0.1792	0.1265	0.0837	0.0508	0.0272	0.0120	0.0037	0.0005
	2	0.6090	0.5248	0.4370	0.3483	0.2617	0.1808	0.1095	0.0523	0.0140
5	0	0.0185	0.0102	0.0053	0.0024	0.0010	0.0003	0.0001	0.0000	0.0000
	1	0.1312	0.0870	0.0540	0.0308	0.0156	0.0067	0.0022	0.0005	0.0000
	2	0.4069	0.3174	0.2352	0.1631	0.1035	0.0579	0.0266	0.0086	0.0012
	3	0.7438	0.6630	0.5716	0.4718	0.3672	0.2627	0.1648	0.0815	0.0226
6	0	0.0083	0.0041	0.0018	0.0007	0.0002	0.0001	0.0000	0.0000	0.0000
	1	0.0692	0.0410	0.0223	0.0109	0.0046	0.0016	0.0004	0.0001	0.0000
	2	0.2553	0.1792	0.1174	0.0705	0.0376	0.0170	0.0059	0.0013	0.0001
	3	0.5585	0.4557	0.3529	0.2557	0.1694	0.0989	0.0473	0.0159	0.0022
	4	0.8364	0.7667	0.6809	0.5798	0.4661	0.3446	0.2235	0.1143	0.0328
	5	0.9723	0.9533	0.9246	0.8824	0.8220	0.7379	0.6229	0.4686	0.2649
7	0	0.0037	0.0016	0.0006	0.0002	0.0001	0.0000	0.0000	0.0000	0.0000
	1	0.0357	0.0188	0.0090	0.0038	0.0013	0.0004	0.0001	0.0000	0.0000
	2	0.1529	0.0963	0.0556	0.0288	0.0129	0.0047	0.0012	0.0002	0.0000
	3	0.3917	0.2898	0.1998	0.1260	0.0706	0.0333	0.0121	0.0027	0.0002
	4	0.6836	0.5801	0.4677	0.3529	0.2436	0.1480	0.0738	0.0257	0.0038
	5	0.8976	0.8414	0.7662	0.6706	0.5551	0.4233	0.2834	0.1497	0.0444
	6	0.9848	0.9720	0.9510	0.9176	0.8665	0.7903	0.6794	0.5217	0.3017
8	0	0.0017	0.0007	0.0002	0.0001	0.0000	0.0000	0.0000	0.0000	0.0000
	1	0.0181	0.0085	0.0036	0.0013	0.0004	0.0001	0.0000	0.0000	0.0000
	2	0.0885	0.0498	0.0253	0.0113	0.0042	0.0012	0.0002	0.0000	0.0000
	3	0.2604	0.1737	0.1061	0.0580	0.0273	0.0104	0.0029	0.0004	0.0000
	4	0.5230	0.4059	0.2936	0.1941	0.1138	0.0563	0.0214	0.0050	0.0004
	5	0.7799	0.6846	0.5722	0.4482	0.3215	0.2031	0.1052	0.0381	0.0058
	6	0.9368	0.8936	0.8309	0.7447	0.6329	0.4967	0.3428	0.1869	0.0572
	7	0.9916	0.9832	0.9681	0.9424	0.8999	0.8322	0.7275	0.5695	0.3366

n	x	0.05	0.1	0.15	0.2	0.25	0.3	0.35	0.4	0.45	0.5
9	0	0.6302	0.3874	0.2316	0.1342	0.0751	0.0404	0.0207	0.0101	0.0046	0.0020
	1	0.9288	0.7748	0.5995	0.4362	0.3003	0.1960	0.1211	0.0705	0.0385	0.0195
	2	0.9916	0.9470	0.8591	0.7382	0.6007	0.4628	0.3373	0.2318	0.1495	0.0898
	3	0.9994	0.9917	0.9661	0.9144	0.8343	0.7297	0.6089	0.4826	0.3614	0.2539
	4	1.0000	0.9991	0.9944	0.9804	0.9511	0.9012	0.8283	0.7334	0.6214	0.5000
	5	1.0000	0.9999	0.9994	0.9969	0.9900	0.9747	0.9464	0.9006	0.8342	0.7461
	6	1.0000	1.0000	1.0000	0.9997	0.9987	0.9957	0.9888	0.9750	0.9502	0.9102
	7	1.0000	1.0000	1.0000	1.0000	0.9999	0.9996	0.9986	0.9962	0.9909	0.9805
	8	1.0000	1.0000	1.0000	1.0000	1.0000	1.0000	0.9999	0.9997	0.9992	0.9980
	9	1.0000	1.0000	1.0000	1.0000	1.0000	1.0000	1.0000	1.0000	1.0000	1.0000
10	0	0.5987	0.3487	0.1969	0.1074	0.0563	0.0282	0.0135	0.0060	0.0025	0.0010
	1	0.9139	0.7361	0.5443	0.3758	0.2440	0.1493	0.0860	0.0464	0.0233	0.0107
	2	0.9885	0.9298	0.8202	0.6778	0.5256	0.3828	0.2616	0.1673	0.0996	0.0547
	3	0.9990	0.9872	0.9500	0.8791	0.7759	0.6496	0.5138	0.3823	0.2660	0.1719
	4	0.9999	0.9984	0.9901	0.9672	0.9219	0.8497	0.7515	0.6331	0.5044	0.3770
	5	1.0000	0.9999	0.9986	0.9936	0.9803	0.9527	0.9051	0.8338	0.7384	0.6230
	6	1.0000	1.0000	0.9999	0.9991	0.9965	0.9894	0.9740	0.9452	0.8980	0.8281
	7	1.0000	1.0000	1.0000	0.9999	0.9996	0.9984	0.9952	0.9877	0.9726	0.9453
	8	1.0000	1.0000	1.0000	1.0000	1.0000	0.9999	0.9995	0.9983	0.9955	0.9893
	9	1.0000	1.0000	1.0000	1.0000	1.0000	1.0000	1.0000	0.9999	0.9997	0.9990
15	0	0.4633	0.2059	0.0874	0.0352	0.0134	0.0047	0.0016	0.0005	0.0001	0.0000
	1	0.8290	0.5490	0.3186	0.1671	0.0802	0.0353	0.0142	0.0052	0.0017	0.0005
	2	0.9638	0.8159	0.6042	0.3980	0.2361	0.1268	0.0617	0.0271	0.0107	0.0037
	3	0.9945	0.9444	0.8227	0.6482	0.4613	0.2969	0.1727	0.0905	0.0424	0.0176
	4	0.9994	0.9873	0.9383	0.8358	0.6865	0.5155	0.3519	0.2173	0.1204	0.0592
	5	0.9999	0.9978	0.9832	0.9389	0.8516	0.7216	0.5643	0.4032	0.2608	0.1509
	6	1.0000	0.9997	0.9964	0.9819	0.9434	0.8689	0.7548	0.6098	0.4522	0.3036
	7	1.0000	1.0000	0.9994	0.9958	0.9827	0.9500	0.8868	0.7869	0.6535	0.5000
	8	1.0000	1.0000	0.9999	0.9992	0.9958	0.9848	0.9578	0.9050	0.8182	0.6964
	9	1.0000	1.0000	1.0000	0.9999	0.9992	0.9963	0.9876	0.9662	0.9231	0.8491
	10	1.0000	1.0000	1.0000	1.0000	0.9999	0.9993	0.9972	0.9907	0.9745	0.9408
	11	1.0000	1.0000	1.0000	1.0000	1.0000	0.9999	0.9995	0.9981	0.9937	0.9824
	12	1.0000	1.0000	1.0000	1.0000	1.0000	1.0000	0.9999	0.9997	0.9989	0.9963
	13	1.0000	1.0000	1.0000	1.0000	1.0000	1.0000	1.0000	1.0000	0.9999	0.9995
	14	1.0000	1.0000	1.0000	1.0000	1.0000	1.0000	1.0000	1.0000	1.0000	1.0000
16	0	0.4401	0.1853	0.0743	0.0281	0.0100	0.0033	0.0010	0.0003	0.0001	0.0000
	1	0.8108	0.5147	0.2839	0.1407	0.0635	0.0261	0.0098	0.0033	0.0010	0.0003
	2	0.9571	0.7892	0.5614	0.3518	0.1971	0.0994	0.0451	0.0183	0.0066	0.0021
	3	0.9930	0.9316	0.7899	0.5981	0.4050	0.2459	0.1339	0.0651	0.0281	0.0106
	4	0.9991	0.9830	0.9209	0.7982	0.6302	0.4499	0.2892	0.1666	0.0853	0.0384
	5	0.9999	0.9967	0.9765	0.9183	0.8103	0.6598	0.4900	0.3288	0.1976	0.1051
	6	1.0000	0.9995	0.9944	0.9733	0.9204	0.8247	0.6881	0.5272	0.3660	0.2272
	7	1.0000	0.9999	0.9989	0.9930	0.9729	0.9256	0.8406	0.7161	0.5629	0.4018
	8	1.0000	1.0000	0.9998	0.9985	0.9925	0.9743	0.9329	0.8577	0.7441	0.5982
	9	1.0000	1.0000	1.0000	0.9998	0.9984	0.9929	0.9771	0.9417	0.8759	0.7728
	10	1.0000	1.0000	1.0000	1.0000	0.9997	0.9984	0.9938	0.9809	0.9514	0.8949
	11	1.0000	1.0000	1.0000	1.0000	1.0000	0.9997	0.9987	0.9951	0.9851	0.9616
	12	1.0000	1.0000	1.0000	1.0000	1.0000	1.0000	0.9998	0.9991	0.9965	0.9894
	13	1.0000	1.0000	1.0000	1.0000	1.0000	1.0000	1.0000	0.9999	0.9994	0.9979
	14	1.0000	1.0000	1.0000	1.0000	1.0000	1.0000	1.0000	1.0000	0.9999	0.9997
	15	1.0000	1.0000	1.0000	1.0000	1.0000	1.0000	1.0000	1.0000	1.0000	1.0000

n	x	p								
		0.55	0.6	0.65	0.7	0.75	0.8	0.85	0.9	0.95
9	0	0.0008	0.0003	0.0001	0.0000	0.0000	0.0000	0.0000	0.0000	0.0000
	1	0.0091	0.0038	0.0014	0.0004	0.0001	0.0000	0.0000	0.0000	0.0000
	2	0.0498	0.0250	0.0112	0.0043	0.0013	0.0003	0.0000	0.0000	0.0000
	3	0.1658	0.0994	0.0536	0.0253	0.0100	0.0031	0.0006	0.0001	0.0000
	4	0.3786	0.2666	0.1717	0.0988	0.0489	0.0196	0.0056	0.0009	0.0000
	5	0.6386	0.5174	0.3911	0.2703	0.1657	0.0856	0.0339	0.0083	0.0006
	6	0.8505	0.7682	0.6627	0.5372	0.3993	0.2618	0.1409	0.0530	0.0084
	7	0.9615	0.9295	0.8789	0.8040	0.6997	0.5638	0.4005	0.2252	0.0712
	8	0.9954	0.9899	0.9793	0.9596	0.9249	0.8658	0.7684	0.6126	0.3698
	9	1.0000	1.0000	1.0000	1.0000	1.0000	1.0000	1.0000	1.0000	1.0000
10	0	0.0003	0.0001	0.0000	0.0000	0.0000	0.0000	0.0000	0.0000	0.0000
	1	0.0045	0.0017	0.0005	0.0001	0.0000	0.0000	0.0000	0.0000	0.0000
	2	0.0274	0.0123	0.0048	0.0016	0.0004	0.0001	0.0000	0.0000	0.0000
	3	0.1020	0.0548	0.0260	0.0106	0.0035	0.0009	0.0001	0.0000	0.0000
	4	0.2616	0.1662	0.0949	0.0473	0.0197	0.0064	0.0014	0.0001	0.0000
	5	0.4956	0.3669	0.2485	0.1503	0.0781	0.0328	0.0099	0.0016	0.0001
	6	0.7340	0.6177	0.4862	0.3504	0.2241	0.1209	0.0500	0.0128	0.0010
	7	0.9004	0.8327	0.7384	0.6172	0.4744	0.3222	0.1798	0.0702	0.0115
	8	0.9767	0.9536	0.9140	0.8507	0.7560	0.6242	0.4557	0.2639	0.0861
	9	0.9975	0.9940	0.9865	0.9718	0.9437	0.8926	0.8031	0.6513	0.4013
15	0	0.0000	0.0000	0.0000	0.0000	0.0000	0.0000	0.0000	0.0000	0.0000
	1	0.0001	0.0000	0.0000	0.0000	0.0000	0.0000	0.0000	0.0000	0.0000
	2	0.0011	0.0003	0.0001	0.0000	0.0000	0.0000	0.0000	0.0000	0.0000
	3	0.0063	0.0019	0.0005	0.0001	0.0000	0.0000	0.0000	0.0000	0.0000
	4	0.0255	0.0093	0.0028	0.0007	0.0001	0.0000	0.0000	0.0000	0.0000
	5	0.0769	0.0338	0.0124	0.0037	0.0008	0.0001	0.0000	0.0000	0.0000
	6	0.1818	0.0950	0.0422	0.0152	0.0042	0.0008	0.0001	0.0000	0.0000
	7	0.3465	0.2131	0.1132	0.0500	0.0173	0.0042	0.0006	0.0000	0.0000
	8	0.5478	0.3902	0.2452	0.1311	0.0566	0.0181	0.0036	0.0003	0.0000
	9	0.7392	0.5968	0.4357	0.2784	0.1484	0.0611	0.0168	0.0022	0.0001
	10	0.8796	0.7827	0.6481	0.4845	0.3135	0.1642	0.0617	0.0127	0.0006
	11	0.9576	0.9095	0.8273	0.7031	0.5387	0.3518	0.1773	0.0556	0.0055
	12	0.9893	0.9729	0.9383	0.8732	0.7639	0.6020	0.3958	0.1841	0.0362
	13	0.9983	0.9948	0.9858	0.9647	0.9198	0.8329	0.6814	0.4510	0.1710
	14	0.9999	0.9995	0.9984	0.9953	0.9866	0.9648	0.9126	0.7941	0.5367
16	0	0.0000	0.0000	0.0000	0.0000	0.0000	0.0000	0.0000	0.0000	0.0000
	1	0.0001	0.0000	0.0000	0.0000	0.0000	0.0000	0.0000	0.0000	0.0000
	2	0.0006	0.0001	0.0000	0.0000	0.0000	0.0000	0.0000	0.0000	0.0000
	3	0.0035	0.0009	0.0002	0.0000	0.0000	0.0000	0.0000	0.0000	0.0000
	4	0.0149	0.0049	0.0013	0.0003	0.0000	0.0000	0.0000	0.0000	0.0000
	5	0.0486	0.0191	0.0062	0.0016	0.0003	0.0000	0.0000	0.0000	0.0000
	6	0.1241	0.0583	0.0229	0.0071	0.0016	0.0002	0.0000	0.0000	0.0000
	7	0.2559	0.1423	0.0671	0.0257	0.0075	0.0015	0.0002	0.0000	0.0000
	8	0.4371	0.2839	0.1594	0.0744	0.0271	0.0070	0.0011	0.0001	0.0000
	9	0.6340	0.4728	0.3119	0.1753	0.0796	0.0267	0.0056	0.0005	0.0000
	10	0.8024	0.6712	0.5100	0.3402	0.1897	0.0817	0.0235	0.0033	0.0001
	11	0.9147	0.8334	0.7108	0.5501	0.3698	0.2018	0.0791	0.0170	0.0009
	12	0.9719	0.9349	0.8661	0.7541	0.5950	0.4019	0.2101	0.0684	0.0070
	13	0.9934	0.9817	0.9549	0.9006	0.8029	0.6482	0.4386	0.2108	0.0429
	14	0.9990	0.9967	0.9902	0.9739	0.9365	0.8593	0.7161	0.4853	0.1892
	15	0.9999	0.9997	0.9990	0.9967	0.9900	0.9719	0.9257	0.8147	0.5599

n	x	p 0.05	0.1	0.15	0.2	0.25	0.3	0.35	0.4	0.45	0.5
17	0	0.4181	0.1668	0.0631	0.0225	0.0075	0.0023	0.0007	0.0002	0.0000	0.0000
	1	0.7922	0.4818	0.2525	0.1182	0.0501	0.0193	0.0067	0.0021	0.0006	0.0001
	2	0.9497	0.7618	0.5198	0.3096	0.1637	0.0774	0.0327	0.0123	0.0041	0.0012
	3	0.9912	0.9174	0.7556	0.5489	0.3530	0.2019	0.1028	0.0464	0.0184	0.0064
	4	0.9988	0.9779	0.9013	0.7582	0.5739	0.3887	0.2348	0.1260	0.0596	0.0245
	5	0.9999	0.9953	0.9681	0.8943	0.7653	0.5968	0.4197	0.2639	0.1471	0.0717
	6	1.0000	0.9992	0.9917	0.9623	0.8929	0.7752	0.6188	0.4478	0.2902	0.1662
	7	1.0000	0.9999	0.9983	0.9891	0.9598	0.8954	0.7872	0.6405	0.4743	0.3145
	8	1.0000	1.0000	0.9997	0.9974	0.9876	0.9597	0.9006	0.8011	0.6626	0.5000
	9	1.0000	1.0000	1.0000	0.9995	0.9969	0.9873	0.9617	0.9081	0.8166	0.6855
	10	1.0000	1.0000	1.0000	0.9999	0.9994	0.9968	0.9880	0.9652	0.9174	0.8338
	11	1.0000	1.0000	1.0000	1.0000	0.9999	0.9993	0.9970	0.9894	0.9699	0.9283
	12	1.0000	1.0000	1.0000	1.0000	1.0000	0.9999	0.9994	0.9975	0.9914	0.9755
	13	1.0000	1.0000	1.0000	1.0000	1.0000	1.0000	0.9999	0.9995	0.9981	0.9936
	14	1.0000	1.0000	1.0000	1.0000	1.0000	1.0000	1.0000	0.9999	0.9997	0.9988
	15	1.0000	1.0000	1.0000	1.0000	1.0000	1.0000	1.0000	1.0000	1.0000	0.9999
	16	1.0000	1.0000	1.0000	1.0000	1.0000	1.0000	1.0000	1.0000	1.0000	1.0000
18	0	0.3972	0.1501	0.0536	0.0180	0.0056	0.0016	0.0004	0.0001	0.0000	0.0000
	1	0.7735	0.4503	0.2241	0.0991	0.0395	0.0142	0.0046	0.0013	0.0003	0.0001
	2	0.9419	0.7338	0.4797	0.2713	0.1353	0.0600	0.0236	0.0082	0.0025	0.0007
	3	0.9891	0.9018	0.7202	0.5010	0.3057	0.1646	0.0783	0.0328	0.0120	0.0038
	4	0.9985	0.9718	0.8794	0.7164	0.5187	0.3327	0.1886	0.0942	0.0411	0.0154
	5	0.9998	0.9936	0.9581	0.8671	0.7175	0.5344	0.3550	0.2088	0.1077	0.0481
	6	1.0000	0.9988	0.9882	0.9487	0.8610	0.7217	0.5491	0.3743	0.2258	0.1189
	7	1.0000	0.9998	0.9973	0.9837	0.9431	0.8593	0.7283	0.5634	0.3915	0.2403
	8	1.0000	1.0000	0.9995	0.9957	0.9807	0.9404	0.8609	0.7368	0.5778	0.4073
	9	1.0000	1.0000	0.9999	0.9991	0.9946	0.9790	0.9403	0.8653	0.7473	0.5927
	10	1.0000	1.0000	1.0000	0.9998	0.9988	0.9939	0.9788	0.9424	0.8720	0.7597
	11	1.0000	1.0000	1.0000	1.0000	0.9998	0.9986	0.9938	0.9797	0.9463	0.8811
	12	1.0000	1.0000	1.0000	1.0000	1.0000	0.9997	0.9986	0.9942	0.9817	0.9519
	13	1.0000	1.0000	1.0000	1.0000	1.0000	1.0000	0.9997	0.9987	0.9951	0.9846
	14	1.0000	1.0000	1.0000	1.0000	1.0000	1.0000	1.0000	0.9998	0.9990	0.9962
	15	1.0000	1.0000	1.0000	1.0000	1.0000	1.0000	1.0000	1.0000	0.9999	0.9993
	16	1.0000	1.0000	1.0000	1.0000	1.0000	1.0000	1.0000	1.0000	1.0000	0.9999
	17	1.0000	1.0000	1.0000	1.0000	1.0000	1.0000	1.0000	1.0000	1.0000	1.0000

n	x	0.55	0.6	0.65	0.7	0.75	0.8	0.85	0.9	0.95
17	0	0.0000	0.0000	0.0000	0.0000	0.0000	0.0000	0.0000	0.0000	0.0000
	1	0.0000	0.0000	0.0000	0.0000	0.0000	0.0000	0.0000	0.0000	0.0000
	2	0.0003	0.0001	0.0000	0.0000	0.0000	0.0000	0.0000	0.0000	0.0000
	3	0.0019	0.0005	0.0001	0.0000	0.0000	0.0000	0.0000	0.0000	0.0000
	4	0.0086	0.0025	0.0006	0.0001	0.0000	0.0000	0.0000	0.0000	0.0000
	5	0.0301	0.0106	0.0030	0.0007	0.0001	0.0000	0.0000	0.0000	0.0000
	6	0.0826	0.0348	0.0120	0.0032	0.0006	0.0001	0.0000	0.0000	0.0000
	7	0.1834	0.0919	0.0383	0.0127	0.0031	0.0005	0.0000	0.0000	0.0000
	8	0.3374	0.1989	0.0994	0.0403	0.0124	0.0026	0.0003	0.0000	0.0000
	9	0.5257	0.3595	0.2128	0.1046	0.0402	0.0109	0.0017	0.0001	0.0000
	10	0.7098	0.5522	0.3812	0.2248	0.1071	0.0377	0.0083	0.0008	0.0000
	11	0.8529	0.7361	0.5803	0.4032	0.2347	0.1057	0.0319	0.0047	0.0001
	12	0.9404	0.8740	0.7652	0.6113	0.4261	0.2418	0.0987	0.0221	0.0012
	13	0.9816	0.9536	0.8972	0.7981	0.6470	0.4511	0.2444	0.0826	0.0088
	14	0.9959	0.9877	0.9673	0.9226	0.8363	0.6904	0.4802	0.2382	0.0503
	15	0.9994	0.9979	0.9933	0.9807	0.9499	0.8818	0.7475	0.5182	0.2078
	16	1.0000	0.9998	0.9993	0.9977	0.9925	0.9775	0.9369	0.8332	0.5819
18	0	0.0000	0.0000	0.0000	0.0000	0.0000	0.0000	0.0000	0.0000	0.0000
	1	0.0000	0.0000	0.0000	0.0000	0.0000	0.0000	0.0000	0.0000	0.0000
	2	0.0001	0.0000	0.0000	0.0000	0.0000	0.0000	0.0000	0.0000	0.0000
	3	0.0010	0.0002	0.0000	0.0000	0.0000	0.0000	0.0000	0.0000	0.0000
	4	0.0049	0.0013	0.0003	0.0000	0.0000	0.0000	0.0000	0.0000	0.0000
	5	0.0183	0.0058	0.0014	0.0003	0.0000	0.0000	0.0000	0.0000	0.0000
	6	0.0537	0.0203	0.0062	0.0014	0.0002	0.0000	0.0000	0.0000	0.0000
	7	0.1280	0.0576	0.0212	0.0061	0.0012	0.0002	0.0000	0.0000	0.0000
	8	0.2527	0.1347	0.0597	0.0210	0.0054	0.0009	0.0001	0.0000	0.0000
	9	0.4222	0.2632	0.1391	0.0596	0.0193	0.0043	0.0005	0.0000	0.0000
	10	0.6085	0.4366	0.2717	0.1407	0.0569	0.0163	0.0027	0.0002	0.0000
	11	0.7742	0.6257	0.4509	0.2783	0.1390	0.0513	0.0118	0.0012	0.0000
	12	0.8923	0.7912	0.6450	0.4656	0.2825	0.1329	0.0419	0.0064	0.0002
	13	0.9589	0.9058	0.8114	0.6673	0.4813	0.2836	0.1206	0.0282	0.0015
	14	0.9880	0.9672	0.9217	0.8354	0.6943	0.4990	0.2798	0.0982	0.0109
	15	0.9975	0.9918	0.9764	0.9400	0.8647	0.7287	0.5203	0.2662	0.0581
	16	0.9997	0.9987	0.9954	0.9858	0.9605	0.9009	0.7759	0.5497	0.2265
	17	1.0000	0.9999	0.9996	0.9984	0.9944	0.9820	0.9464	0.8499	0.6028

n	x	p 0.05	0.1	0.15	0.2	0.25	0.3	0.35	0.4	0.45	0.5
19	0	0.3774	0.1351	0.0456	0.0144	0.0042	0.0011	0.0003	0.0001	0.0000	0.0000
	1	0.7547	0.4203	0.1985	0.0829	0.0310	0.0104	0.0031	0.0008	0.0002	0.0000
	2	0.9335	0.7054	0.4413	0.2369	0.1113	0.0462	0.0170	0.0055	0.0015	0.0004
	3	0.9868	0.8850	0.6841	0.4551	0.2631	0.1332	0.0591	0.0230	0.0077	0.0022
	4	0.9980	0.9648	0.8556	0.6733	0.4654	0.2822	0.1500	0.0696	0.0280	0.0096
	5	0.9998	0.9914	0.9463	0.8369	0.6678	0.4739	0.2968	0.1629	0.0777	0.0318
	6	1.0000	0.9983	0.9837	0.9324	0.8251	0.6655	0.4812	0.3081	0.1727	0.0835
	7	1.0000	0.9997	0.9959	0.9767	0.9225	0.8180	0.6656	0.4878	0.3169	0.1796
	8	1.0000	1.0000	0.9992	0.9933	0.9713	0.9161	0.8145	0.6675	0.4940	0.3238
	9	1.0000	1.0000	0.9999	0.9984	0.9911	0.9674	0.9125	0.8139	0.6710	0.5000
	10	1.0000	1.0000	1.0000	0.9997	0.9977	0.9895	0.9653	0.9115	0.8159	0.6762
	11	1.0000	1.0000	1.0000	1.0000	0.9995	0.9972	0.9886	0.9648	0.9129	0.8204
	12	1.0000	1.0000	1.0000	1.0000	0.9999	0.9994	0.9969	0.9884	0.9658	0.9165
	13	1.0000	1.0000	1.0000	1.0000	1.0000	0.9999	0.9993	0.9969	0.9891	0.9682
	14	1.0000	1.0000	1.0000	1.0000	1.0000	1.0000	0.9999	0.9994	0.9972	0.9904
	15	1.0000	1.0000	1.0000	1.0000	1.0000	1.0000	1.0000	0.9999	0.9995	0.9978
	16	1.0000	1.0000	1.0000	1.0000	1.0000	1.0000	1.0000	1.0000	0.9999	0.9996
	17	1.0000	1.0000	1.0000	1.0000	1.0000	1.0000	1.0000	1.0000	1.0000	1.0000
	18	1.0000	1.0000	1.0000	1.0000	1.0000	1.0000	1.0000	1.0000	1.0000	1.0000
20	0	0.3585	0.1216	0.0388	0.0115	0.0032	0.0008	0.0002	0.0000	0.0000	0.0000
	1	0.7358	0.3917	0.1756	0.0692	0.0243	0.0076	0.0021	0.0005	0.0001	0.0000
	2	0.9245	0.6769	0.4049	0.2061	0.0913	0.0355	0.0121	0.0036	0.0009	0.0002
	3	0.9841	0.8670	0.6477	0.4114	0.2252	0.1071	0.0444	0.0160	0.0049	0.0013
	4	0.9974	0.9568	0.8298	0.6296	0.4148	0.2375	0.1182	0.0510	0.0189	0.0059
	5	0.9997	0.9887	0.9327	0.8042	0.6172	0.4164	0.2454	0.1256	0.0553	0.0207
	6	1.0000	0.9976	0.9781	0.9133	0.7858	0.6080	0.4166	0.2500	0.1299	0.0577
	7	1.0000	0.9996	0.9941	0.9679	0.8982	0.7723	0.6010	0.4159	0.2520	0.1316
	8	1.0000	0.9999	0.9987	0.9900	0.9591	0.8867	0.7624	0.5956	0.4143	0.2517
	9	1.0000	1.0000	0.9998	0.9974	0.9861	0.9520	0.8782	0.7553	0.5914	0.4119
	10	1.0000	1.0000	1.0000	0.9994	0.9961	0.9829	0.9468	0.8725	0.7507	0.5881
	11	1.0000	1.0000	1.0000	0.9999	0.9991	0.9949	0.9804	0.9435	0.8692	0.7483
	12	1.0000	1.0000	1.0000	1.0000	0.9998	0.9987	0.9940	0.9790	0.9420	0.8684
	13	1.0000	1.0000	1.0000	1.0000	1.0000	0.9997	0.9985	0.9935	0.9786	0.9423
	14	1.0000	1.0000	1.0000	1.0000	1.0000	1.0000	0.9997	0.9984	0.9936	0.9793
	15	1.0000	1.0000	1.0000	1.0000	1.0000	1.0000	1.0000	0.9997	0.9985	0.9941
	16	1.0000	1.0000	1.0000	1.0000	1.0000	1.0000	1.0000	1.0000	0.9997	0.9987
	17	1.0000	1.0000	1.0000	1.0000	1.0000	1.0000	1.0000	1.0000	1.0000	0.9998
	18	1.0000	1.0000	1.0000	1.0000	1.0000	1.0000	1.0000	1.0000	1.0000	1.0000
	19	1.0000	1.0000	1.0000	1.0000	1.0000	1.0000	1.0000	1.0000	1.0000	1.0000
	20	1.0000	1.0000	1.0000	1.0000	1.0000	1.0000	1.0000	1.0000	1.0000	1.0000

n	x	p								
		0.55	0.6	0.65	0.7	0.75	0.8	0.85	0.9	0.95
19	0	0.0000	0.0000	0.0000	0.0000	0.0000	0.0000	0.0000	0.0000	0.0000
	1	0.0000	0.0000	0.0000	0.0000	0.0000	0.0000	0.0000	0.0000	0.0000
	2	0.0001	0.0000	0.0000	0.0000	0.0000	0.0000	0.0000	0.0000	0.0000
	3	0.0005	0.0001	0.0000	0.0000	0.0000	0.0000	0.0000	0.0000	0.0000
	4	0.0028	0.0006	0.0001	0.0000	0.0000	0.0000	0.0000	0.0000	0.0000
	5	0.0109	0.0031	0.0007	0.0001	0.0000	0.0000	0.0000	0.0000	0.0000
	6	0.0342	0.0116	0.0031	0.0006	0.0001	0.0000	0.0000	0.0000	0.0000
	7	0.0871	0.0352	0.0114	0.0028	0.0005	0.0000	0.0000	0.0000	0.0000
	8	0.1841	0.0885	0.0347	0.0105	0.0023	0.0003	0.0000	0.0000	0.0000
	9	0.3290	0.1861	0.0875	0.0326	0.0089	0.0016	0.0001	0.0000	0.0000
	10	0.5060	0.3325	0.1855	0.0839	0.0287	0.0067	0.0008	0.0000	0.0000
	11	0.6831	0.5122	0.3344	0.1820	0.0775	0.0233	0.0041	0.0003	0.0000
	12	0.8273	0.6919	0.5188	0.3345	0.1749	0.0676	0.0163	0.0017	0.0000
	13	0.9223	0.8371	0.7032	0.5261	0.3322	0.1631	0.0537	0.0086	0.0002
	14	0.9720	0.9304	0.8500	0.7178	0.5346	0.3267	0.1444	0.0352	0.0020
	15	0.9923	0.9770	0.9409	0.8668	0.7369	0.5449	0.3159	0.1150	0.0132
	16	0.9985	0.9945	0.9830	0.9538	0.8887	0.7631	0.5587	0.2946	0.0665
	17	0.9998	0.9992	0.9969	0.9896	0.9690	0.9171	0.8015	0.5797	0.2453
	18	1.0000	0.9999	0.9997	0.9989	0.9958	0.9856	0.9544	0.8649	0.6226
20	0	0.0000	0.0000	0.0000	0.0000	0.0000	0.0000	0.0000	0.0000	0.0000
	1	0.0000	0.0000	0.0000	0.0000	0.0000	0.0000	0.0000	0.0000	0.0000
	2	0.0000	0.0000	0.0000	0.0000	0.0000	0.0000	0.0000	0.0000	0.0000
	3	0.0003	0.0000	0.0000	0.0000	0.0000	0.0000	0.0000	0.0000	0.0000
	4	0.0015	0.0003	0.0000	0.0000	0.0000	0.0000	0.0000	0.0000	0.0000
	5	0.0064	0.0016	0.0003	0.0000	0.0000	0.0000	0.0000	0.0000	0.0000
	6	0.0214	0.0065	0.0015	0.0003	0.0000	0.0000	0.0000	0.0000	0.0000
	7	0.0580	0.0210	0.0060	0.0013	0.0002	0.0000	0.0000	0.0000	0.0000
	8	0.1308	0.0565	0.0196	0.0051	0.0009	0.0001	0.0000	0.0000	0.0000
	9	0.2493	0.1275	0.0532	0.0171	0.0039	0.0006	0.0000	0.0000	0.0000
	10	0.4086	0.2447	0.1218	0.0480	0.0139	0.0026	0.0002	0.0000	0.0000
	11	0.5857	0.4044	0.2376	0.1133	0.0409	0.0100	0.0013	0.0001	0.0000
	12	0.7480	0.5841	0.3990	0.2277	0.1018	0.0321	0.0059	0.0004	0.0000
	13	0.8701	0.7500	0.5834	0.3920	0.2142	0.0867	0.0219	0.0024	0.0000
	14	0.9447	0.8744	0.7546	0.5836	0.3828	0.1958	0.0673	0.0113	0.0003
	15	0.9811	0.9490	0.8818	0.7625	0.5852	0.3704	0.1702	0.0432	0.0026
	16	0.9951	0.9840	0.9556	0.8929	0.7748	0.5886	0.3523	0.1330	0.0159
	17	0.9991	0.9964	0.9879	0.9645	0.9087	0.7939	0.5951	0.3231	0.0755
	18	0.9999	0.9995	0.9979	0.9924	0.9757	0.9308	0.8244	0.6083	0.2642
	19	1.0000	1.0000	0.9998	0.9992	0.9968	0.9885	0.9612	0.8784	0.6415
	20	1.0000	1.0000	1.0000	1.0000	1.0000	1.0000	1.0000	1.0000	1.0000

표 2. 누적 프와송 분포 표

$$P(X \leq r) = \sum_{k=0}^{r} \frac{\lambda^k}{k!} e^{-\lambda} = e^{-\lambda} \sum_{k=0}^{r} \frac{\lambda^k}{k!}$$

x	μ									
	0.10	0.20	0.30	0.40	0.50	0.60	0.70	0.80	0.90	1.00
0	0.905	0.819	0.741	0.670	0.607	0.549	0.497	0.449	0.407	0.368
1	0.995	0.982	0.963	0.938	0.910	0.878	0.844	0.809	0.772	0.736
2	1.000	0.999	0.996	0.992	0.986	0.977	0.966	0.953	0.937	0.920
3	1.000	1.000	1.000	0.999	0.998	0.997	0.994	0.991	0.987	0.981
4	1.000	1.000	1.000	1.000	1.000	1.000	0.999	0.999	0.998	0.996
5	1.000	1.000	1.000	1.000	1.000	1.000	1.000	1.000	1.000	0.999
6	1.000	1.000	1.000	1.000	1.000	1.000	1.000	1.000	1.000	1.000
7	1.000	1.000	1.000	1.000	1.000	1.000	1.000	1.000	1.000	1.000

x	μ									
	1.10	1.20	1.30	1.40	1.50	1.60	1.70	1.80	1.90	2.00
0	0.333	0.301	0.273	0.247	0.223	0.202	0.183	0.165	0.150	0.135
1	0.699	0.663	0.627	0.592	0.558	0.525	0.493	0.463	0.434	0.406
2	0.900	0.879	0.857	0.833	0.809	0.783	0.757	0.731	0.704	0.677
3	0.974	0.966	0.957	0.946	0.934	0.921	0.907	0.891	0.875	0.857
4	0.995	0.992	0.989	0.986	0.981	0.976	0.970	0.964	0.956	0.947
5	0.999	0.998	0.998	0.997	0.996	0.994	0.992	0.990	0.987	0.983
6	1.000	1.000	1.000	0.999	0.999	0.999	0.998	0.997	0.997	0.995
7	1.000	1.000	1.000	1.000	1.000	1.000	1.000	0.999	0.999	0.999
8	1.000	1.000	1.000	1.000	1.000	1.000	1.000	1.000	1.000	1.000
9	1.000	1.000	1.000	1.000	1.000	1.000	1.000	1.000	1.000	1.000

x	μ									
	2.10	2.20	2.30	2.40	2.50	2.60	2.70	2.80	2.90	3.00
0	0.122	0.111	0.100	0.091	0.082	0.074	0.067	0.061	0.055	0.050
1	0.380	0.355	0.331	0.308	0.287	0.267	0.249	0.231	0.215	0.199
2	0.650	0.623	0.596	0.570	0.544	0.518	0.494	0.469	0.446	0.423
3	0.839	0.819	0.799	0.779	0.758	0.736	0.714	0.692	0.670	0.647
4	0.938	0.928	0.916	0.904	0.891	0.877	0.863	0.848	0.832	0.815
5	0.980	0.975	0.970	0.964	0.958	0.951	0.943	0.935	0.926	0.916
6	0.994	0.993	0.991	0.988	0.986	0.983	0.979	0.976	0.971	0.966
7	0.999	0.998	0.997	0.997	0.996	0.995	0.993	0.992	0.990	0.988
8	1.000	1.000	0.999	0.999	0.999	0.999	0.998	0.998	0.997	0.996
9	1.000	1.000	1.000	1.000	1.000	1.000	0.999	0.999	0.999	0.999
10	1.000	1.000	1.000	1.000	1.000	1.000	1.000	1.000	1.000	1.000
11	1.000	1.000	1.000	1.000	1.000	1.000	1.000	1.000	1.000	1.000
12	1.000	1.000	1.000	1.000	1.000	1.000	1.000	1.000	1.000	1.000

x	μ									
	3.10	3.20	3.30	3.40	3.50	3.60	3.70	3.80	3.90	4.00
0	0.045	0.041	0.037	0.033	0.030	0.027	0.025	0.022	0.020	0.018
1	0.185	0.171	0.159	0.147	0.136	0.126	0.116	0.107	0.099	0.092
2	0.401	0.380	0.359	0.340	0.321	0.303	0.285	0.269	0.253	0.238
3	0.625	0.603	0.580	0.558	0.537	0.515	0.494	0.473	0.453	0.433
4	0.798	0.781	0.763	0.744	0.725	0.706	0.687	0.668	0.648	0.629
5	0.906	0.895	0.883	0.871	0.858	0.844	0.830	0.816	0.801	0.785
6	0.961	0.955	0.949	0.942	0.935	0.927	0.918	0.909	0.899	0.889
7	0.986	0.983	0.980	0.977	0.973	0.969	0.965	0.960	0.955	0.949
8	0.995	0.994	0.993	0.992	0.990	0.988	0.986	0.984	0.981	0.979
9	0.999	0.998	0.998	0.997	0.997	0.996	0.995	0.994	0.993	0.992
10	1.000	1.000	0.999	0.999	0.999	0.999	0.998	0.998	0.998	0.997
11	1.000	1.000	1.000	1.000	1.000	1.000	1.000	0.999	0.999	0.999
12	1.000	1.000	1.000	1.000	1.000	1.000	1.000	1.000	1.000	1.000
13	1.000	1.000	1.000	1.000	1.000	1.000	1.000	1.000	1.000	1.000
14	1.000	1.000	1.000	1.000	1.000	1.000	1.000	1.000	1.000	1.000

x	μ									
	4.50	5.00	5.50	6.00	6.50	7.00	7.50	8.00	8.50	9.00
0	0.011	0.007	0.004	0.002	0.002	0.001	0.001	0.000	0.000	0.000
1	0.061	0.040	0.027	0.017	0.011	0.007	0.005	0.003	0.002	0.001
2	0.174	0.125	0.088	0.062	0.043	0.030	0.020	0.014	0.009	0.006
3	0.342	0.265	0.202	0.151	0.112	0.082	0.059	0.042	0.030	0.021
4	0.532	0.440	0.358	0.285	0.224	0.173	0.132	0.100	0.074	0.055
5	0.703	0.616	0.529	0.446	0.369	0.301	0.241	0.191	0.150	0.116
6	0.831	0.762	0.686	0.606	0.527	0.450	0.378	0.313	0.256	0.207
7	0.913	0.867	0.809	0.744	0.673	0.599	0.525	0.453	0.386	0.324
8	0.960	0.932	0.894	0.847	0.792	0.729	0.662	0.593	0.523	0.456
9	0.983	0.968	0.946	0.916	0.877	0.830	0.776	0.717	0.653	0.587
10	0.993	0.986	0.975	0.957	0.933	0.901	0.862	0.816	0.763	0.706
11	0.998	0.995	0.989	0.980	0.966	0.947	0.921	0.888	0.849	0.803
12	0.999	0.998	0.996	0.991	0.984	0.973	0.957	0.936	0.909	0.876
13	1.000	0.999	0.998	0.996	0.993	0.987	0.978	0.966	0.949	0.926
14	1.000	1.000	0.999	0.999	0.997	0.994	0.990	0.983	0.973	0.959
15	1.000	1.000	1.000	0.999	0.999	0.998	0.995	0.992	0.986	0.978
16	1.000	1.000	1.000	1.000	1.000	0.999	0.998	0.996	0.993	0.989
17	1.000	1.000	1.000	1.000	1.000	1.000	0.999	0.998	0.997	0.995
18	1.000	1.000	1.000	1.000	1.000	1.000	1.000	0.999	0.999	0.998
19	1.000	1.000	1.000	1.000	1.000	1.000	1.000	1.000	0.999	0.999
20	1.000	1.000	1.000	1.000	1.000	1.000	1.000	1.000	1.000	1.000
21	1.000	1.000	1.000	1.000	1.000	1.000	1.000	1.000	1.000	1.000
22	1.000	1.000	1.000	1.000	1.000	1.000	1.000	1.000	1.000	1.000

표 3. 표준 정규 분포 표

$$P(0 \leq Z \leq z) = \int_0^z \frac{1}{\sqrt{2\pi}} e^{-x^2/2} dx$$

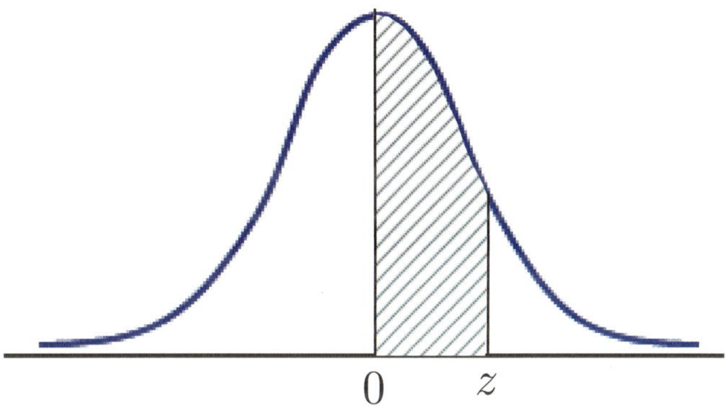

z	p									
	0.00	0.01	0.02	0.03	0.04	0.05	0.06	0.07	0.08	0.09
0.0	0.0000	0.0040	0.0080	0.0120	0.0160	0.0199	0.0239	0.0279	0.0319	0.0359
0.1	0.0398	0.0438	0.0478	0.0517	0.0557	0.0596	0.0636	0.0675	0.0714	0.0753
0.2	0.0793	0.0832	0.0871	0.0910	0.0948	0.0987	0.1026	0.1064	0.1103	0.1141
0.3	0.1179	0.1217	0.1255	0.1293	0.1331	0.1368	0.1406	0.1443	0.1480	0.1517
0.4	0.1554	0.1591	0.1628	0.1664	0.1700	0.1736	0.1772	0.1808	0.1844	0.1879
0.5	0.1915	0.1950	0.1985	0.2019	0.2054	0.2088	0.2123	0.2157	0.2190	0.2224
0.6	0.2257	0.2291	0.2324	0.2357	0.2389	0.2422	0.2454	0.2486	0.2517	0.2549
0.7	0.2580	0.2611	0.2642	0.2673	0.2704	0.2734	0.2764	0.2794	0.2823	0.2852
0.8	0.2881	0.2910	0.2939	0.2967	0.2995	0.3023	0.3051	0.3078	0.3106	0.3133
0.9	0.3159	0.3186	0.3212	0.3238	0.3264	0.3289	0.3315	0.3340	0.3365	0.3389
1.0	0.3413	0.3438	0.3461	0.3485	0.3508	0.3531	0.3554	0.3577	0.3599	0.3621
1.1	0.3643	0.3665	0.3686	0.3708	0.3729	0.3749	0.3770	0.3790	0.3810	0.3830
1.2	0.3849	0.3869	0.3888	0.3907	0.3925	0.3944	0.3962	0.3980	0.3997	0.4015
1.3	0.4032	0.4049	0.4066	0.4082	0.4099	0.4115	0.4131	0.4147	0.4162	0.4177
1.4	0.4192	0.4207	0.4222	0.4236	0.4251	0.4265	0.4279	0.4292	0.4306	0.4319
1.5	0.4332	0.4345	0.4357	0.4370	0.4382	0.4394	0.4406	0.4418	0.4429	0.4441
1.6	0.4452	0.4463	0.4474	0.4484	0.4495	0.4505	0.4515	0.4525	0.4535	0.4545
1.7	0.4554	0.4564	0.4573	0.4582	0.4591	0.4599	0.4608	0.4616	0.4625	0.4633
1.8	0.4641	0.4649	0.4656	0.4664	0.4671	0.4678	0.4686	0.4693	0.4699	0.4706
1.9	0.4713	0.4719	0.4726	0.4732	0.4738	0.4744	0.4750	0.4756	0.4761	0.4767
2.0	0.4772	0.4778	0.4783	0.4788	0.4793	0.4798	0.4803	0.4808	0.4812	0.4817
2.1	0.4821	0.4826	0.4830	0.4834	0.4838	0.4842	0.4846	0.4850	0.4854	0.4857
2.2	0.4861	0.4864	0.4868	0.4871	0.4875	0.4878	0.4881	0.4884	0.4887	0.4890
2.3	0.4893	0.4896	0.4898	0.4901	0.4904	0.4906	0.4909	0.4911	0.4913	0.4916
2.4	0.4918	0.4920	0.4922	0.4925	0.4927	0.4929	0.4931	0.4932	0.4934	0.4936
2.5	0.4938	0.4940	0.4941	0.4943	0.4945	0.4946	0.4948	0.4949	0.4951	0.4952
2.6	0.4953	0.4955	0.4956	0.4957	0.4959	0.4960	0.4961	0.4962	0.4963	0.4964
2.7	0.4965	0.4966	0.4967	0.4968	0.4969	0.4970	0.4971	0.4972	0.4973	0.4974
2.8	0.4974	0.4975	0.4976	0.4977	0.4977	0.4978	0.4979	0.4979	0.4980	0.4981
2.9	0.4981	0.4982	0.4982	0.4983	0.4984	0.4984	0.4985	0.4985	0.4986	0.4986
3.0	0.4987	0.4987	0.4987	0.4988	0.4988	0.4989	0.4989	0.4989	0.4990	0.4990
3.1	0.4990	0.4991	0.4991	0.4991	0.4992	0.4992	0.4992	0.4992	0.4993	0.4993
3.2	0.4993	0.4993	0.4994	0.4994	0.4994	0.4994	0.4994	0.4995	0.4995	0.4995
3.3	0.4995	0.4995	0.4995	0.4996	0.4996	0.4996	0.4996	0.4996	0.4996	0.4997
3.4	0.4997	0.4997	0.4997	0.4997	0.4997	0.4997	0.4997	0.4997	0.4997	0.4998
3.5	0.4998	0.4998	0.4998	0.4998	0.4998	0.4998	0.4998	0.4998	0.4998	0.4998

표 4. 카이제곱 분포 표

자유도 n 일 때,

$$P(\chi_\alpha^2(n) \leq V) = \alpha$$

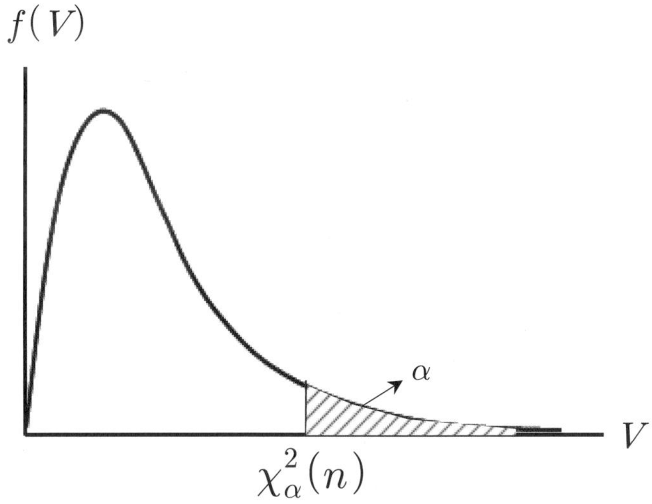

자유도 (df)	α					
	0.995	0.99	0.975	0.95	0.9	0.75
1	0.00	0.00	0.00	0.00	0.02	0.10
2	0.01	0.02	0.05	0.10	0.21	0.58
3	0.07	0.11	0.22	0.35	0.58	1.21
4	0.21	0.30	0.48	0.71	1.06	1.92
5	0.41	0.55	0.83	1.15	1.61	2.67
6	0.68	0.87	1.24	1.64	2.20	3.45
7	0.99	1.24	1.69	2.17	2.83	4.25
8	1.34	1.65	2.18	2.73	3.49	5.07
9	1.73	2.09	2.70	3.33	4.17	5.90
10	2.16	2.56	3.25	3.94	4.87	6.74
11	2.60	3.05	3.82	4.57	5.58	7.58
12	3.07	3.57	4.40	5.23	6.30	8.44
13	3.57	4.11	5.01	5.89	7.04	9.30
14	4.07	4.66	5.63	6.57	7.79	10.17
15	4.60	5.23	6.26	7.26	8.55	11.04
16	5.14	5.81	6.91	7.96	9.31	11.91
17	5.70	6.41	7.56	8.67	10.09	12.79
18	6.26	7.01	8.23	9.39	10.86	13.68
19	6.84	7.63	8.91	10.12	11.65	14.56
20	7.43	8.26	9.59	10.85	12.44	15.45
21	8.03	8.90	10.28	11.59	13.24	16.34
22	8.64	9.54	10.98	12.34	14.04	17.24
23	9.26	10.20	11.69	13.09	14.85	18.14
24	9.89	10.86	12.40	13.85	15.66	19.04
25	10.52	11.52	13.12	14.61	16.47	19.94
26	11.16	12.20	13.84	15.38	17.29	20.84
27	11.81	12.88	14.57	16.15	18.11	21.75
28	12.46	13.56	15.31	16.93	18.94	22.66
29	13.12	14.26	16.05	17.71	19.77	23.57
30	13.79	14.95	16.79	18.49	20.60	24.48
31	14.46	15.66	17.54	19.28	21.43	25.39
32	15.13	16.36	18.29	20.07	22.27	26.30
33	15.82	17.07	19.05	20.87	23.11	27.22
34	16.50	17.79	19.81	21.66	23.95	28.14
35	17.19	18.51	20.57	22.47	24.80	29.05
36	17.89	19.23	21.34	23.27	25.64	29.97
37	18.59	19.96	22.11	24.07	26.49	30.89
38	19.29	20.69	22.88	24.88	27.34	31.81
39	20.00	21.43	23.65	25.70	28.20	32.74
40	20.71	22.16	24.43	26.51	29.05	33.66

자유도 (df)	α				
	0.5	0.25	0.2	0.15	0.1
1	0.45	1.32	1.64	2.07	2.71
2	1.39	2.77	3.22	3.79	4.61
3	2.37	4.11	4.64	5.32	6.25
4	3.36	5.39	5.99	6.74	7.78
5	4.35	6.63	7.29	8.12	9.24
6	5.35	7.84	8.56	9.45	10.64
7	6.35	9.04	9.80	10.75	12.02
8	7.34	10.22	11.03	12.03	13.36
9	8.34	11.39	12.24	13.29	14.68
10	9.34	12.55	13.44	14.53	15.99
11	10.34	13.70	14.63	15.77	17.28
12	11.34	14.85	15.81	16.99	18.55
13	12.34	15.98	16.98	18.20	19.81
14	13.34	17.12	18.15	19.41	21.06
15	14.34	18.25	19.31	20.60	22.31
16	15.34	19.37	20.47	21.79	23.54
17	16.34	20.49	21.61	22.98	24.77
18	17.34	21.60	22.76	24.16	25.99
19	18.34	22.72	23.90	25.33	27.20
20	19.34	23.83	25.04	26.50	28.41
21	20.34	24.93	26.17	27.66	29.62
22	21.34	26.04	27.30	28.82	30.81
23	22.34	27.14	28.43	29.98	32.01
24	23.34	28.24	29.55	31.13	33.20
25	24.34	29.34	30.68	32.28	34.38
26	25.34	30.43	31.79	33.43	35.56
27	26.34	31.53	32.91	34.57	36.74
28	27.34	32.62	34.03	35.71	37.92
29	28.34	33.71	35.14	36.85	39.09
30	29.34	34.80	36.25	37.99	40.26
31	30.34	35.89	37.36	39.12	41.42
32	31.34	36.97	38.47	40.26	42.58
33	32.34	38.06	39.57	41.39	43.75
34	33.34	39.14	40.68	42.51	44.90
35	34.34	40.22	41.78	43.64	46.06
36	35.34	41.30	42.88	44.76	47.21
37	36.34	42.38	43.98	45.89	48.36
38	37.34	43.46	45.08	47.01	49.51
39	38.34	44.54	46.17	48.13	50.66
40	39.34	45.62	47.27	49.24	51.81

자유도 (df)	α				
	0.05	0.025	0.02	0.01	0.005
1	3.84	5.02	5.41	6.63	7.88
2	5.99	7.38	7.82	9.21	10.60
3	7.81	9.35	9.84	11.34	12.84
4	9.49	11.14	11.67	13.28	14.86
5	11.07	12.83	13.39	15.09	16.75
6	12.59	14.45	15.03	16.81	18.55
7	14.07	16.01	16.62	18.48	20.28
8	15.51	17.53	18.17	20.09	21.95
9	16.92	19.02	19.68	21.67	23.59
10	18.31	20.48	21.16	23.21	25.19
11	19.68	21.92	22.62	24.72	26.76
12	21.03	23.34	24.05	26.22	28.30
13	22.36	24.74	25.47	27.69	29.82
14	23.68	26.12	26.87	29.14	31.32
15	25.00	27.49	28.26	30.58	32.80
16	26.30	28.85	29.63	32.00	34.27
17	27.59	30.19	31.00	33.41	35.72
18	28.87	31.53	32.35	34.81	37.16
19	30.14	32.85	33.69	36.19	38.58
20	31.41	34.17	35.02	37.57	40.00
21	32.67	35.48	36.34	38.93	41.40
22	33.92	36.78	37.66	40.29	42.80
23	35.17	38.08	38.97	41.64	44.18
24	36.42	39.36	40.27	42.98	45.56
25	37.65	40.65	41.57	44.31	46.93
26	38.89	41.92	42.86	45.64	48.29
27	40.11	43.19	44.14	46.96	49.64
28	41.34	44.46	45.42	48.28	50.99
29	42.56	45.72	46.69	49.59	52.34
30	43.77	46.98	47.96	50.89	53.67
31	44.99	48.23	49.23	52.19	55.00
32	46.19	49.48	50.49	53.49	56.33
33	47.40	50.73	51.74	54.78	57.65
34	48.60	51.97	53.00	56.06	58.96
35	49.80	53.20	54.24	57.34	60.27
36	51.00	54.44	55.49	58.62	61.58
37	52.19	55.67	56.73	59.89	62.88
38	53.38	56.90	57.97	61.16	64.18
39	54.57	58.12	59.20	62.43	65.48
40	55.76	59.34	60.44	63.69	66.77

표 5. t 분포 표

자유도 n 일 때,

$$P(t_{\alpha}(n) \leq V) = \alpha$$

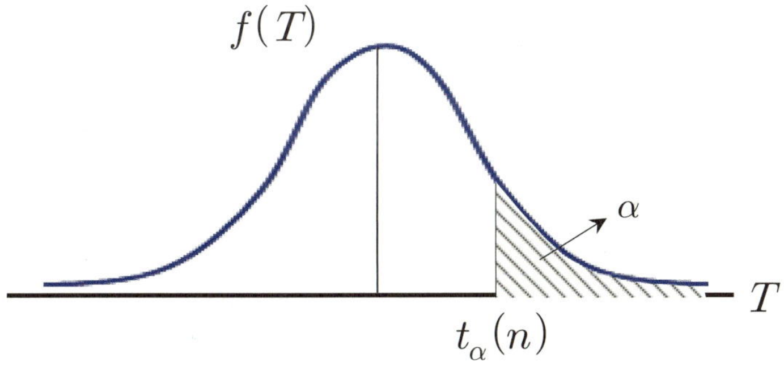

자유도	α				
(df)	0.25	0.2	0.15	0.05	0.025
1	1.000	1.376	1.963	6.314	12.706
2	0.816	1.061	1.386	2.920	4.303
3	0.765	0.978	1.250	2.353	3.182
4	0.741	0.941	1.190	2.132	2.776
5	0.727	0.920	1.156	2.015	2.571
6	0.718	0.906	1.134	1.943	2.447
7	0.711	0.896	1.119	1.895	2.365
8	0.706	0.889	1.108	1.860	2.306
9	0.703	0.883	1.100	1.833	2.262
10	0.700	0.879	1.093	1.812	2.228
11	0.697	0.876	1.088	1.796	2.201
12	0.695	0.873	1.083	1.782	2.179
13	0.694	0.870	1.079	1.771	2.160
14	0.692	0.868	1.076	1.761	2.145
15	0.691	0.866	1.074	1.753	2.131
16	0.690	0.865	1.071	1.746	2.120
17	0.689	0.863	1.069	1.740	2.110
18	0.688	0.862	1.067	1.734	2.101
19	0.688	0.861	1.066	1.729	2.093
20	0.687	0.860	1.064	1.725	2.086
21	0.686	0.859	1.063	1.721	2.080
22	0.686	0.858	1.061	1.717	2.074
23	0.685	0.858	1.060	1.714	2.069
24	0.685	0.857	1.059	1.711	2.064
25	0.684	0.856	1.058	1.708	2.060
26	0.684	0.856	1.058	1.706	2.056
27	0.684	0.855	1.057	1.703	2.052
28	0.683	0.855	1.056	1.701	2.048
29	0.683	0.854	1.055	1.699	2.045
30	0.683	0.854	1.055	1.697	2.042
31	0.682	0.853	1.054	1.696	2.040
32	0.682	0.853	1.054	1.694	2.037
33	0.682	0.853	1.053	1.692	2.035
34	0.682	0.852	1.052	1.691	2.032
35	0.682	0.852	1.052	1.690	2.030
36	0.681	0.852	1.052	1.688	2.028
37	0.681	0.851	1.051	1.687	2.026
38	0.681	0.851	1.051	1.686	2.024
39	0.681	0.851	1.050	1.685	2.023
40	0.681	0.851	1.050	1.684	2.021
50	0.679	0.849	1.047	1.676	2.009
60	0.679	0.848	1.045	1.671	2.000
80	0.678	0.846	1.043	1.664	1.990
100	0.677	0.845	1.042	1.660	1.984
1000	0.675	0.842	1.037	1.646	1.962
999999	0.674	0.842	1.036	1.645	1.960

자유도 (df)	α				
	0.02	0.01	0.005	0.0025	0.001
1	15.895	31.821	63.657	127.321	318.309
2	4.849	6.965	9.925	14.089	22.327
3	3.482	4.541	5.841	7.453	10.215
4	2.999	3.747	4.604	5.598	7.173
5	2.757	3.365	4.032	4.773	5.893
6	2.612	3.143	3.707	4.317	5.208
7	2.517	2.998	3.499	4.029	4.785
8	2.449	2.896	3.355	3.833	4.501
9	2.398	2.821	3.250	3.690	4.297
10	2.359	2.764	3.169	3.581	4.144
11	2.328	2.718	3.106	3.497	4.025
12	2.303	2.681	3.055	3.428	3.930
13	2.282	2.650	3.012	3.372	3.852
14	2.264	2.624	2.977	3.326	3.787
15	2.249	2.602	2.947	3.286	3.733
16	2.235	2.583	2.921	3.252	3.686
17	2.224	2.567	2.898	3.222	3.646
18	2.214	2.552	2.878	3.197	3.610
19	2.205	2.539	2.861	3.174	3.579
20	2.197	2.528	2.845	3.153	3.552
21	2.189	2.518	2.831	3.135	3.527
22	2.183	2.508	2.819	3.119	3.505
23	2.177	2.500	2.807	3.104	3.485
24	2.172	2.492	2.797	3.091	3.467
25	2.167	2.485	2.787	3.078	3.450
26	2.162	2.479	2.779	3.067	3.435
27	2.158	2.473	2.771	3.057	3.421
28	2.154	2.467	2.763	3.047	3.408
29	2.150	2.462	2.756	3.038	3.396
30	2.147	2.457	2.750	3.030	3.385
31	2.144	2.453	2.744	3.022	3.375
32	2.141	2.449	2.738	3.015	3.365
33	2.138	2.445	2.733	3.008	3.356
34	2.136	2.441	2.728	3.002	3.348
35	2.133	2.438	2.724	2.996	3.340
36	2.131	2.434	2.719	2.990	3.333
37	2.129	2.431	2.715	2.985	3.326
38	2.127	2.429	2.712	2.980	3.319
39	2.125	2.426	2.708	2.976	3.313
40	2.123	2.423	2.704	2.971	3.307
50	2.109	2.403	2.678	2.937	3.261
60	2.099	2.390	2.660	2.915	3.232
80	2.088	2.374	2.639	2.887	3.195
100	2.081	2.364	2.626	2.871	3.174
1000	2.056	2.330	2.581	2.813	3.098
999999	2.054	2.326	2.576	2.807	3.090

표 6. F 분포 표

분자, 분모의 자유도 m, n 일 때,

$$P(\,F_{\alpha}(m,n) \le F\,) = \alpha$$

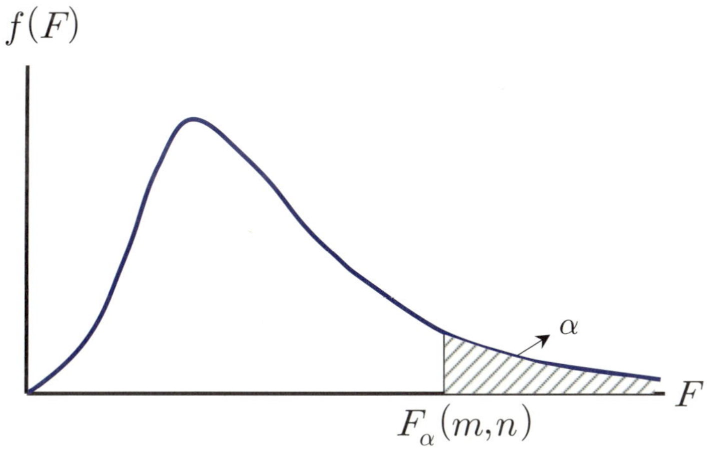

분모(df)	α	분자(df)				
		1	2	3	4	5
1	0.100	39.86	49.50	53.59	55.83	57.24
	0.050	161.45	199.50	215.71	224.58	230.16
	0.025	647.79	799.50	864.16	899.58	921.85
	0.010	4052.18	4999.50	5403.35	5624.58	5763.65
	0.001	405284.07	499999.50	540379.20	562499.58	576404.56
2	0.100	8.53	9.00	9.16	9.24	9.29
	0.050	18.51	19.00	19.16	19.25	19.30
	0.025	38.51	39.00	39.17	39.25	39.30
	0.010	98.50	99.00	99.17	99.25	99.30
	0.001	998.50	999.00	999.17	999.25	999.30
3	0.100	5.54	5.46	5.39	5.34	5.31
	0.050	10.13	9.55	9.28	9.12	9.01
	0.025	17.44	16.04	15.44	15.10	14.88
	0.010	34.12	30.82	29.46	28.71	28.24
	0.001	167.03	148.50	141.11	137.10	134.58
4	0.100	4.54	4.32	4.19	4.11	4.05
	0.050	7.71	6.94	6.59	6.39	6.26
	0.025	12.22	10.65	9.98	9.60	9.36
	0.010	21.20	18.00	16.69	15.98	15.52
	0.001	74.14	61.25	56.18	53.44	51.71
5	0.100	4.06	3.78	3.62	3.52	3.45
	0.050	6.61	5.79	5.41	5.19	5.05
	0.025	10.01	8.43	7.76	7.39	7.15
	0.010	16.26	13.27	12.06	11.39	10.97
	0.001	47.18	37.12	33.20	31.09	29.75
6	0.100	3.78	3.46	3.29	3.18	3.11
	0.050	5.99	5.14	4.76	4.53	4.39
	0.025	8.81	7.26	6.60	6.23	5.99
	0.010	13.75	10.92	9.78	9.15	8.75
	0.001	35.51	27.00	23.70	21.92	20.80
7	0.100	3.59	3.26	3.07	2.96	2.88
	0.050	5.59	4.74	4.35	4.12	3.97
	0.025	8.07	6.54	5.89	5.52	5.29
	0.010	12.25	9.55	8.45	7.85	7.46
	0.001	29.25	21.69	18.77	17.20	16.21
8	0.100	3.46	3.11	2.92	2.81	2.73
	0.050	5.32	4.46	4.07	3.84	3.69
	0.025	7.57	6.06	5.42	5.05	4.82
	0.010	11.26	8.65	7.59	7.01	6.63
	0.001	25.41	18.49	15.83	14.39	13.48
9	0.100	3.36	3.01	2.81	2.69	2.61
	0.050	5.12	4.26	3.86	3.63	3.48
	0.025	7.21	5.71	5.08	4.72	4.48
	0.010	10.56	8.02	6.99	6.42	6.06
	0.001	22.86	16.39	13.90	12.56	11.71

분모 (df)	α	분자(df)				
		6	7	8	9	10
1	0.100	58.20	58.91	59.44	59.86	60.19
	0.050	233.99	236.77	238.88	240.54	241.88
	0.025	937.11	948.22	956.66	963.28	968.63
	0.010	5858.99	5928.36	5981.07	6022.47	6055.85
	0.001	585937.11	592873.29	598144.16	602283.99	605620.97
2	0.100	9.33	9.35	9.37	9.38	9.39
	0.050	19.33	19.35	19.37	19.38	19.40
	0.025	39.33	39.36	39.37	39.39	39.40
	0.010	99.33	99.36	99.37	99.39	99.40
	0.001	999.33	999.36	999.37	999.39	999.40
3	0.100	5.28	5.27	5.25	5.24	5.23
	0.050	8.94	8.89	8.85	8.81	8.79
	0.025	14.73	14.62	14.54	14.47	14.42
	0.010	27.91	27.67	27.49	27.35	27.23
	0.001	132.85	131.58	130.62	129.86	129.25
4	0.100	4.01	3.98	3.95	3.94	3.92
	0.050	6.16	6.09	6.04	6.00	5.96
	0.025	9.20	9.07	8.98	8.90	8.84
	0.010	15.21	14.98	14.80	14.66	14.55
	0.001	50.53	49.66	49.00	48.47	48.05
5	0.100	3.40	3.37	3.34	3.32	3.30
	0.050	4.95	4.88	4.82	4.77	4.74
	0.025	6.98	6.85	6.76	6.68	6.62
	0.010	10.67	10.46	10.29	10.16	10.05
	0.001	28.83	28.16	27.65	27.24	26.92
6	0.100	3.05	3.01	2.98	2.96	2.94
	0.050	4.28	4.21	4.15	4.10	4.06
	0.025	5.82	5.70	5.60	5.52	5.46
	0.010	8.47	8.26	8.10	7.98	7.87
	0.001	20.03	19.46	19.03	18.69	18.41
7	0.100	2.83	2.78	2.75	2.72	2.70
	0.050	3.87	3.79	3.73	3.68	3.64
	0.025	5.12	4.99	4.90	4.82	4.76
	0.010	7.19	6.99	6.84	6.72	6.62
	0.001	15.52	15.02	14.63	14.33	14.08
8	0.100	2.67	2.62	2.59	2.56	2.54
	0.050	3.58	3.50	3.44	3.39	3.35
	0.025	4.65	4.53	4.43	4.36	4.30
	0.010	6.37	6.18	6.03	5.91	5.81
	0.001	12.86	12.40	12.05	11.77	11.54
9	0.100	2.55	2.51	2.47	2.44	2.42
	0.050	3.37	3.29	3.23	3.18	3.14
	0.025	4.32	4.20	4.10	4.03	3.96
	0.010	5.80	5.61	5.47	5.35	5.26
	0.001	11.13	10.70	10.37	10.11	9.89

분모 (df)	α	분자(df)				
		12	15	20	25	30
1	0.100	60.71	61.22	61.74	62.05	62.26
	0.050	243.91	245.95	248.01	249.26	250.10
	0.025	976.71	984.87	993.10	998.08	1001.41
	0.010	6106.32	6157.28	6208.73	6239.83	6260.65
	0.001	610667.82	615763.66	620907.67	624016.83	626098.96
2	0.100	9.41	9.42	9.44	9.45	9.46
	0.050	19.41	19.43	19.45	19.46	19.46
	0.025	39.41	39.43	39.45	39.46	39.46
	0.010	99.42	99.43	99.45	99.46	99.47
	0.001	999.42	999.43	999.45	999.46	999.47
3	0.100	5.22	5.20	5.18	5.17	5.17
	0.050	8.74	8.70	8.66	8.63	8.62
	0.025	14.34	14.25	14.17	14.12	14.08
	0.010	27.05	26.87	26.69	26.58	26.50
	0.001	128.32	127.37	126.42	125.84	125.45
4	0.100	3.90	3.87	3.84	3.83	3.82
	0.050	5.91	5.86	5.80	5.77	5.75
	0.025	8.75	8.66	8.56	8.50	8.46
	0.010	14.37	14.20	14.02	13.91	13.84
	0.001	47.41	46.76	46.10	45.70	45.43
5	0.100	3.27	3.24	3.21	3.19	3.17
	0.050	4.68	4.62	4.56	4.52	4.50
	0.025	6.52	6.43	6.33	6.27	6.23
	0.010	9.89	9.72	9.55	9.45	9.38
	0.001	26.42	25.91	25.39	25.08	24.87
6	0.100	2.90	2.87	2.84	2.81	2.80
	0.050	4.00	3.94	3.87	3.83	3.81
	0.025	5.37	5.27	5.17	5.11	5.07
	0.010	7.72	7.56	7.40	7.30	7.23
	0.001	17.99	17.56	17.12	16.85	16.67
7	0.100	2.67	2.63	2.59	2.57	2.56
	0.050	3.57	3.51	3.44	3.40	3.38
	0.025	4.67	4.57	4.47	4.40	4.36
	0.010	6.47	6.31	6.16	6.06	5.99
	0.001	13.71	13.32	12.93	12.69	12.53
8	0.100	2.50	2.46	2.42	2.40	2.38
	0.050	3.28	3.22	3.15	3.11	3.08
	0.025	4.20	4.10	4.00	3.94	3.89
	0.010	5.67	5.52	5.36	5.26	5.20
	0.001	11.19	10.84	10.48	10.26	10.11
9	0.100	2.38	2.34	2.30	2.27	2.25
	0.050	3.07	3.01	2.94	2.89	2.86
	0.025	3.87	3.77	3.67	3.60	3.56
	0.010	5.11	4.96	4.81	4.71	4.65
	0.001	9.57	9.24	8.90	8.69	8.55

분모 (df)	α	분자(df)				
		40	50	60	120	1000
1	0.100	62.53	62.69	62.79	63.06	63.30
	0.050	251.14	251.77	252.20	253.25	254.19
	0.025	1005.60	1008.12	1009.80	1014.02	1017.75
	0.010	6286.78	6302.52	6313.03	6339.39	6362.68
	0.001	628712.03	630285.38	631336.56	633972.40	636301.21
2	0.100	9.47	9.47	9.47	9.48	9.49
	0.050	19.47	19.48	19.48	19.49	19.49
	0.025	39.47	39.48	39.48	39.49	39.50
	0.010	99.47	99.48	99.48	99.49	99.50
	0.001	999.47	999.48	999.48	999.49	999.50
3	0.100	5.16	5.15	5.15	5.14	5.13
	0.050	8.59	8.58	8.57	8.55	8.53
	0.025	14.04	14.01	13.99	13.95	13.91
	0.010	26.41	26.35	26.32	26.22	26.14
	0.001	124.96	124.66	124.47	123.97	123.53
4	0.100	3.80	3.80	3.79	3.78	3.76
	0.050	5.72	5.70	5.69	5.66	5.63
	0.025	8.41	8.38	8.36	8.31	8.26
	0.010	13.75	13.69	13.65	13.56	13.47
	0.001	45.09	44.88	44.75	44.40	44.09
5	0.100	3.16	3.15	3.14	3.12	3.11
	0.050	4.46	4.44	4.43	4.40	4.37
	0.025	6.18	6.14	6.12	6.07	6.02
	0.010	9.29	9.24	9.20	9.11	9.03
	0.001	24.60	24.44	24.33	24.06	23.82
6	0.100	2.78	2.77	2.76	2.74	2.72
	0.050	3.77	3.75	3.74	3.70	3.67
	0.025	5.01	4.98	4.96	4.90	4.86
	0.010	7.14	7.09	7.06	6.97	6.89
	0.001	16.44	16.31	16.21	15.98	15.77
7	0.100	2.54	2.52	2.51	2.49	2.47
	0.050	3.34	3.32	3.30	3.27	3.23
	0.025	4.31	4.28	4.25	4.20	4.15
	0.010	5.91	5.86	5.82	5.74	5.66
	0.001	12.33	12.20	12.12	11.91	11.72
8	0.100	2.36	2.35	2.34	2.32	2.30
	0.050	3.04	3.02	3.01	2.97	2.93
	0.025	3.84	3.81	3.78	3.73	3.68
	0.010	5.12	5.07	5.03	4.95	4.87
	0.001	9.92	9.80	9.73	9.53	9.36
9	0.100	2.23	2.22	2.21	2.18	2.16
	0.050	2.83	2.80	2.79	2.75	2.71
	0.025	3.51	3.47	3.45	3.39	3.34
	0.010	4.57	4.52	4.48	4.40	4.32
	0.001	8.37	8.26	8.19	8.00	7.84

분모 (df)	α	분자(df)				
		1	2	3	4	5
10	0.100	3.29	2.92	2.73	2.61	2.52
	0.050	4.96	4.10	3.71	3.48	3.33
	0.025	6.94	5.46	4.83	4.47	4.24
	0.010	10.04	7.56	6.55	5.99	5.64
	0.001	21.04	14.91	12.55	11.28	10.48
11	0.100	3.23	2.86	2.66	2.54	2.45
	0.050	4.84	3.98	3.59	3.36	3.20
	0.025	6.72	5.26	4.63	4.28	4.04
	0.010	9.65	7.21	6.22	5.67	5.32
	0.001	19.69	13.81	11.56	10.35	9.58
12	0.100	3.18	2.81	2.61	2.48	2.39
	0.050	4.75	3.89	3.49	3.26	3.11
	0.025	6.55	5.10	4.47	4.12	3.89
	0.010	9.33	6.93	5.95	5.41	5.06
	0.001	18.64	12.97	10.80	9.63	8.89
13	0.100	3.14	2.76	2.56	2.43	2.35
	0.050	4.67	3.81	3.41	3.18	3.03
	0.025	6.41	4.97	4.35	4.00	3.77
	0.010	9.07	6.70	5.74	5.21	4.86
	0.001	17.82	12.31	10.21	9.07	8.35
14	0.100	3.10	2.73	2.52	2.39	2.31
	0.050	4.60	3.74	3.34	3.11	2.96
	0.025	6.30	4.86	4.24	3.89	3.66
	0.010	8.86	6.51	5.56	5.04	4.69
	0.001	17.14	11.78	9.73	8.62	7.92
15	0.100	3.07	2.70	2.49	2.36	2.27
	0.050	4.54	3.68	3.29	3.06	2.90
	0.025	6.20	4.77	4.15	3.80	3.58
	0.010	8.68	6.36	5.42	4.89	4.56
	0.001	16.59	11.34	9.34	8.25	7.57
16	0.100	3.05	2.67	2.46	2.33	2.24
	0.050	4.49	3.63	3.24	3.01	2.85
	0.025	6.12	4.69	4.08	3.73	3.50
	0.010	8.53	6.23	5.29	4.77	4.44
	0.001	16.12	10.97	9.01	7.94	7.27
17	0.100	3.03	2.64	2.44	2.31	2.22
	0.050	4.45	3.59	3.20	2.96	2.81
	0.025	6.04	4.62	4.01	3.66	3.44
	0.010	8.40	6.11	5.18	4.67	4.34
	0.001	15.72	10.66	8.73	7.68	7.02
18	0.100	3.01	2.62	2.42	2.29	2.20
	0.050	4.41	3.55	3.16	2.93	2.77
	0.025	5.98	4.56	3.95	3.61	3.38
	0.010	8.29	6.01	5.09	4.58	4.25
	0.001	15.38	10.39	8.49	7.46	6.81

분모 (df)	α	분자(df)				
		6	7	8	9	10
10	0.100	2.46	2.41	2.38	2.35	2.32
	0.050	3.22	3.14	3.07	3.02	2.98
	0.025	4.07	3.95	3.85	3.78	3.72
	0.010	5.39	5.20	5.06	4.94	4.85
	0.001	9.93	9.52	9.20	8.96	8.75
11	0.100	2.39	2.34	2.30	2.27	2.25
	0.050	3.09	3.01	2.95	2.90	2.85
	0.025	3.88	3.76	3.66	3.59	3.53
	0.010	5.07	4.89	4.74	4.63	4.54
	0.001	9.05	8.66	8.35	8.12	7.92
12	0.100	2.33	2.28	2.24	2.21	2.19
	0.050	3.00	2.91	2.85	2.80	2.75
	0.025	3.73	3.61	3.51	3.44	3.37
	0.010	4.82	4.64	4.50	4.39	4.30
	0.001	8.38	8.00	7.71	7.48	7.29
13	0.100	2.28	2.23	2.20	2.16	2.14
	0.050	2.92	2.83	2.77	2.71	2.67
	0.025	3.60	3.48	3.39	3.31	3.25
	0.010	4.62	4.44	4.30	4.19	4.10
	0.001	7.86	7.49	7.21	6.98	6.80
14	0.100	2.24	2.19	2.15	2.12	2.10
	0.050	2.85	2.76	2.70	2.65	2.60
	0.025	3.50	3.38	3.29	3.21	3.15
	0.010	4.46	4.28	4.14	4.03	3.94
	0.001	7.44	7.08	6.80	6.58	6.40
15	0.100	2.21	2.16	2.12	2.09	2.06
	0.050	2.79	2.71	2.64	2.59	2.54
	0.025	3.41	3.29	3.20	3.12	3.06
	0.010	4.32	4.14	4.00	3.89	3.80
	0.001	7.09	6.74	6.47	6.26	6.08
16	0.100	2.18	2.13	2.09	2.06	2.03
	0.050	2.74	2.66	2.59	2.54	2.49
	0.025	3.34	3.22	3.12	3.05	2.99
	0.010	4.20	4.03	3.89	3.78	3.69
	0.001	6.80	6.46	6.19	5.98	5.81
17	0.100	2.15	2.10	2.06	2.03	2.00
	0.050	2.70	2.61	2.55	2.49	2.45
	0.025	3.28	3.16	3.06	2.98	2.92
	0.010	4.10	3.93	3.79	3.68	3.59
	0.001	6.56	6.22	5.96	5.75	5.58
18	0.100	2.13	2.08	2.04	2.00	1.98
	0.050	2.66	2.58	2.51	2.46	2.41
	0.025	3.22	3.10	3.01	2.93	2.87
	0.010	4.01	3.84	3.71	3.60	3.51
	0.001	6.35	6.02	5.76	5.56	5.39

분모 (df)	α	분자(df)				
		12	15	20	25	30
10	0.100	2.28	2.24	2.20	2.17	2.16
	0.050	2.91	2.85	2.77	2.73	2.70
	0.025	3.62	3.52	3.42	3.35	3.31
	0.010	4.71	4.56	4.41	4.31	4.25
	0.001	8.45	8.13	7.80	7.60	7.47
11	0.100	2.21	2.17	2.12	2.10	2.08
	0.050	2.79	2.72	2.65	2.60	2.57
	0.025	3.43	3.33	3.23	3.16	3.12
	0.010	4.40	4.25	4.10	4.01	3.94
	0.001	7.63	7.32	7.01	6.81	6.68
12	0.100	2.15	2.10	2.06	2.03	2.01
	0.050	2.69	2.62	2.54	2.50	2.47
	0.025	3.28	3.18	3.07	3.01	2.96
	0.010	4.16	4.01	3.86	3.76	3.70
	0.001	7.00	6.71	6.40	6.22	6.09
13	0.100	2.10	2.05	2.01	1.98	1.96
	0.050	2.60	2.53	2.46	2.41	2.38
	0.025	3.15	3.05	2.95	2.88	2.84
	0.010	3.96	3.82	3.66	3.57	3.51
	0.001	6.52	6.23	5.93	5.75	5.63
14	0.100	2.05	2.01	1.96	1.93	1.91
	0.050	2.53	2.46	2.39	2.34	2.31
	0.025	3.05	2.95	2.84	2.78	2.73
	0.010	3.80	3.66	3.51	3.41	3.35
	0.001	6.13	5.85	5.56	5.38	5.25
15	0.100	2.02	1.97	1.92	1.89	1.87
	0.050	2.48	2.40	2.33	2.28	2.25
	0.025	2.96	2.86	2.76	2.69	2.64
	0.010	3.67	3.52	3.37	3.28	3.21
	0.001	5.81	5.54	5.25	5.07	4.95
16	0.100	1.99	1.94	1.89	1.86	1.84
	0.050	2.42	2.35	2.28	2.23	2.19
	0.025	2.89	2.79	2.68	2.61	2.57
	0.010	3.55	3.41	3.26	3.16	3.10
	0.001	5.55	5.27	4.99	4.82	4.70
17	0.100	1.96	1.91	1.86	1.83	1.81
	0.050	2.38	2.31	2.23	2.18	2.15
	0.025	2.82	2.72	2.62	2.55	2.50
	0.010	3.46	3.31	3.16	3.07	3.00
	0.001	5.32	5.05	4.78	4.60	4.48
18	0.100	1.93	1.89	1.84	1.80	1.78
	0.050	2.34	2.27	2.19	2.14	2.11
	0.025	2.77	2.67	2.56	2.49	2.44
	0.010	3.37	3.23	3.08	2.98	2.92
	0.001	5.13	4.87	4.59	4.42	4.30

분모(df)	α	분자(df)				
		40	50	60	120	1000
10	0.100	2.13	2.12	2.11	2.08	2.06
	0.050	2.66	2.64	2.62	2.58	2.54
	0.025	3.26	3.22	3.20	3.14	3.09
	0.010	4.17	4.12	4.08	4.00	3.92
	0.001	7.30	7.19	7.12	6.94	6.78
11	0.100	2.05	2.04	2.03	2.00	1.98
	0.050	2.53	2.51	2.49	2.45	2.41
	0.025	3.06	3.03	3.00	2.94	2.89
	0.010	3.86	3.81	3.78	3.69	3.61
	0.001	6.52	6.42	6.35	6.18	6.02
12	0.100	1.99	1.97	1.96	1.93	1.91
	0.050	2.43	2.40	2.38	2.34	2.30
	0.025	2.91	2.87	2.85	2.79	2.73
	0.010	3.62	3.57	3.54	3.45	3.37
	0.001	5.93	5.83	5.76	5.59	5.44
13	0.100	1.93	1.92	1.90	1.88	1.85
	0.050	2.34	2.31	2.30	2.25	2.21
	0.025	2.78	2.74	2.72	2.66	2.60
	0.010	3.43	3.38	3.34	3.25	3.18
	0.001	5.47	5.37	5.30	5.14	4.99
14	0.100	1.89	1.87	1.86	1.83	1.80
	0.050	2.27	2.24	2.22	2.18	2.14
	0.025	2.67	2.64	2.61	2.55	2.50
	0.010	3.27	3.22	3.18	3.09	3.02
	0.001	5.10	5.00	4.94	4.77	4.62
15	0.100	1.85	1.83	1.82	1.79	1.76
	0.050	2.20	2.18	2.16	2.11	2.07
	0.025	2.59	2.55	2.52	2.46	2.40
	0.010	3.13	3.08	3.05	2.96	2.88
	0.001	4.80	4.70	4.64	4.47	4.33
16	0.100	1.81	1.79	1.78	1.75	1.72
	0.050	2.15	2.12	2.11	2.06	2.02
	0.025	2.51	2.47	2.45	2.38	2.32
	0.010	3.02	2.97	2.93	2.84	2.76
	0.001	4.54	4.45	4.39	4.23	4.08
17	0.100	1.78	1.76	1.75	1.72	1.69
	0.050	2.10	2.08	2.06	2.01	1.97
	0.025	2.44	2.41	2.38	2.32	2.26
	0.010	2.92	2.87	2.83	2.75	2.66
	0.001	4.33	4.24	4.18	4.02	3.87
18	0.100	1.75	1.74	1.72	1.69	1.66
	0.050	2.06	2.04	2.02	1.97	1.92
	0.025	2.38	2.35	2.32	2.26	2.20
	0.010	2.84	2.78	2.75	2.66	2.58
	0.001	4.15	4.06	4.00	3.84	3.69

분모 (df)	α	분자(df)				
		1	2	3	4	5
19	0.100	2.99	2.61	2.40	2.27	2.18
	0.050	4.38	3.52	3.13	2.90	2.74
	0.025	5.92	4.51	3.90	3.56	3.33
	0.010	8.18	5.93	5.01	4.50	4.17
	0.001	15.08	10.16	8.28	7.27	6.62
20	0.100	2.97	2.59	2.38	2.25	2.16
	0.050	4.35	3.49	3.10	2.87	2.71
	0.025	5.87	4.46	3.86	3.51	3.29
	0.010	8.10	5.85	4.94	4.43	4.10
	0.001	14.82	9.95	8.10	7.10	6.46
21	0.100	2.96	2.57	2.36	2.23	2.14
	0.050	4.32	3.47	3.07	2.84	2.68
	0.025	5.83	4.42	3.82	3.48	3.25
	0.010	8.02	5.78	4.87	4.37	4.04
	0.001	14.59	9.77	7.94	6.95	6.32
22	0.100	2.95	2.56	2.35	2.22	2.13
	0.050	4.30	3.44	3.05	2.82	2.66
	0.025	5.79	4.38	3.78	3.44	3.22
	0.010	7.95	5.72	4.82	4.31	3.99
	0.001	14.38	9.61	7.80	6.81	6.19
23	0.100	2.94	2.55	2.34	2.21	2.11
	0.050	4.28	3.42	3.03	2.80	2.64
	0.025	5.75	4.35	3.75	3.41	3.18
	0.010	7.88	5.66	4.76	4.26	3.94
	0.001	14.20	9.47	7.67	6.70	6.08
24	0.100	2.93	2.54	2.33	2.19	2.10
	0.050	4.26	3.40	3.01	2.78	2.62
	0.025	5.72	4.32	3.72	3.38	3.15
	0.010	7.82	5.61	4.72	4.22	3.90
	0.001	14.03	9.34	7.55	6.59	5.98
25	0.100	2.92	2.53	2.32	2.18	2.09
	0.050	4.24	3.39	2.99	2.76	2.60
	0.025	5.69	4.29	3.69	3.35	3.13
	0.010	7.77	5.57	4.68	4.18	3.85
	0.001	13.88	9.22	7.45	6.49	5.89
26	0.100	2.91	2.52	2.31	2.17	2.08
	0.050	4.23	3.37	2.98	2.74	2.59
	0.025	5.66	4.27	3.67	3.33	3.10
	0.010	7.72	5.53	4.64	4.14	3.82
	0.001	13.74	9.12	7.36	6.41	5.80
27	0.100	2.90	2.51	2.30	2.17	2.07
	0.050	4.21	3.35	2.96	2.73	2.57
	0.025	5.63	4.24	3.65	3.31	3.08
	0.010	7.68	5.49	4.60	4.11	3.78
	0.001	13.61	9.02	7.27	6.33	5.73

분모 (df)	α	분자(df)				
		6	7	8	9	10
19	0.100	2.11	2.06	2.02	1.98	1.96
	0.050	2.63	2.54	2.48	2.42	2.38
	0.025	3.17	3.05	2.96	2.88	2.82
	0.010	3.94	3.77	3.63	3.52	3.43
	0.001	6.18	5.85	5.59	5.39	5.22
20	0.100	2.09	2.04	2.00	1.96	1.94
	0.050	2.60	2.51	2.45	2.39	2.35
	0.025	3.13	3.01	2.91	2.84	2.77
	0.010	3.87	3.70	3.56	3.46	3.37
	0.001	6.02	5.69	5.44	5.24	5.08
21	0.100	2.08	2.02	1.98	1.95	1.92
	0.050	2.57	2.49	2.42	2.37	2.32
	0.025	3.09	2.97	2.87	2.80	2.73
	0.010	3.81	3.64	3.51	3.40	3.31
	0.001	5.88	5.56	5.31	5.11	4.95
22	0.100	2.06	2.01	1.97	1.93	1.90
	0.050	2.55	2.46	2.40	2.34	2.30
	0.025	3.05	2.93	2.84	2.76	2.70
	0.010	3.76	3.59	3.45	3.35	3.26
	0.001	5.76	5.44	5.19	4.99	4.83
23	0.100	2.05	1.99	1.95	1.92	1.89
	0.050	2.53	2.44	2.37	2.32	2.27
	0.025	3.02	2.90	2.81	2.73	2.67
	0.010	3.71	3.54	3.41	3.30	3.21
	0.001	5.65	5.33	5.09	4.89	4.73
24	0.100	2.04	1.98	1.94	1.91	1.88
	0.050	2.51	2.42	2.36	2.30	2.25
	0.025	2.99	2.87	2.78	2.70	2.64
	0.010	3.67	3.50	3.36	3.26	3.17
	0.001	5.55	5.23	4.99	4.80	4.64
25	0.100	2.02	1.97	1.93	1.89	1.87
	0.050	2.49	2.40	2.34	2.28	2.24
	0.025	2.97	2.85	2.75	2.68	2.61
	0.010	3.63	3.46	3.32	3.22	3.13
	0.001	5.46	5.15	4.91	4.71	4.56
26	0.100	2.01	1.96	1.92	1.88	1.86
	0.050	2.47	2.39	2.32	2.27	2.22
	0.025	2.94	2.82	2.73	2.65	2.59
	0.010	3.59	3.42	3.29	3.18	3.09
	0.001	5.38	5.07	4.83	4.64	4.48
27	0.100	2.00	1.95	1.91	1.87	1.85
	0.050	2.46	2.37	2.31	2.25	2.20
	0.025	2.92	2.80	2.71	2.63	2.57
	0.010	3.56	3.39	3.26	3.15	3.06
	0.001	5.31	5.00	4.76	4.57	4.41

분모 (df)	α	분자(df) 12	15	20	25	30
19	0.100	1.91	1.86	1.81	1.78	1.76
	0.050	2.31	2.23	2.16	2.11	2.07
	0.025	2.72	2.62	2.51	2.44	2.39
	0.010	3.30	3.15	3.00	2.91	2.84
	0.001	4.97	4.70	4.43	4.26	4.14
20	0.100	1.89	1.84	1.79	1.76	1.74
	0.050	2.28	2.20	2.12	2.07	2.04
	0.025	2.68	2.57	2.46	2.40	2.35
	0.010	3.23	3.09	2.94	2.84	2.78
	0.001	4.82	4.56	4.29	4.12	4.00
21	0.100	1.87	1.83	1.78	1.74	1.72
	0.050	2.25	2.18	2.10	2.05	2.01
	0.025	2.64	2.53	2.42	2.36	2.31
	0.010	3.17	3.03	2.88	2.79	2.72
	0.001	4.70	4.44	4.17	4.00	3.88
22	0.100	1.86	1.81	1.76	1.73	1.70
	0.050	2.23	2.15	2.07	2.02	1.98
	0.025	2.60	2.50	2.39	2.32	2.27
	0.010	3.12	2.98	2.83	2.73	2.67
	0.001	4.58	4.33	4.06	3.89	3.78
23	0.100	1.84	1.80	1.74	1.71	1.69
	0.050	2.20	2.13	2.05	2.00	1.96
	0.025	2.57	2.47	2.36	2.29	2.24
	0.010	3.07	2.93	2.78	2.69	2.62
	0.001	4.48	4.23	3.96	3.79	3.68
24	0.100	1.83	1.78	1.73	1.70	1.67
	0.050	2.18	2.11	2.03	1.97	1.94
	0.025	2.54	2.44	2.33	2.26	2.21
	0.010	3.03	2.89	2.74	2.64	2.58
	0.001	4.39	4.14	3.87	3.71	3.59
25	0.100	1.82	1.77	1.72	1.68	1.66
	0.050	2.16	2.09	2.01	1.96	1.92
	0.025	2.51	2.41	2.30	2.23	2.18
	0.010	2.99	2.85	2.70	2.60	2.54
	0.001	4.31	4.06	3.79	3.63	3.52
26	0.100	1.81	1.76	1.71	1.67	1.65
	0.050	2.15	2.07	1.99	1.94	1.90
	0.025	2.49	2.39	2.28	2.21	2.16
	0.010	2.96	2.81	2.66	2.57	2.50
	0.001	4.24	3.99	3.72	3.56	3.44
27	0.100	1.80	1.75	1.70	1.66	1.64
	0.050	2.13	2.06	1.97	1.92	1.88
	0.025	2.47	2.36	2.25	2.18	2.13
	0.010	2.93	2.78	2.63	2.54	2.47
	0.001	4.17	3.92	3.66	3.49	3.38

분모(df)	α	분자(df)				
		40	50	60	120	1000
19	0.100	1.73	1.71	1.70	1.67	1.64
	0.050	2.03	2.00	1.98	1.93	1.88
	0.025	2.33	2.30	2.27	2.20	2.14
	0.010	2.76	2.71	2.67	2.58	2.50
	0.001	3.99	3.90	3.84	3.68	3.53
20	0.100	1.71	1.69	1.68	1.64	1.61
	0.050	1.99	1.97	1.95	1.90	1.85
	0.025	2.29	2.25	2.22	2.16	2.09
	0.010	2.69	2.64	2.61	2.52	2.43
	0.001	3.86	3.77	3.70	3.54	3.40
21	0.100	1.69	1.67	1.66	1.62	1.59
	0.050	1.96	1.94	1.92	1.87	1.82
	0.025	2.25	2.21	2.18	2.11	2.05
	0.010	2.64	2.58	2.55	2.46	2.37
	0.001	3.74	3.64	3.58	3.42	3.28
22	0.100	1.67	1.65	1.64	1.60	1.57
	0.050	1.94	1.91	1.89	1.84	1.79
	0.025	2.21	2.17	2.14	2.08	2.01
	0.010	2.58	2.53	2.50	2.40	2.32
	0.001	3.63	3.54	3.48	3.32	3.17
23	0.100	1.66	1.64	1.62	1.59	1.55
	0.050	1.91	1.88	1.86	1.81	1.76
	0.025	2.18	2.14	2.11	2.04	1.98
	0.010	2.54	2.48	2.45	2.35	2.27
	0.001	3.53	3.44	3.38	3.22	3.08
24	0.100	1.64	1.62	1.61	1.57	1.54
	0.050	1.89	1.86	1.84	1.79	1.74
	0.025	2.15	2.11	2.08	2.01	1.94
	0.010	2.49	2.44	2.40	2.31	2.22
	0.001	3.45	3.36	3.29	3.14	2.99
25	0.100	1.63	1.61	1.59	1.56	1.52
	0.050	1.87	1.84	1.82	1.77	1.72
	0.025	2.12	2.08	2.05	1.98	1.91
	0.010	2.45	2.40	2.36	2.27	2.18
	0.001	3.37	3.28	3.22	3.06	2.91
26	0.100	1.61	1.59	1.58	1.54	1.51
	0.050	1.85	1.82	1.80	1.75	1.70
	0.025	2.09	2.05	2.03	1.95	1.89
	0.010	2.42	2.36	2.33	2.23	2.14
	0.001	3.30	3.21	3.15	2.99	2.84
27	0.100	1.60	1.58	1.57	1.53	1.50
	0.050	1.84	1.81	1.79	1.73	1.68
	0.025	2.07	2.03	2.00	1.93	1.86
	0.010	2.38	2.33	2.29	2.20	2.11
	0.001	3.23	3.14	3.08	2.92	2.78

분모 (df)	α	분자(df)				
		1	2	3	4	5
28	0.100	2.89	2.50	2.29	2.16	2.06
	0.050	4.20	3.34	2.95	2.71	2.56
	0.025	5.61	4.22	3.63	3.29	3.06
	0.010	7.64	5.45	4.57	4.07	3.75
	0.001	13.50	8.93	7.19	6.25	5.66
29	0.100	2.89	2.50	2.28	2.15	2.06
	0.050	4.18	3.33	2.93	2.70	2.55
	0.025	5.59	4.20	3.61	3.27	3.04
	0.010	7.60	5.42	4.54	4.04	3.73
	0.001	13.39	8.85	7.12	6.19	5.59
30	0.100	2.88	2.49	2.28	2.14	2.05
	0.050	4.17	3.32	2.92	2.69	2.53
	0.025	5.57	4.18	3.59	3.25	3.03
	0.010	7.56	5.39	4.51	4.02	3.70
	0.001	13.29	8.77	7.05	6.12	5.53
40	0.100	2.84	2.44	2.23	2.09	2.00
	0.050	4.08	3.23	2.84	2.61	2.45
	0.025	5.42	4.05	3.46	3.13	2.90
	0.010	7.31	5.18	4.31	3.83	3.51
	0.001	12.61	8.25	6.59	5.70	5.13
50	0.100	2.81	2.41	2.20	2.06	1.97
	0.050	4.03	3.18	2.79	2.56	2.40
	0.025	5.34	3.97	3.39	3.05	2.83
	0.010	7.17	5.06	4.20	3.72	3.41
	0.001	12.22	7.96	6.34	5.46	4.90
60	0.100	2.79	2.39	2.18	2.04	1.95
	0.050	4.00	3.15	2.76	2.53	2.37
	0.025	5.29	3.93	3.34	3.01	2.79
	0.010	7.08	4.98	4.13	3.65	3.34
	0.001	11.97	7.77	6.17	5.31	4.76
100	0.100	2.76	2.36	2.14	2.00	1.91
	0.050	3.94	3.09	2.70	2.46	2.31
	0.025	5.18	3.83	3.25	2.92	2.70
	0.010	6.90	4.82	3.98	3.51	3.21
	0.001	11.50	7.41	5.86	5.02	4.48

분모 (df)	α	분자(df)				
		6	7	8	9	10
28	0.100	2.00	1.94	1.90	1.87	1.84
	0.050	2.45	2.36	2.29	2.24	2.19
	0.025	2.90	2.78	2.69	2.61	2.55
	0.010	3.53	3.36	3.23	3.12	3.03
	0.001	5.24	4.93	4.69	4.50	4.35
29	0.100	1.99	1.93	1.89	1.86	1.83
	0.050	2.43	2.35	2.28	2.22	2.18
	0.025	2.88	2.76	2.67	2.59	2.53
	0.010	3.50	3.33	3.20	3.09	3.00
	0.001	5.18	4.87	4.64	4.45	4.29
30	0.100	1.98	1.93	1.88	1.85	1.82
	0.050	2.42	2.33	2.27	2.21	2.16
	0.025	2.87	2.75	2.65	2.57	2.51
	0.010	3.47	3.30	3.17	3.07	2.98
	0.001	5.12	4.82	4.58	4.39	4.24
40	0.100	1.93	1.87	1.83	1.79	1.76
	0.050	2.34	2.25	2.18	2.12	2.08
	0.025	2.74	2.62	2.53	2.45	2.39
	0.010	3.29	3.12	2.99	2.89	2.80
	0.001	4.73	4.44	4.21	4.02	3.87
50	0.100	1.90	1.84	1.80	1.76	1.73
	0.050	2.29	2.20	2.13	2.07	2.03
	0.025	2.67	2.55	2.46	2.38	2.32
	0.010	3.19	3.02	2.89	2.78	2.70
	0.001	4.51	4.22	4.00	3.82	3.67
60	0.100	1.87	1.82	1.77	1.74	1.71
	0.050	2.25	2.17	2.10	2.04	1.99
	0.025	2.63	2.51	2.41	2.33	2.27
	0.010	3.12	2.95	2.82	2.72	2.63
	0.001	4.37	4.09	3.86	3.69	3.54
100	0.100	1.83	1.78	1.73	1.69	1.66
	0.050	2.19	2.10	2.03	1.97	1.93
	0.025	2.54	2.42	2.32	2.24	2.18
	0.010	2.99	2.82	2.69	2.59	2.50
	0.001	4.11	3.83	3.61	3.44	3.30

분모 (df)	α	분자(df)				
		12	15	20	25	30
28	0.100	1.79	1.74	1.69	1.65	1.63
	0.050	2.12	2.04	1.96	1.91	1.87
	0.025	2.45	2.34	2.23	2.16	2.11
	0.010	2.90	2.75	2.60	2.51	2.44
	0.001	4.11	3.86	3.60	3.43	3.32
29	0.100	1.78	1.73	1.68	1.64	1.62
	0.050	2.10	2.03	1.94	1.89	1.85
	0.025	2.43	2.32	2.21	2.14	2.09
	0.010	2.87	2.73	2.57	2.48	2.41
	0.001	4.05	3.80	3.54	3.38	3.27
30	0.100	1.77	1.72	1.67	1.63	1.61
	0.050	2.09	2.01	1.93	1.88	1.84
	0.025	2.41	2.31	2.20	2.12	2.07
	0.010	2.84	2.70	2.55	2.45	2.39
	0.001	4.00	3.75	3.49	3.33	3.22
40	0.100	1.71	1.66	1.61	1.57	1.54
	0.050	2.00	1.92	1.84	1.78	1.74
	0.025	2.29	2.18	2.07	1.99	1.94
	0.010	2.66	2.52	2.37	2.27	2.20
	0.001	3.64	3.40	3.14	2.98	2.87
50	0.100	1.68	1.63	1.57	1.53	1.50
	0.050	1.95	1.87	1.78	1.73	1.69
	0.025	2.22	2.11	1.99	1.92	1.87
	0.010	2.56	2.42	2.27	2.17	2.10
	0.001	3.44	3.20	2.95	2.79	2.68
60	0.100	1.66	1.60	1.54	1.50	1.48
	0.050	1.92	1.84	1.75	1.69	1.65
	0.025	2.17	2.06	1.94	1.87	1.82
	0.010	2.50	2.35	2.20	2.10	2.03
	0.001	3.32	3.08	2.83	2.67	2.55
100	0.100	1.61	1.56	1.49	1.45	1.42
	0.050	1.85	1.77	1.68	1.62	1.57
	0.025	2.08	1.97	1.85	1.77	1.71
	0.010	2.37	2.22	2.07	1.97	1.89
	0.001	3.07	2.84	2.59	2.43	2.32

분모 (df)	α	분자(df)				
		40	50	60	120	1000
28	0.100	1.59	1.57	1.56	1.52	1.48
	0.050	1.82	1.79	1.77	1.71	1.66
	0.025	2.05	2.01	1.98	1.91	1.84
	0.010	2.35	2.30	2.26	2.17	2.08
	0.001	3.18	3.09	3.02	2.86	2.72
29	0.100	1.58	1.56	1.55	1.51	1.47
	0.050	1.81	1.77	1.75	1.70	1.65
	0.025	2.03	1.99	1.96	1.89	1.82
	0.010	2.33	2.27	2.23	2.14	2.05
	0.001	3.12	3.03	2.97	2.81	2.66
30	0.100	1.57	1.55	1.54	1.50	1.46
	0.050	1.79	1.76	1.74	1.68	1.63
	0.025	2.01	1.97	1.94	1.87	1.80
	0.010	2.30	2.25	2.21	2.11	2.02
	0.001	3.07	2.98	2.92	2.76	2.61
40	0.100	1.51	1.48	1.47	1.42	1.38
	0.050	1.69	1.66	1.64	1.58	1.52
	0.025	1.88	1.83	1.80	1.72	1.65
	0.010	2.11	2.06	2.02	1.92	1.82
	0.001	2.73	2.64	2.57	2.41	2.25
50	0.100	1.46	1.44	1.42	1.38	1.33
	0.050	1.63	1.60	1.58	1.51	1.45
	0.025	1.80	1.75	1.72	1.64	1.56
	0.010	2.01	1.95	1.91	1.80	1.70
	0.001	2.53	2.44	2.38	2.21	2.05
60	0.100	1.44	1.41	1.40	1.35	1.30
	0.050	1.59	1.56	1.53	1.47	1.40
	0.025	1.74	1.70	1.67	1.58	1.49
	0.010	1.94	1.88	1.84	1.73	1.62
	0.001	2.41	2.32	2.25	2.08	1.92
100	0.100	1.38	1.35	1.34	1.28	1.22
	0.050	1.52	1.48	1.45	1.38	1.30
	0.025	1.64	1.59	1.56	1.46	1.36
	0.010	1.80	1.74	1.69	1.57	1.45
	0.001	2.17	2.08	2.01	1.83	1.64

찾아보기

참 고 문 헌

1. 이재원 외, " 공학인증을 위한 확률과 통계 " , 제2판, 한티미디어, 2010
2. 강금식 외, " 알기쉬운 통계학 " , 오래, 2010
3. A. R. Hileman, " Probability and Statistics for Power Systems Engineers " , Lecture Notes, AST Westinghouse Electric Corporation
4. D. G. Zill et al, " Advanced Engineering Mathematics " , 4th Edition, Presents on Engineering Statistics and Probability, Jones and Bartlett , 2011
5. 민만식, " 공학, 자연계를 위한 확률과 통계 " , 한티미디어, 2012